"十二五"普通高等教育本科国家级规划教材

飞行器先进设计技术

（第2版）

昂海松　余雄庆　编著

国防工业出版社

·北京·

内 容 简 介

本书主要以飞机作为系统工程的相关新概念技术为重点,介绍了飞行器的先进气动控制与布局设计、隐身技术、推力矢量技术、结构主动控制技术、智能飞行控制技术、组合导航技术、计算机辅助设计、多学科设计优化、航空电子、大型飞机设计和仿真技术等的特点与发展,其中飞行器多学科设计优化和先进大型飞机设计等内容融入了作者最新研究心得。本版修改、补充了较新的内容,并增加了"无人机技术"一章。

本书可供航空类专业的学生、研究生、教师和从事飞行器技术的相关人员使用参考,也可供航空爱好者阅读。

图书在版编目(CIP)数据

飞行器先进设计技术/昂海松,余雄庆编著. —2 版.
—北京:国防工业出版社,2014.8
"十二五"普通高等教育本科国家级规划教材
ISBN 978-7-118-09611-8

Ⅰ.①飞… Ⅱ.①昂…②余… Ⅲ.①飞行器—最优设计—高等学校—教材 Ⅳ.①V42

中国版本图书馆 CIP 数据核字(2014)第 160437 号

※

*国防工业出版社*出版发行

(北京市海淀区紫竹院南路23号 邮政编码100048)
北京奥鑫印刷厂印刷
新华书店经售

*

开本 787×1092 1/16 印张 15¾ 字数 360 千字
2014 年 8 月第 2 版第 1 次印刷 印数 1—3000 册 定价 48.00 元

(本书如有印装错误,我社负责调换)

国防书店:(010)88540777 发行邮购:(010)88540776
发行传真:(010)88540755 发行业务:(010)88540717

前　言

随着现代科学技术的发展,作为技术高密集度的产品飞行器的设计思想、设计技术和设计方法也发生了革命性的变化。

由于军事战争和民用运输的需求,对飞行器的用途、能力、经济性和安全性要求越来越高。另一方面,新技术发展推进航空技术的进步和创新,如新概念飞行器、先进推进技术、先进材料、人工智能、信息技术、主动控制、先进导航系统、航空电子技术的发展,使得飞行器设计趋于复杂化和综合化,单纯的气动布局和结构设计的飞行器设计概念已不能满足现代飞行器研制的要求。

从飞机设计方法方面来看,由于现代飞机设计周期长与改型需求时间急迫的矛盾、传统概念性设计与最终产品复杂性功能要求的矛盾等,飞机设计原理、方法和手段也正处于革命性变化和发展阶段。

鉴于现代飞行器先进设计技术和航空科技工业的飞速发展,航空类专业的学生、研究生和从事飞行器设计的工程技术人员,需要了解飞行器设计的新技术和发展趋势。本着这一目的,本书不求系统叙述现代飞行器设计方法和设计过程,而是着重介绍飞行器现代设计所涉及的一些重要的新概念设计技术。本书有不少作者的研究心得,如第8章"飞行器多学科设计优化技术"和第10章"先进大型飞机设计技术"等有关内容。第2版增加了"无人机技术"一章,阐述了无人机的最新发展。

本书的特点是突出一个"新"字,传统的飞行器设计方法仍是目前设计飞行器的重要技术,这里不再重复叙述,读者可参考有关飞行器设计书籍。为了增加读者的感性认识,文中配置了大量图形和图片。

本书的第8章由余雄庆同志编写,其余各章由昂海松同志编写。

本书的编写得到南京航空航天大学姚卫星教授、顾仲权教授、姜长生教授等老师的帮助,郑祥明、肖天航、王珏、曾锐、周军等同志在文字和图形方面做了很多工作,丁运亮教授对全书作了审校,在此衷心地表示感谢。此外对书中引用国内外大量资料的原作者也表示感谢。

由于编者水平有限,以及书中提到的不少新技术尚在发展中,其错误和不妥当的地方在所难免,敬请广大读者给予批评指正。

编　者

2014 年 5 月

目　录

第1章　先进气动控制和外形布局设计技术 ················· 1

1.1　超声速巡航能力 ······························· 1

1.2　高超声速飞行器 ······························· 2

1.3　涡动力学与涡控制技术 ························· 7

   1.3.1　利用旋涡非线性升力的飞机布局设计 ········· 7

   1.3.2　可控制的涡动力技术 ····················· 10

1.4　非常规布局飞行器形式 ························· 16

   1.4.1　不同尾翼的飞机布局形式 ················· 18

   1.4.2　不同机翼的飞机布局形式 ················· 18

   1.4.3　不同机身的飞机布局形式 ················· 19

   1.4.4　飞翼式的飞机布局形式 ··················· 19

   1.4.5　直升机布局形式 ······················· 19

第2章　飞行器隐身技术 ····························· 21

2.1　隐身技术概念 ······························· 21

2.2　雷达隐身技术 ······························· 22

   2.2.1　减小飞行器的雷达截面积的途径 ··········· 22

   2.2.2　飞行器雷达隐身特性的设计分析方法 ······· 25

2.3　红外隐身技术 ······························· 29

2.4　飞行器外形/气动/隐身一体化设计技术 ··········· 30

2.5　等离子隐身技术 ····························· 31

2.6　反隐身技术 ································· 32

   2.6.1　反隐身技术途径 ······················· 32

   2.6.2　针对反隐身技术的隐身设计 ··············· 33

第3章　飞行器推力矢量技术 ························· 34

3.1　基本概念 ································· 34

3.2　目前主要研究的推力矢量类型 ··················· 34

3.3　推力矢量技术的作用和效益 ····················· 37

3.4　推力矢量飞机设计的关键技术 ··················· 39

第4章　结构主动控制技术 ··························· 43

4.1　结构振动的主动控制 ························· 43

V

4.2　气动弹性主动控制结构设计技术 ………………………………………… 44

4.2.1　颤振主动抑制 …………………………………………………… 44

4.2.2　突风减缓控制技术 ……………………………………………… 45

4.3　自适应机翼控制技术 …………………………………………………… 46

4.4　主动柔性变形机翼技术 ………………………………………………… 49

4.5　智能结构 ………………………………………………………………… 50

4.5.1　强度自诊断与监测的智能结构 ………………………………… 51

4.5.2　强度和形状自适应的智能结构 ………………………………… 52

4.6　智能旋翼 ………………………………………………………………… 53

第5章　智能飞行控制技术 …………………………………………………… 55

5.1　电传飞行控制系统 ……………………………………………………… 55

5.2　光传飞行控制系统 ……………………………………………………… 59

5.3　放宽静稳定性主动控制技术 …………………………………………… 60

5.4　机动载荷控制 …………………………………………………………… 62

5.5　直接力控制 ……………………………………………………………… 63

5.6　非常规和过失速机动控制技术 ………………………………………… 65

5.6.1　非常规机动动作的作用 ………………………………………… 65

5.6.2　几种典型的非常规机动动作 …………………………………… 66

5.7　智能飞行控制技术 ……………………………………………………… 68

5.7.1　自修复飞行控制技术 …………………………………………… 69

5.7.2　模糊自组织飞行控制技术 ……………………………………… 70

5.7.3　神经网络自适应飞行控制技术 ………………………………… 72

5.7.4　专家系统飞行控制技术 ………………………………………… 74

第6章　先进组合导航技术 …………………………………………………… 77

6.1　现有飞行器导航技术主要类型 ………………………………………… 77

6.2　惯性导航技术的改进 …………………………………………………… 78

6.3　卫星导航技术 …………………………………………………………… 80

6.4　地形辅助导航技术 ……………………………………………………… 82

6.4.1　基本概念 ………………………………………………………… 82

6.4.2　利用地形高度数据的地形匹配系统 …………………………… 82

6.4.3　景象匹配地形辅助导航系统 …………………………………… 84

6.4.4　地形辅助导航技术的特点 ……………………………………… 84

6.5　组合导航技术 …………………………………………………………… 85

6.5.1　组合导航的组合方式 …………………………………………… 85

6.5.2　常见几种组合导航系统 ………………………………………… 85

6.5.3　组合导航技术的特点 …………………………………………… 90

第7章　飞行器计算机辅助设计技术 ·················· 91

7.1　CAD 与几何构形三维设计技术 ·················· 91

　　7.1.1　三维几何造型技术 ·················· 91

　　7.1.2　基于特征的产品信息 CAD 建模技术 ·················· 93

　　7.1.3　CAD 技术在飞行器几何设计中的应用 ·················· 93

　　7.1.4　CAD 技术的发展 ·················· 94

7.2　空气动力学 CFD 技术 ·················· 96

　　7.2.1　CFD 技术在飞行器设计中的作用 ·················· 96

　　7.2.2　CFD 目前常用的方法 ·················· 97

　　7.2.3　目前 CFD 方法在飞行器设计中的主要应用 ·················· 97

7.3　结构有限元分析 ·················· 98

　　7.3.1　有限元法的基本理论和方法 ·················· 98

　　7.3.2　结构有限元法在飞行器设计中的应用 ·················· 101

7.4　数据可视化技术 ·················· 102

　　7.4.1　可视化技术的实现步骤 ·················· 102

　　7.4.2　可视化的方法 ·················· 103

　　7.4.3　可视化技术在飞行器设计中的应用 ·················· 104

第8章　飞行器多学科设计优化技术 ·················· 107

8.1　背景概述 ·················· 107

8.2　多学科设计优化基本内容 ·················· 108

　　8.2.1　代理模型技术 ·················· 110

　　8.2.2　多学科敏感度分析 ·················· 112

　　8.2.3　MDO 方法 ·················· 112

　　8.2.4　MDO 环境 ·················· 117

8.3　飞行器总体 MDO 关键技术 ·················· 117

　　8.3.1　飞行器总体多学科设计优化流程 ·················· 118

　　8.3.2　参数化飞行器几何模型 ·················· 118

　　8.3.3　各学科分析模型的自动生成 ·················· 119

　　8.3.4　学科之间的数据关系分析和耦合关系表达 ·················· 121

　　8.3.5　数据交换与数据管理 ·················· 122

　　8.3.6　飞行器总体 MDO 环境的建立 ·················· 123

8.4　发展方向 ·················· 124

　　8.4.1　面向 IPT 的 MDO ·················· 124

　　8.4.2　基于不确定性的飞行器总体 MDO ·················· 124

　　8.4.3　面向飞机族的 MDO ·················· 125

8.5　MDO 对飞行器总体设计的影响 ·················· 126

第9章 航空电子综合系统与信息技术 ···································· 127

9.1 航空电子系统综合技术 ·· 127

  9.1.1 综合式航空电子系统 ·· 127

  9.1.2 先进飞行管理系统 ·· 128

  9.1.3 航空电子系统网络化技术 ···································· 130

  9.1.4 综合航空电子显示系统 ······································ 132

  9.1.5 驾驶舱的智能化技术 ·· 135

9.2 航空通信、电子对抗与信息战 ···································· 138

  9.2.1 数据链 ·· 139

  9.2.2 航空电子对抗技术 ·· 142

  9.2.3 航空信息战技术 ·· 145

第10章 先进大型飞机设计技术 ···································· 147

10.1 大型飞机的总体特点 ·· 147

  10.1.1 现代大型飞机的设计要求 ··································· 147

  10.1.2 发动机的设置 ··· 149

  10.1.3 起落架布置 ··· 151

10.2 大型飞机的先进气动布局设计 ···································· 152

  10.2.1 常规布局 ··· 152

  10.2.2 特殊布局 ··· 153

  10.2.3 机翼形状 ··· 156

  10.2.4 尾翼布局的设计 ··· 159

  10.2.5 总体布局优化设计 ··· 160

10.3 大型飞机的先进材料与结构设计 ·································· 161

  10.3.1 先进材料在大型飞机上的应用 ······························ 161

  10.3.2 大型民用飞机的结构形式 ··································· 162

  10.3.3 大型军用运输机的结构形式 ································· 165

10.4 大型飞机的降噪设计 ·· 166

  10.4.1 大型飞机的噪声源分析 ····································· 166

  10.4.2 大型飞机的降噪技术途径 ··································· 167

  10.4.3 "静音"飞机设计的研究探索 ································ 168

10.5 大型飞机的安全性与适航性设计 ·································· 169

  10.5.1 适航标准 ··· 169

  10.5.2 可靠性设计 ··· 170

  10.5.3 维修性设计 ··· 171

第11章 其他先进设计技术简介 ···································· 173

11.1 飞行/推进/火力控制一体化设计技术 ······························ 173

11.1.1　飞行/推进综合控制设计技术 ……………………… 173

11.1.2　飞行/火力综合控制设计技术 ……………………… 174

11.1.3　飞行/推进/火力控制一体化设计技术 …………… 176

11.2　先进结构材料 ………………………………………… 177

11.2.1　目前飞机常用的材料 ………………………………… 177

11.2.2　钛合金 …………………………………………… 178

11.2.3　复合材料 ………………………………………… 178

11.2.4　功能材料 ………………………………………… 183

11.3　高可靠性与高生存力设计技术 ……………………… 184

11.3.1　可靠性设计 ……………………………………… 185

11.3.2　高生存力设计 …………………………………… 188

11.4　飞行器设计仿真技术 ………………………………… 192

11.4.1　飞行器仿真技术的基本概念 ………………………… 193

11.4.2　飞机工程模拟器技术 ………………………………… 193

11.4.3　飞行模拟器技术 …………………………………… 197

11.4.4　工程模拟器与飞行模拟器的区别 …………………… 200

11.4.5　飞机作战效能的模拟 ………………………………… 201

第12章　无人机技术 …………………………………… 202

12.1　无人机概念 …………………………………………… 202

12.1.1　无人机定义 ……………………………………… 202

12.1.2　无人机特点 ……………………………………… 202

12.1.3　无人机分类 ……………………………………… 203

12.2　无人机用途 …………………………………………… 205

12.2.1　无人机在军事上的作用 ……………………………… 205

12.2.2　无人机在民用方面的用途 …………………………… 208

12.3　无人机系统组成 ……………………………………… 209

12.3.1　无人机系统 ……………………………………… 209

12.3.2　无人机系统的组成部分 ……………………………… 210

12.4　无人机关键技术 ……………………………………… 212

12.4.1　无人机主要关键设计技术 …………………………… 212

12.4.2　无人机主要作战技术 ………………………………… 215

12.5　无人机的发展趋势 …………………………………… 215

12.5.1　先进的传感器技术 …………………………………… 216

12.5.2　智能控制技术 …………………………………… 216

12.5.3　先进的无线通信技术 ………………………………… 217

12.5.4　无人作战技术的发展 ………………………………… 218

12.5.5　长航时无人机技术 …………………………………… 219

12.5.6　临近空间无人机技术 ………………………………… 220

　　　　12.5.7　舰载无人机技术 ……………………………………………… 221

　　　　12.5.8　微型无人机技术 ……………………………………………… 222

附录 ……………………………………………………………………………… 224

　　附录1　军用飞机几何参数、飞行性能比较 ……………………………… 224

　　附录2　四代战斗机的主要特征及其典型机种 …………………………… 226

　　附录3　五代干线客机典型机型的主要技术参数与飞行性能比较 ……… 228

　　附录4　典型武装直升机的几何特征参数、质量参数、发动机参数和

　　　　　　飞行性能比较 ………………………………………………………… 229

　　附录5　典型无人驾驶飞行器几何参数、质量参数、发动机参数和

　　　　　　飞行性能汇总 ……………………………………………………… 230

　　附录6　四代直升机的主要特征 …………………………………………… 232

　　附录7　国外典型大飞机布局基本特征 …………………………………… 233

　　附录8　飞行器先进设计技术常见的英文名词 …………………………… 234

参考文献 ………………………………………………………………………… 241

第1章 先进气动控制和外形布局设计技术

空气动力学的发展始终是先进航空器布局设计和总体性能突破的基础,现代飞机的气动设计已从过去的以稳定飞行为主的设计要求发展到以气动力控制为主的设计思想。

1.1 超声速巡航能力

超声速战斗机不一定具有超声速巡航的能力,而新一代军用战斗机将"超声速巡航"作为主要指标之一,其主要目的是为了在战斗中具有"超视距作战"性能。具备超声速巡航能力的战斗机可以在敌方发现之前,迅速突防进入战区,先行发射导弹攻击敌机或敌方装备,同时,减少被敌方杀伤的概率,大大提高了自身的生存力。图1.1.1所示为航时与速度之间的关系。

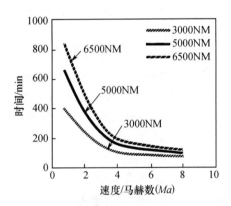

图 1.1.1 航时与速度之间的关系

更快的运输速度始终是民用和军用运输飞机追求的目标之一。目前,唯一较成功的超声速运输机"协和"号客机虽已运行多年,但仍存在耗油量大、噪声、安全性和废气污染等问题,远远不能满足客运和货运的要求,而不得不退役。

实现超声速巡航气动设计的主要问题是如何减小超声速激波引起的"波阻"和摩擦阻力。图1.1.2所示为激波引起阻力的示意图。

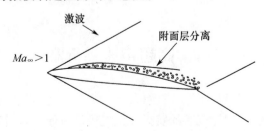

图 1.1.2 激波引起阻力的示意图

减小"波阻"的设计措施通常为：

（1）增大机翼的后掠角，减小展弦比，减小翼型的相对厚度，这些都能起到减弱激波的作用。

（2）减小机身的最大截面积，增大机身长轴比。

（3）整体采用翼身融合体以提高升阻比。

（4）按面积律来进行机身修形设计。

这里讲的是超声速面积律。超声速面积律与跨声速面积律的基本概念相似，不同的地方是，机翼机身组合体的零升波阻取决于与激波平行的一组组合体斜切面积的正投影面积的分布。理论计算可用斜切面积当量旋成体的阻力来计算：

$$D(\theta) = \frac{PV^2}{4\pi} \int_0^1 \int_0^1 A''(x_1) A''(x_2) \log \mid x_1 - x_2 \mid \mathrm{d}x_1 \mathrm{d}x_2$$

而翼身组合体阻力可作为一组当量旋成体阻力的平均值来计算：

$$D = \frac{1}{2\pi} \int_0^{2\pi} D(\theta) \mathrm{d}\theta$$

从上式可以看出，要减小波阻，不但要使面积分布 $A(x)$ 曲线分布光滑，而且应使面积分布曲线一次导数分布 $A'(x)$ 光滑，也就是说超声速机身修形在纵向上应比跨声速修形更为缓和些。

（1）整机采用更加简洁的布局，如减小外挂（或外挂物内置），采用无尾布局等。

（2）减弱激波的流动控制设计技术。

除了激波引起的前后压力差"波阻"外，激波引起的附面层分离也会大大增加阻力。目前研究的设计措施，如机翼表面设计有被动式吸气孔壁或主动式吹气孔壁以减弱激波与附面层的相互作用。同时采用附面层控制，还可大大减小超声速时的摩擦阻力。如有关研究实验显示，超声速层流控制可减小阻力达30%。

（3）改进进气道设计，控制超声速等熵压缩面，以减小波阻。

图1.1.3所示为欧洲航天总署的一种超声速客机方案。

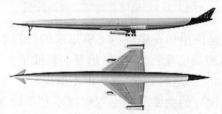

图 1.1.3　一种超声速客机方案

1.2　高超声速飞行器

尽管人类已实现登月和卫星的宇宙航行，然而高超声速的航空器仍然是科学研究、军事和民用十分关注的技术，如比现有的航天飞机更经济方便的轨道运输器、由轨道进入战区的侦察机和数小时就可以运达地球任一地区的民用客座机。

早在 20 世纪 80 年代,美、俄等国就提出研制 $Ma = 4.0 \sim 7.0$ 的高超声速运输机。这种飞机不同于现有的航天飞机。目前的航天飞机基本上采用的是垂直发射和两级入轨(运载级 + 轨道器)的形式。新研究的高超声速飞机可以从地面水平起飞,然后进入轨道航行,再从轨道进入大气层目标区或返回,所以又被称为"空天飞机(aerospace plane)"。

图 1.2.1 给出了原有的"航天飞机"与新型的"天地往返飞行器"的比较,后者不需要另外的"外储油箱"和"助推器"。

图 1.2.1 "航天飞机"与新型的"天地往返飞行器"

高超声速飞机的设计面临着与常规超声速飞机不同的一系列特殊技术问题。

1. 高超声速气动力分析与设计

当飞行速度 $Ma > 5$ 之后,高超声速飞行器与空气的相互作用会加热,而高温空气分子的振动激发气体发生化学或电离变化,所以高超声速空气动力学还包含电磁流体力学、化学非平衡流体动力学和稀薄空气动力学的内容。通常应对飞行器分别处于连续流区、滑移流区、过渡流区和自由分子流区的气动特性、温度分布做分析和试验,才能为设计理想的高超声速飞行器布局外形和结构提供依据。

由于高超声速边界层厚度与当地马赫数平方成正比,引起大的摩擦阻力,这样就导致了高超声速飞行器的阻力大,从而形成升阻比屏障。著名航空科学家库希曼(Kuchemann)给出高超声速飞行器升阻比与马赫数的关系(图 1.2.2)为

$$(L/D)_{最大} = \frac{4(Ma + 3)}{Ma}$$

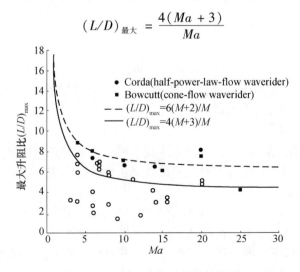

图 1.2.2 升阻比与马赫数的关系

3

上式说明了在高超声速条件下,常规设计的高超声速气动外形难以突破升阻比屏障。目前适合高超声速飞行器的外形多半采用升力体和乘波体等。升力体是一种不依赖于机翼而靠机身本身产生升力的飞行器气动结构。这种设计可消除无升力机身产生的附加阻力和翼身干扰阻力,从而可获得较高的升阻比和较强的机动能力。

2. 气动加热下的热结构设计

高超声速飞行器表面气动加热温度可达到2000K~3000K,所以该飞机结构的设计必须具有散热和隔热措施。通常包括仅为防热目的的热阻结构或烧蚀结构,隔热夹层结构和承力结构,以及相配套的冷却结构和系统。必须要对相对高温下的承力结构作特殊的力学性能分析与设计。图1.2.3是航天器结构的一种分层结构模型。

图1.2.3 一种航天器分层结构模型

3. 适于高超声速飞行的动力推进系统

正在研究用于高超声速飞行的发动机有:

(1)超声速亚燃发动机。

(2)超声速超燃冲压发动机。

(3)空气涡轮/火箭发动机。

(4)涡轮/冲压组发动机。

目前使用较多的是"超燃冲压发动机(Scramjet)"。这种发动机是利用飞行器头部的斜激波适当压缩来流,使来流速度降低和温度升高,然后仍然以超声速流进入燃烧室。图1.2.4给出超声速发动机发展趋势。

4. 关于"乘波飞机"

从气动外形考虑,"乘波飞机"是高超声速飞机一种新概念飞行器。通常"激波"被认为是超声速飞行器一个"有害"的特性,而乘波飞机恰恰是利用"激波"来产生升力。早在20世纪60年代就有人提出这一设想。

在高超声速下,飞机上、下表面的流动不会相互干扰。图1.2.5所示为一个二维楔的高超声速流,上表面平行来流。在前缘下部会产生一道强激波面,由于激波后区域压力会突然增高,而且升力体下方的高压区不会与上表面的相对低压区流动相串通,因而由楔形翼的上下压力差而产生升力。

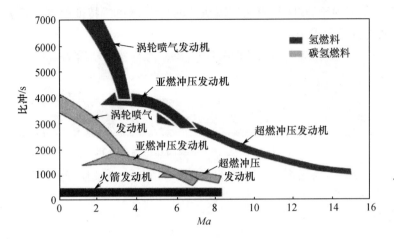

图 1.2.4　超声速发动机发展趋势

图 1.2.6 是一种尖劈翼型倒 V 形的乘波飞机方案,由超声速流形成下方一个激波面,从而在下方形成一个高压区,而上方脊线平行于来流方向,就会产生由激波引起的附加升力。

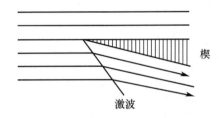

图 1.2.5　流经二维的超声速流动

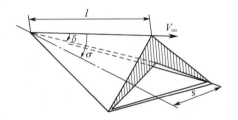

图 1.2.6　一种 V 形乘波机翼方案

图 1.2.7 是另一种曲面型"乘波飞机"设计方案。以圆柱来流面与圆锥激波面相交而给出飞机前缘曲线,再以前缘每一点的锥流流线汇成飞机下表面,飞机上表面以自由来流面来设计,于是形成一个上弧面、下曲面特殊形状的"乘波飞机"。这种"乘波飞机"同样能产生上下压力差。图 1.2.8 是美国 NASA 研制的一种无人乘波试验机。

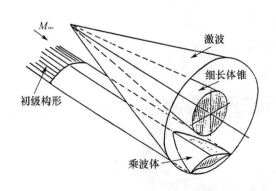

图 1.2.7　一种曲面型乘波机翼方案

图 1.2.8　NASA 一种无人乘波试验机

图 1.2.9 是美国于 2004 年首次试飞成功的具有"乘波"特征的 X – 43 高超声速无人机,飞行速度可达到 *Ma*9.6。

图 1.2.9　X – 43 乘波高超声速无人机

图 1.2.10 给出了高超声速飞机的的气动布局特征。高超声速飞机比起普通超声速飞机具有更大的细长比、更小的机翼,以及升力体的机身。图 1.2.11 为几种高超声速飞机的设计方案。

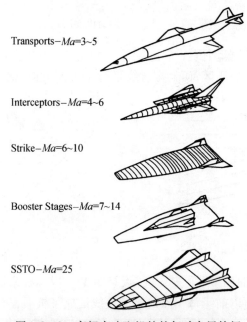

图 1.2.10　高超声速飞机的的气动布局特征

图 1.2.11　几种高超声速飞机的设计方案

6

1.3 涡动力学与涡控制技术

从 20 世纪初发明飞机直到 60 年代，传统飞机气动设计准则是保持"附着流型"，尽可能减少气流分离。随着大后掠、小展弦比机翼的设计与研究，气动专家们发现了可产生额外非线性升力的脱体涡。人们进一步通过对涡动力学的理论研究、风洞试验和利用涡动力的各种细长翼的设计应用，使得飞机气动设计思想发动了一场革命性的变化。

1.3.1 利用旋涡非线性升力的飞机布局设计

1. 细长机翼平面形状的设计

20 世纪 50 年代，人们最早发现大后掠、小展弦比细长机翼会形成前缘脱体涡，而产生涡升力。德国空气动力学家 D·屈西曼研究证实了这种脱体涡在一般情况下具有稳定性，并预言了有效地利用脱体涡机翼形状的设计是大后掠、尖前缘（及尖侧缘）和几乎平直的尖后缘平面形状，即各种大后掠、细长、锐缘、三角机翼的某种变形。细长后掠翼的前缘脱体涡不但可以在大迎角时产生非线性升力，而且可以抑制机翼的气流分离。图 1.3.1 所示为三角翼的前缘涡，图 1.3.2 所示为细长机翼的涡升力。

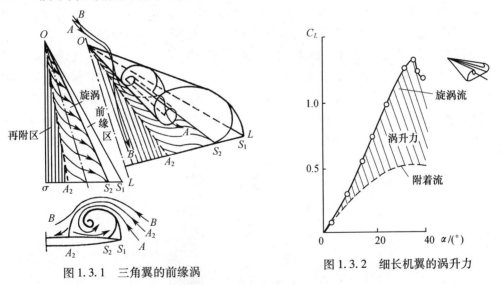

图 1.3.1 三角翼的前缘涡   图 1.3.2 细长机翼的涡升力

第二、第三代战斗机中大量设计成三角翼或大后掠机翼布局就是利用脱体涡升力来提高大迎角时性能。

理论上对 S 型前缘细长三角翼的研究，发现其除了具有脱体涡稳定性好、升阻比高等特性外，还有易于设计为重心位于机翼气动中心之前（纵向稳定性好）、并且气动中心变化很小的优点。将这一设计思想应用于"协和"号民用飞机就是一个成功的例子。图 1.3.3 为"协和"号客机。

2. 边条翼

虽然细长后掠翼大迎角时可产生涡升力，但常规低速飞行时，升阻比小，横侧稳定性也较差，因此机动性不好。

图 1.3.3 "协和"号客机

60 年代末至 70 年代,出现探索涡动力应用的边条翼设计。所谓边条翼就是在常规后掠机翼前缘根部延伸加上一对前缘大后掠(通常 70°~80°)细长翼片。这样的布局设计,使得边条翼在不大的迎角下,就能形成前缘脱体涡,而主翼可设计成中等后掠形状而保证低速时能产生足够的升力。边条翼的增设可比常规后掠翼增加 25%~100% 的升力,其前缘涡还可起到延缓主翼附面层分离的作用。因此边条翼不但可增加飞机适应高速、低速的不同飞行速度范围,而且可以解决大迎角和小迎角不同要求的矛盾。

边条翼在跨、超声速时还可起到减弱机翼激波的强度,从而减小飞机的波阻。边条翼具有以稳定的前缘脱体涡为主的流态(图 1.3.4),不同迎角下变化较缓和,因此将提高机动飞行时的稳定性。边条翼可设计成三角形、尖拱形和双弯形。边条翼的根弦长与边条 + 机翼根弦的比通常为 0.5~0.6。从图 1.3.5 可以看出,边条翼提高了飞机大迎角时的升力,并增大升阻比,但是边条翼使飞机的气动中心前移。图 1.3.5 为边条翼对主翼的诱导效应。典型的第三代战斗机美国 F-16、F-18 战斗机和苏联米格-29、苏-27 战斗机(图 1.3.6)都采用边条 + 中等后掠机翼的设计方案。

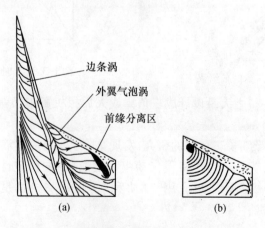

图 1.3.4　边条翼对主翼流态的有利影响
(a) 边条翼;(b) 基本翼。

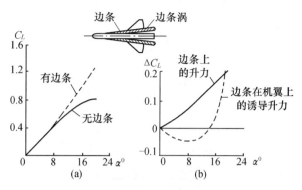

图 1.3.5 边条翼对主翼的诱导效应
(a) 总升力；(b) 边条的升力。

图 1.3.6 具有边条翼的苏-27 战斗机

3. 近距耦合鸭式布局设计

早期飞机的鸭翼和远距离鸭翼的设计,主要起到类似"平尾"的作用,其优点是鸭翼产生正升力时,飞机拉起。与早期鸭式布局设计思想有着本质不同的是,近距耦合的鸭式布局设计主要利用鸭翼产生的脱体涡及其对主翼的有利干扰(图1.3.7)。

图 1.3.7 "幻影"4000 战斗机

小展弦比后掠的鸭翼可以产生脱体涡,这种鸭翼不但本身可以产生附加的非线性涡升力,其脱体涡流经主翼上表面补充上机翼附面层的能量,抑制大迎角时主翼的气流分离。另一方面,主翼上表面的低压向后、外的抽气作用增强了鸭翼脱体涡的稳定性。

鸭翼平面位置通常不与机翼在同一平面上,一般将鸭翼水平位置设计在机翼上方。这是因为上鸭面脱体涡与机翼相互干扰呈有利作用。图1.3.8为鸭翼对气动力的影响。

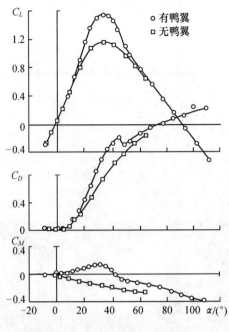

图 1.3.8　鸭翼对气动力的影响

　　鸭翼布局设计与边条翼的区别是：一方面,边条翼在大迎角时比鸭翼可产生更大的升力优势,而鸭翼在中等迎角时产生的附加升力比细长形的边条大;另一方面,鸭翼是可操纵改变安装角的,其脱体涡不但受迎角影响,而且与操纵偏角有关。其次,鸭翼除了产生脱体涡及对主翼有利干扰之外,还对飞机起配平的操纵作用。如鸭式布局可改进飞机迅速拉起的机动性。但鸭式布局会减小纵向静稳定度或为静不稳定性,这将由主动飞行控制技术来保证稳定飞行。

1.3.2　可控制的涡动力技术

　　上述涡动力的产生是"被动"的,利用涡动力的潜力,主动地控制涡的产生与形态将会大大发挥涡能量及其对飞机的作用,因此一些可控制涡的设计技术被提出。

　　1. 前缘涡襟翼

　　从常规飞机设计书中知道,前缘襟翼可以抑制前缘气动分离,提高大迎角时的升力。前缘涡襟翼从构形到作用机理而是另一种概念气动力控制设计。

　　从图 1.3.9(c)可以看出,常规的"前缘襟翼"一般是固定的,通过下偏,大迎角时气流光滑流过前缘而防止分离,但这种防止大迎角分离限于一定的设计状态,偏离设计状态时仍会发生分离。而"前缘涡襟翼"(图 1.3.9(d))具有尖前缘,当处于大迎角状态,它下偏时气流受尖前缘作用而分离形成旋涡,于是气流便会绕过前缘涡在铰链处再附体,"外部"流体仍然呈不分离流动。前缘涡在上、前方产生很强的吸力,既能增加升力也起减小阻力的作用。总而言之,前者是避免前缘气流分离,而后者是促使气流分离形成可控旋涡。

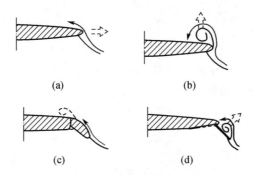

图 1.3.9　前缘襟翼和前缘涡襟翼的不同概念

（a）附着流（全吸力）；（b）前缘分离涡（零吸力）；（c）附着流的前缘下垂；（d）涡襟翼。

前缘涡襟翼构造有多种形式（图 1.3.10）：下偏式、上偏式、折叠式、双折式、空腔式。对于尖前缘机翼，下偏式是最常见的形式。对于圆钝头前缘，采用折叠式较好。

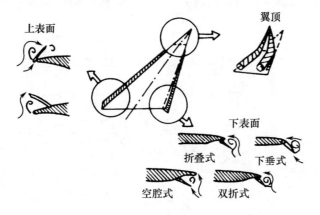

图 1.3.10　前缘涡襟翼的各种形式

前缘涡襟翼偏角设计与机翼后掠角大小有关。前缘涡襟翼也可设计为沿展向多段式，这不但可简化偏转结构，也可对不同段设计不同的偏角，以取得最佳升阻比。图 1.3.11 为分段式涡襟翼对升阻比的影响。图 1.3.12 为涡襟翼和边条对三角翼升力的影响。

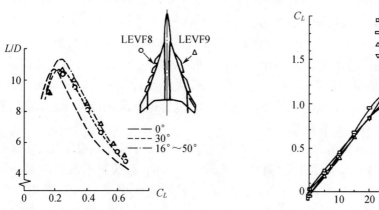

图1.3.11　分段式涡襟翼对升阻比的影响　　　图1.3.12　涡襟翼和边条对三角翼升力的影响

2. 吹气涡控制技术

在后缘襟翼转轴处沿襟翼弦向吹气（或在转轴处吸气），可以使附面层吸收能量，延续气流分离。这种控制属于附着流控制，还不是"涡控制"。图 1.3.13 为后缘襟翼吹气控制。图 1.3.14 为后缘襟翼吸气控制。

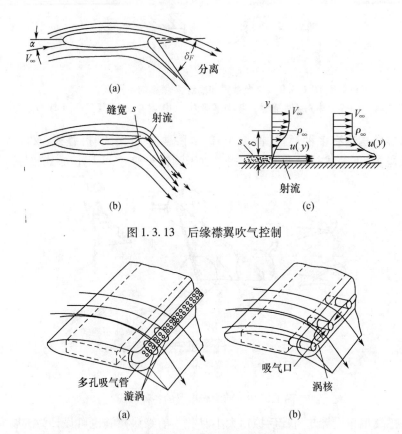

图 1.3.13　后缘襟翼吹气控制

图 1.3.14　后缘襟翼吸气控制
（a）分布吸气；（b）离散吸气。

沿机翼和后缘襟翼表面展向吹气的方法是一种新概念涡控制技术。展向吹气常见有沿机翼展向吹气和沿后缘襟翼展向吹气。由于中等后掠机翼在大迎角时，形成的前缘涡很弱且不稳定，也就是说易产生紊流分离。采用沿机翼展向吹气技术，可以把前缘涡"锁住"，从而使中等后掠机翼也能产生稳定的前缘涡，提供非线性涡升力。此外，展面吹气还产生机翼"弯度效应"，由于展面吹气使气流顺利绕过后掠前缘涡流向下游，减小了翼尖处的气流分离，保持附着流的升力。

绕过后掠前缘涡流向下游，减小了翼尖处的气流分离，保持附着流的升力。机翼展向吹气喷嘴在弦向位置与吹气强度有关，通常于机翼 5%～30%弦长处沿展向设置一排小孔，顺平行前缘方向向机翼外表面吹气。试验表明展向吹气可提高机翼升力系数达60%。图 1.3.15 为三角翼的翼展上表面吹气控制原理。图 1.3.16 为涡升力与展向吹气对升力的影响。

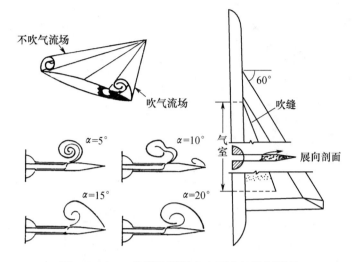

图 1.3.15　三角翼的翼展上表面吹气控制原理

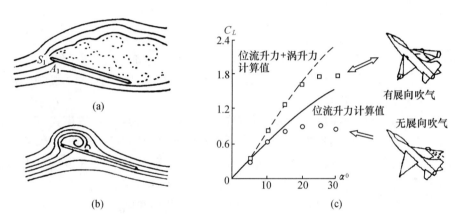

图 1.3.16　涡升力与展向吹气对升力的影响
（a）无展向吹气；（b）有展向吹气；（c）升力系数比较。

　　机翼后部沿后缘襟翼前缘方向设置展向吹气，可以增加表面附面层能量，而抑制襟翼偏转时发生的气流分离，从而提高襟翼效率。同样在垂尾上对方向舵设置展向吹气也可提高方向舵效率。通常喷气嘴位于机身侧面向机翼（或垂尾）与后缘襟翼（或方向舵）交界处吹气。图 1.3.17 为各种不同的吹气方式。图 1.3.18 为喷气襟翼及压力分布。

　　此外，类似对边条、鸭翼设置展向吹气也可以获得附加涡动力。从机翼后缘直接喷射出与机翼有角度的高速射流层面来代替结构襟翼或副翼是一种新的概念。其喷流层本身可作为襟翼而增加机翼的环量，起增升作用。此外，喷气襟翼比结构襟翼可延缓气流分离，还可产生一定的推力。

　　3. 非定常涡控制技术

　　由于涡运动本身是非定常的，因此，非定常涡控制技术的发展必将使人们获得更多的涡动力效益。例如，目前增强涡作用的非定常涡控制技术有：

　　（1）前缘襟翼振筒控制，前缘脱体涡，防止涡破裂。

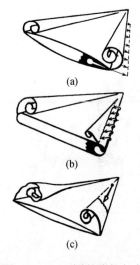

图 1.3.17　不同的吹气方式

（a）尖前缘吹气；（b）钝前缘吹气；

（c）展向吹气空吹气。

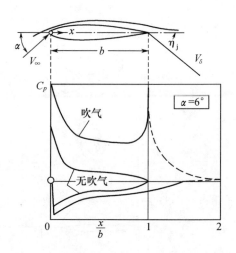

图 1.3.18　喷气襟翼及压力分布

（2）利用表面主动加热或声激励诱导出附加涡运动，增加升力，减小阻力。

（3）利用飞机机身底部引射非定常流以改善尾流，甚至可把尾流阻力变成射流推力。

4. 扑动翼的非定常涡动力

以上都是通过对现有飞机改进来研究涡控制技术。脱开现有飞机模式，回到人类最初模仿自然界动物飞行的鸟类飞行方式，却是蕴藏着大量的、人类至今尚未掌握的涡动力（图 1.3.19）。人们经过模拟鸟研究扑翼机一次次失败后，转而以仿鸟滑翔升力为主，成功地创造了固定翼飞机，并且在速度、航程方面已远远超过了鸟类。但是飞机在灵活性方面，如空中悬停、急转弯、垂直起落、侧飞、减速等，远不及鸟和昆虫，尤其是飞机起飞、着陆必须要有机场与跑道。

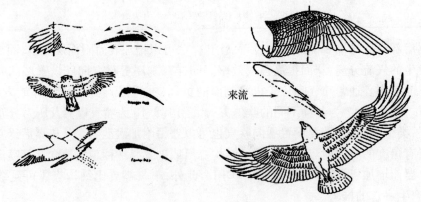

图 1.3.19　鸟的翅膀与升力

大家知道固定翼飞机升力计算用以下公式：

$$L = C_L \cdot \frac{1}{2}\rho V^2 S$$

14

公式表明在来流速度V下由于上下压力差而产生升力,但这一公式对鸟和昆虫已完全不适用了,鸟起飞时可以前飞速度$V=0$,然而却能产生很大升力。这是因为鸟与昆虫以扑动翼飞行的原理已与常规飞机根本不同,鸟是以扑翼产生的非定常涡动力而产生升力。简化估算,扑动翼的升力可以用如下公式来表示:

$$L = C_L \cdot \frac{1}{2}\rho V_\omega^2 S$$

与前一公式不同的是,这里的V_ω指的是鸟翼扑动速度。精确的扑翼气动力计算需求解非定常 N−S 方程。图 1.3.20 和图 1.3.21 是数值方法求解非定常 N−S 方程反映扑动翼非定常脱体涡和尾涡的结果。从图 1.3.20 扑翼非定常脱体涡可以发现扑翼产生扑动升力的来源。

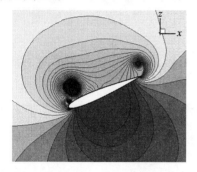
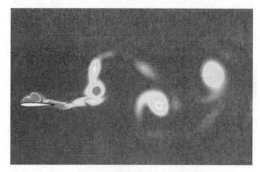

图 1.3.20 扑翼脱体涡　　　　　　　　　　图 1.3.21 扑翼非定常尾涡

扑翼不但可以产生升力,而且能够同时产生推力。扑翼推力也是由扑动翼非定常尾涡产生的。

21 世纪初国内外成功研制试飞仿鸟与昆虫的微型扑翼飞行器有如图 1.3.22 所示的美国加州理工学院、Aero Vironment 和加州大学联合研制的"微型蝙蝠(Micro Bat)"和图 1.3.23 所示的南京航空航天大学 2003 年研制成功的微型扑翼飞行器。

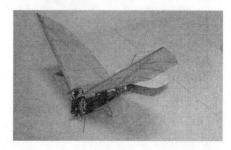

图 1.3.22 Micro Bat　　　　　　　　　图 1.3.23 南航的微型扑翼飞行器

鸟翅膀的扑动形态很复杂,包括扑动、转动、柔性变形和羽毛运动等复杂组合运动。这些涡动力机理的深入研究,必将对飞行器的发展推出一场新的革命。

近年来,刚兴起微型扑翼型飞行器,已有成功飞行的报道。随涡动力与控制技术不断发展,相信不久的未来,人类一定会实现像鸟一样自如翱翔。

15

1.4 非常规布局飞行器形式

飞机形式本没有常规与非常规之分,世界上第一架动力载人飞机——"莱特"飞机就是"非常规"的前平尾布局。一百年来,设计成功形式最多的飞机就是目前最常见的"机身+机翼+后平尾+垂尾"的布局,习惯上称为"常规布局"。虽然飞机的设想是受到飞鸟的启发,但飞机是人类创造的事物,即使是常规布局飞机比鸟类也多出一个"垂尾"。常规布局飞机应该说是多年来以"定常流""附着流"为基本的设计形式,随着空气动力学的发展,尤其是涡动力和非定常气动力的研究发展,将会出现越来越多"非常规布局"的飞机。

直升机也正是人类创造出的不同于飞机的"非常规"飞行器,以旋转的动翼代替飞机的固定翼,从而能实现垂直起落和空中悬停。只要我们敢于突破常规的思维,更多形形色色的新型飞行器会由人类创造出来。

下面简要选登了一些非常规布局飞机图(图1.4.1),以引起人们对创造更新的飞行器的思考。

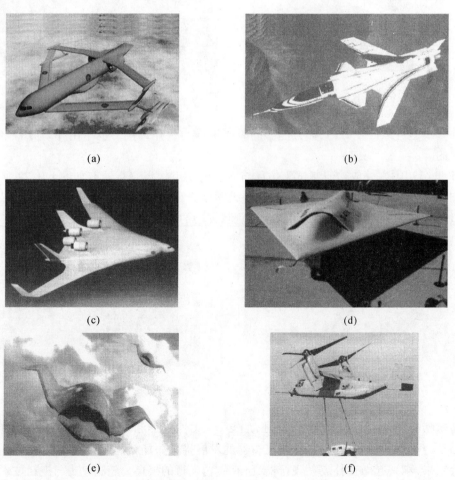

(a)　　　　　　　　　　　　　(b)

(c)　　　　　　　　　　　　　(d)

(e)　　　　　　　　　　　　　(f)

16

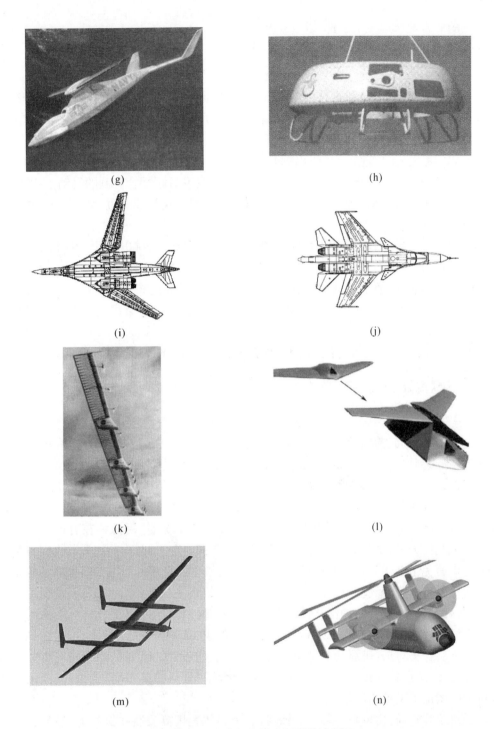

图 1.4.1 非常规布局飞行器设计例子

(a) 联翼机；(b) 前掠翼机(X-29)；(c) 无尾式客机；(d) 三角飞翼式(X-47无人机)；

(e) 海鸥式；(f) 倾转旋翼式(V-22)；(g) 旋翼/机翼转换式；(h) 圆环式飞行器；

(i) 变后掠翼飞机；(j) 三翼面飞机；(k) "百夫长"长航时无人机；

(l) 可折叠翼飞行器；(m) 多机身飞机；(n) 复合式直升机。

常见的非常规布局飞机,分为以下几类。

1.4.1 不同尾翼的飞机布局形式

(1) 常规式布局:平尾和垂尾后置的布局,其中垂尾有单垂尾、双垂尾和多垂尾形式;平尾根据其相对于机身的位置又有中平尾、高平尾、T 形尾、V 形尾等不同形式。常规式布局的特点主要是纵向稳定性较好。

(2) 鸭式布局:平尾前置(又叫鸭翼)布局,通常垂尾后置或无垂尾。鸭式布局又有远距鸭式布局和近距鸭式布局之分,后者鸭翼对主翼具有近距耦合有利的气动干扰作用,减小主翼大迎角气流分离。鸭式布局的主要好处是飞机迅速拉起的机动性好和提高升阻比,但是减小了纵向稳定性。

(3) 无尾式布局:通常指无平尾布局,仍有垂尾,如幻影-2000飞机。由于减去了平尾引起的配平阻力,提高了升阻比,并减轻了飞机质量,但是起降性能不如其他布局。

(4) 三翼面布局:通常指既有鸭翼又有后置平尾 + 机翼的布局,如苏-35 和苏-37飞机。通常可以理解为常规式布局上增加鸭翼,这一布局能够显著提高常规布局飞机的机动性,但是增加了结构和系统重量。

(5) 十字形或 X 形尾布局:多半用于导弹上,为了增加飞行弹道的稳定性。

1.4.2 不同机翼的飞机布局形式

(1) 平直翼布局:无后(前)掠的机翼形式,适于低速飞机。

(2) 后掠翼布局:前缘后掠的机翼形式,包括后掠三角翼,适于高亚声速和超声速飞机,后掠前缘起到提高临界马赫数和减小激波强度的作用,通常飞行马赫数越大后掠角可以设计越大,但对于设计有边条翼的超声速飞机也可采用中等后掠角机翼形式。

(3) 前掠翼布局:前缘和后缘都前掠的机翼形式,如 X-29 飞机。前掠翼与后掠翼一样具有减小激波强度的作用。因为气流有平行于前缘的分量,后掠翼在有迎角时首先在翼尖发生气流分离,由此降低了副翼效率和引起俯仰力矩上仰;而前掠翼首先在翼根发生气流分离避免了上述问题。长期前掠翼布局没有被普遍采用的原因是前掠翼结构弯曲增大正扭角容易引起静气动弹性发散。自从复合材料在飞机上的应用,人们发现可以通过复合材料铺层和纤维方向的优化设计而改进气动弹性特性,所以复合材料结构的前掠翼布局飞机设计获得成功,X-29 飞机就是一个典型的成功例子。

(4) 变后掠翼布局:机翼的后掠角在飞行中可变的设计。既要保持高速飞机减小激波强度的设计,又想具有较好的低速性能,因此出现了"变后掠翼布局"的设计,但由于变后掠机构而增加了飞机的质量。

(5) 斜置翼布局:这也是一种变后掠翼,一个整体直机翼安装在机身上,当与机身垂直时就是无后掠形式;当机翼转动一个角度斜置于机身上时,机翼左右不对称,即一侧为前掠,另一侧为后掠,同样可起到高速减小激波强度的作用。这种布局设计变后掠机构简洁,并且飞机的重心变后掠后不变。

(6) X 形翼布局:可以设置为两副机翼,斜置交叉布置,后面部分还可起尾翼作用。另外一种整体 X 形机翼/旋翼设计,当 X 翼固定时就是前述的布局形式;当 X 翼旋转时就相当于直升机的旋翼产生升力,这时用于垂直起降。

(7) 双翼和多翼布局:通常指在垂直方向或前后方向上设置两个或多个机翼的形式,早期低速飞机的多翼设计是为了增加升力。现代飞机速度高,多翼形式也发生变化,如有一种特殊的前后联翼式飞机的设计,不但可增加升力,而且显著提高了机翼的整体结构刚度。此外还有栅格翼形式等。

(8) 环形翼布局:机翼设计为圆筒状,这种设计具有翼展小、增加刚度和减少质量等特点。

(9) 可变形或可折叠翼布局:一种是机翼平面形状可变形式,另一种是机翼可折叠形式,也是为了适应不同速度飞行的需要。

(10) 倾转旋翼机:相当于螺旋桨安装在机翼上的飞机,机翼连同螺旋桨(旋翼)可以绕机翼轴线倾转,起飞时旋翼呈水平位置可以像直升机一样垂直起飞和悬停,而旋翼转至垂直位置则可像固定翼飞机一样飞行。

1.4.3 不同机身的飞机布局形式

(1) 双机身布局:通常指共用一副机翼的双机身的形式,后部由平尾连接,具有增加机身容量和增加尾部刚度的特点。

(2) 双尾撑布局:通常指有一个前部机身和双尾撑 + 共平尾的形式,可增加尾部刚度。

(3) 翼身融合体布局:通常指机身与机翼连接处光滑平缓过渡的曲面融合形式,可以增加升力和改进大迎角气动特性。

(4) 升力体布局:机身为扁平状,为飞行器的主要升力部件,如高超声速飞行器。

1.4.4 飞翼式的飞机布局形式

这是一种无机身、无尾翼的单一机翼式布局,也有的带有小垂尾。飞翼式布局飞机布局和内部系统高度集成,其浸湿面积也大大小于同量级的传统布局飞机,因此,与同量级传统布局的飞机相比较具有更轻的质量,升力特性好,阻力小,可获得更高的升阻比和更小的燃油消耗量,并且隐身特性好。美国 B－2 轰炸机就是十分成功的大型飞翼式飞机。

还有一种"翼身融合体",宽扁的机身与机翼融合,机身本身也产生升力。

上述两种形式没有严格分别,目前两种称法常常互用。

1.4.5 直升机布局形式

(1) 单旋翼布局:通常需在机身尾部安装尾桨提供平衡旋翼的反扭矩。

(2) 纵列双旋翼布局:沿机身纵向安装两副转向相反的旋翼,使反扭矩相互平衡。

(3) 横列双旋翼布局:在机体横向安装两副转向相反的旋翼,使反扭矩相互平衡。

(4) 共轴双旋翼布局:两副转向相反的旋翼上下共轴安装,反扭矩相互平衡。

(5) 交叉双旋翼布局:两副转向相反的旋翼沿机体横向(或纵向)排列,但两旋翼的轴线呈 V 形交叉,需反向协调旋转。

（6）复合式布局：在直升机上安装有机翼和推进装置，前进时主要由推进装置提供推进力，而升力由旋翼和机翼共同提供。垂直起降仅由旋翼提供升力。

（7）桨尖喷气驱动式直升机：在旋翼的桨叶尖端安装有喷气发动机，驱动旋翼旋转。这种旋翼设计对机体不产生反扭矩，则无需平衡措施。

第 2 章　飞行器隐身技术

2.1　隐身技术概念

电子探测和导弹技术的发展,对军用飞行器构成了十分严重的威胁。为了使军用飞行器在战争环境中具有良好的生存力和作战能力,隐身技术已成为现代军用飞行器和其他大型武器装备的重要技术要求。

所谓隐身技术,就是降低雷达、红外线、光、声和磁信号特征的反探测技术。

目前隐身技术在各国有许多新技术发展,大体上可分为以下几类。

1. 按目标特征信号（侦察与探测手段）分类

现代军事侦察与探测系统主要有雷达探测仪、红外探测仪、电子设备、可见光探测仪及声传感器、磁探测仪等探测系统,因此目标的隐身也相应地发展了反雷达探测、反红外探测、反电子探测、反可见光探测和反声波探测等隐身技术,通常可简称为雷达隐身技术、红外隐身技术、电子隐身技术、可见光隐身技术、声波隐身技术、电磁隐身技术等。

由于其中最为重要、使用最广、发展最快的探测器是雷达,因此,反雷达探测也就成为隐身技术发展的主要目的,雷达隐身技术成为最主要的隐身技术。

根据探测原理,又可分为两类,即防反射隐身技术和防辐射隐身技术。防反射隐身技术主要是减少目标反射特征信号,如雷达隐身技术、可见光隐身技术、激光隐身技术;而防辐射隐身技术主要是减少目标辐射特征信号,如红外隐身技术、电磁隐身技术、声波隐身技术。当然,这种分类并不是绝对的。例如声波隐身技术也可以是防反射隐身技术。

2. 按隐身方式分类

隐身技术可分为无源（被动式）隐身技术和有源（主动式）隐身技术。主动隐身和被动隐身都要求做到武器系统与周围环境的目标特性尽可能接近。但主动隐身致力于控制和减弱反射信号,被动隐身则主要是控制武器系统的辐射特性,使其与环境相一致。这两方面的要求有时会相互矛盾。当主动式和被动式探测手段同时运行时,需要同时满足这两种隐身技术的要求,而使问题大为复杂化。

目前人们所说的隐身技术多半是指无源隐身技术,即通过对武器装备的外形、结构进行巧妙设计和采用吸波、透波材料等一系列措施,尽量减少对电波、红外波、声波、可见光等能量的反射或辐射,从而降低其信号特征,实现隐身。无源隐身技术包括隐身外形技术、隐身材料技术、无源干扰技术等。

有源隐身技术,或称主动隐身技术,是针对主动式探测技术所采用的隐身技术。指利用有源手段,使武器装备规避声、光、电、热等探测设备探测的一种技术。有源隐身技术包括电子欺骗和有源干扰技术、低截获概率技术、有源对消技术等。值得注意的是,为了提高隐身效果,有源隐身技术可在适当时机施放电子干扰和采取一些战术措施。相对无源隐身来说,有源隐身效果更好,成本更低,因而近年来有源隐身技术越来越受到专家们的青睐。

3. 按隐身技术过程分类

按隐身技术过程可分为隐身设计技术、隐身测量技术、隐身制造技术等。

4. 按隐身目标分类

按隐身目标可分为飞机隐身技术、导弹隐身技术、舰艇隐身技术、坦克隐身技术等。

2.2　雷达隐身技术

雷达对目标照射所产生的回波强度通常是用雷达散射截面积来表征的。所谓雷达散射截面积,又简称为雷达截面积(Radar Cross Section,RCS),是指目标受到雷达电磁波的照射后,向雷达接收方向散射电磁波能力的量度,其定义式为

$$\sigma = \lim_{R \to \infty} 4\pi R^2 \succ \left| \frac{E^s}{E^i} \right|^2 = \lim_{R \to \infty} 4\pi R^2 \left| \frac{H^s}{H^i} \right|^2$$

式中:R 为目标到雷达的距离;E^s、H^s 分别为目标在接收天线处的电场和磁场强度;E^i、H^i 分别为雷达在目标处的入射电场和磁场强度。

而雷达探测到目标的距离是与 RCS 的 4 次方根成正比:

$$R_i = \sqrt[4]{\frac{P_i G^2 \lambda^2 \sigma}{(4\pi)^2 P_{\min}}}$$

式中:P_i 为雷达发射功率;G 为天线增益;λ 为雷达波长;σ 为雷达截面积;$P_{\min}$ 为雷达可探测到目标的最小接收到的功率。

因而,飞行器 RCS 的减缩对缩短雷达对该飞行器的作用距离有着重要意义。RCS 值也是飞行器隐身性能的重要指标。

2.2.1　减小飞行器的雷达截面积的途径

RCS 与目标的物理特性、目标的外形、目标与雷达的照射角度,以及雷达的入射波长有关。为此,主要从以下几方面的设计来减缩飞行器 RCS。

1. 隐身外形设计

通过隐身设计,合理设计目标外形,是实现减少、控制或尽可能消除各种目标雷达截面积反射效应的主要措施。图 2.2.1 为不同飞机雷达可视距离。

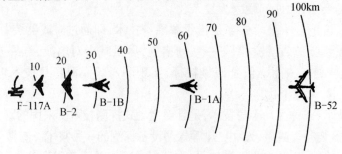

图 2.2.1　不同飞机雷达可视距离

22

通常飞机的开口腔体(如进气道、座舱)、类角反射器构形、外挂物等是雷达的强散射源。

对于飞机而言,低散射气动外形技术是改进目标的外形设计和布局,消除能产生强反射效应的外形特征,采用的措施主要有:

(1)采用翼身融合体和扁平座舱,使机翼、机身与座舱平滑过渡,融为一体。

(2)采用无机身与尾翼的飞翼型布局(图2.2.2)。

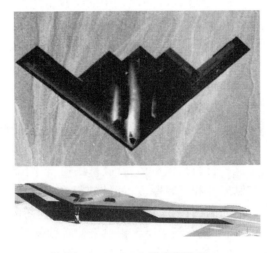

图2.2.2 B-2隐身轰炸机

(3)尽可能使飞机外形干净整洁,减少飞机表面的突起物,取消武器和吊舱等外挂布局,采用内置式机舱,将外挂设备全部置于机内。

(4)对具尖边缘的部件,尽可能使各边缘平行,使雷达反射能量仅集中在与边缘垂直的个别闪烁点上,而其他方向RCS很弱。

(5)采用倾斜双立尾翼或V形尾翼,从而大大减弱飞机侧向的雷达散射强度。

(6)采用特殊的不同法向分布的多面体外形及尖形鼻锥(图2.2.3),使雷达仅能产生瞬时闪烁的微弱回波。

图2.2.3 F-117隐身侦察机

(7)座舱盖镀上高导电率的金属镀膜,使雷达波难以透射入强散射源的座舱内部。

(8)改进天线罩,采用可收放天线。

（9）采用埋藏式或半埋式发动机进气口、锯齿形唇口、屏蔽栅格或网罩，进气道设计为S形弯道，使强散射源进气道减弱散射强度。

（10）借助于飞机部件的相互遮挡，挡住强散射源，如尾翼或机身遮挡发动机进气口和尾喷口。

2. 隐身材料

仅仅靠隐身外形设计有时尚达不到隐身指标的要求，另外为了满足飞行器气动方面的要求，外形的减缩RCS设计受到限制，因此采用能吸收雷达波的材料或透过雷达波的复合材料来达到预期隐身的目的，是一种重要的方法。

所谓雷达隐身材料是指能够减少目标雷达散射截面的材料，亦称防雷达伪装材料，主要分为雷达吸波材料和雷达透波材料。

雷达吸波材料（RAM）是指通过材料本身的吸收微波作用来减少飞行器的RCS，其基本机理是通过某种物理作用将雷达波能量转化为其他形式的能量。雷达吸波材料常见的作用机理有电感应、磁感应、电磁感应、电磁散射等，主要有磁损耗型吸波材料和电损耗型吸波材料两大类。

（1）磁性吸波材料。这种材料是铁氧体粉、碳基铁粉、超细金属粉或纳米相材料与基体树脂等制成的。通过控制磁性和材料厚度，能够获得高导磁率特性。通过在整个厚度内对添加剂或吸波剂进行适当的选择、集中和分布，使其达到所需要的损耗系数和阻抗，为单一频率、或选定的多种频率或宽频带覆盖提供最佳吸波效能。

磁性吸波材料通常比介电吸波材料薄，有效的设计厚度仅为0.5～1.2smm，能被模压成不变的厚度或渐变的拱形膜片，并粘贴在适当的位置。某些磁性吸波材料的厚度仅为具有等效吸波特性的介电吸波材料的1/10。该吸波材料涂敷简便、涂层薄、质量轻，并能承受高速飞行时的气动力作用。

（2）介电型吸波材料。这种材料是由基体材料（可以是刚性或柔性的聚合物，如有机或无机粘结剂等基体树脂）与电损耗填料（或损耗性填料、碳质电阻类材料，如炭黑、石墨、导电颗粒或导电纤维等）组成。通过改变材料电介质填料的散布，使得其（介）电性质沿材料厚度方向逐渐改变，以达到损耗电磁能量。

常规的介电型吸波材料比磁性吸波材料重，因而对质量指标要求高的飞行器运用受到限制。目前，一类先进的介电吸波材料被研制出，如具有柔韧性的轻质薄型氨基甲酸乙酯板材或薄膜，是新型高分子吸波材料，其吸波特性可与磁性吸波材料匹敌，而质量却不到后者的1/2，在雷达吸波方面有较好的应用前景。

（3）干涉型吸波材料。这种材料是指材料表面的反射波与进入材料后由反射背衬（通常为金属板）返回的出射波发生相干，从而使反射减小或消失的一类材料。通常是由柔性聚合物基体和具有电磁损耗的填料所组成。

（4）雷达透波材料。这种材料是对电磁波不发生作用而保持透明状态的非金属类复合材料，最普通的有石墨—环氧树脂等。由于现代雷达系统趋向采用较高的频率（8GHz～10GHz）以提高其精度。因此雷达罩材料必须在此频率范围内有较高的透电磁波性能，即较低的介电常数和介电损耗。透电磁波功能复合材料是用玻璃纤维或石英纤维与不饱和聚酯、有机硅、环氧和氰酸酯树脂等基体构成的复合材料层板及其蜂窝、泡沫夹芯结构，具有透电磁波功能，适合于制造雷达罩。目前已采用高强度透波非金属复合材料来制造飞机的构件,如平尾、垂尾、襟翼、副翼、舵面、调整片、舱门和口盖等。

3. 雷达吸波结构

随着复合材料在飞行器部件结构上的大量运用,仅仅采用表面涂敷雷达吸波材料不一定是最适合的方法。把雷达吸波材料与刚性雷达透波材料相结合而构成雷达吸波结构是飞行器隐身设计的新方向。其中板型的雷达吸波结构通常是利用非金属蜂窝结构并对其表面碳或其他耗能材料加以处理,然后把非金属透波蒙皮粘结到其前、后表面,制成刚性板材雷达吸波结构。蜂窝芯材的尺寸、厚度和材料可以根据雷达波段的特点来设计。在透波蒙皮的表面喷涂上雷达吸波涂层可以吸收高频率雷达波。而研制宽频带的蜂窝吸波结构,如果蜂窝段每个单元的尺寸至少是雷达信号波长的1/10,则蜂窝段就能吸收低频率的雷达波能量。特殊蜂窝夹芯形状的设计,可以通过雷达波在耗能蜂窝芯壁的多次反射,而使雷达波能量被有效地吸收。

4. 自适应有源对消隐身技术

自适应对消隐身技术可以分为无源对消技术和有源对消技术。

除了隐身材料无源对消方法外,无源对消另一种典型方法是阻抗加载技术,如对飞行器的某些部位开槽或孔;设置分布或集中复数阻抗加载;通过改变金属蒙皮表面雷达波照射所产生表面电流的分布,该电流在体外形成的附加电磁散射场,当所产生的附加散射场和原雷达回波散射场形成反相叠加时,则能减缩原雷达散射截面积。但这种方法只能对某一特定频率的雷达波而设计其飞行器。表2.2.1 为典型目标体的雷达截面积。

表 2.2.1　典型目标体的雷达截面积

目标	RCS/m^2	目标	RCS/m^2
昆虫	0.001	常规战斗机	10
鸟类	0.01	B－1B 轰炸机	1.0
人	1.0	B－52 轰炸机	100
F－117A	0.025	大型运输机	1000
B－2	0.1	大型军舰	10000

有源对消技术除增加或投放干扰源之外,就飞行器设计方面,典型的有自适应消波智能蒙皮技术。这种自适应有源对消技术是指飞行器可以辐射出与雷达回波频率相同、相位相反而强度相同的电磁波,以对消雷达回波而达到隐身目的。这种方法比无源对消法具有宽频带的通用性。具有自适应有源对消技术飞行器必须设置能测出被对消的雷达入射波频率、波形、强度和入射角的高性能传感器,还必须预先知道飞机在各种频率下全方位雷达波反射率详细数据,以便能实时产生所需的对消电磁辐射信号。为此,必须为飞行器设计具有处理复杂信号和计算机系统控制的自适应机载有源对消系统。

目前正在研究的等离子体隐身技术也是一种有源对消技术。

2.2.2　飞行器雷达隐身特性的设计分析方法

飞行器雷达隐身特性是指对不同的雷达及其照射方向对抗能力。从定量分析上可以用飞行器对不同的雷达距离、方向和频率的雷达散射截面(RCS)来衡量。飞行器 RCS 的分析主要有各理论计算方法和实验测量手段。由于 RCS 分析的理论计算方法已发展得越来越准确,目前,国外很多隐身飞行器的设计已大部分依赖于计算方法,尤其是初步设计阶段,这对飞行器总体外形的确定以及与气动特性的协调非常重要,最后可以用实验手段对飞行器雷达隐身特性进行测试验证。

RCS 预估的方法很多,主要以麦克斯韦(Maxwell)方程组和波动方程为基础,本书分别对主要的计算方法作简单的介绍。

1. 高频 RCS 分析方法

现代雷达系统为提高其精度通常采用较高的频率,高频电磁场的频率范围可以从几百兆赫兹到几百吉赫兹,其中 X 波段(8~10GHz)是使用较多的一个雷达波段。高频 RCS 分析方法发展较早,高频分析可以将空间电磁散射化为求解飞行器表面的电磁散射特性。下面介绍几种主要方法。

1)几何光学法(GO)

几何光学法又叫射线跟踪法,对于波长很小的高频电磁场,可以近似地用几何光学方法认为电磁波照射到表面时,其后向散射仅发生在一些很小的面元上,对飞行器整个表面散射(包括多次反射)积分就能求出 RCS 值。该方法适合于双曲面表面目标和腔内RCS 计算。

2)物理光学法(PO)

物理光学法是基于用麦克斯韦方程和矢量格林定理推导的散射场 Stratton – Chu 积分方程,在高频下的近似求解各面元的散射特性,最后得到整个飞行器的 RCS,所以物理光学法又叫面元法或板元法,适合复杂外形目标的高频 RCS 计算。

3)边缘绕射理论(TD)

上述几何光学法和物理光学法只能计算表面直接散射 RCS,但不能解决目标体边缘绕射问题。高频边缘绕射理论方法又分几何绕射方法和物理绕射方法。高频边缘绕射也可近似认为只取决于边缘点邻域的特性。将边缘绕射贡献和表面散射贡献结合起来就可以得到完整的飞行器雷达散射特性。

此外,还有有限元法以及复射线方法等。

2. 频域 RCS 分析方法

1)矩量法(MOM)

矩量法是求解 Stratton – Chu 积分方程的另一种数值计算方法,其思路是将积分方程改写成带有积分符号的算子方程形式,选用适当的基函数的线性组合表示待求函数,在选定一组权函数对上述方程组取矩量,然后用数值方法求解所得到的矩阵方程。此方法不受电磁波频率限制,计算量很大,多用于低频区和谐振区的电磁散射问题。

2)快速多极子方法(FMM)

矩量法离散电场积分方程得到稠密的线性方程组,它可以用迭代法求解,但计算量十分庞大。快速多极子方法的基本思想是源点对远区目标观察点的作用可作适当技术处理减小计算量,这对计算精度不会产生明显的影响。如果每次迭代中,矩阵与向量的乘积的复杂度为 $O(N^2)$,采用快速多极子方法,可将其降到 $O(N^{1.5})$。

进一步发展的多层快速多极子方法(MLFMM)基于空间层次划分,首先用大立方体包含整个散射体,作为第 0 层;再将它分为若干子立方体,作为第 1 层;……依次类推,可以得到多个层级,直到最后一个层级的立方体的边长小于半个波长。对各层子立方体按照 Morton 次序编号,计算和存储时只考虑非空的子立方体。采用多层快速多极子方法,可进一步将计算量降到 $O(N^3)$。

3. 时域 RCS 分析方法

最常见的时域分析方法就是时域有限差分法(FDTD)。传统上电磁场的计算主要是在频域上进行的,这些年以来,时域计算方法也越来越受到重视。它已在很多方面显示出独特的优越性,尤其是在解决有关非均匀介质、任意形状和复杂结构的散射体以及辐射系统的电磁问题中更加突出。FDTD 法直接求解依赖时间变量的麦克斯韦旋度方程,利用二阶精度的中心差分近似把旋度方程中的微分算符直接转换为差分形式。通过逐个时间步对模拟区域各网格点的计算,在执行到适当的时间步数后,即可获得所需要的结果。

4. 电磁特性计算的网格生成

目标构形的建模是目标电磁散射特性计算的几何模型基础。飞行器几何模型的建立是否准确与合理,对目标电磁散射特性计算的结果会产生较大影响。早期对于组合体目标的电磁散射特性计算,通常用一些标准三维体(如圆柱体、圆锥体、球体、平面、多面体、椭球体)来替代,作估算分析。随着雷达目标特性分析技术的发展,要求更加精确的计算结果。现代飞行器的计算机辅助几何外形造型技术可以用于电磁散射特性计算,但是与飞行器空气动力数值计算的网格还有所区别。如高频方法化分网格的密度,通常要求以小面元代替原始曲面所造成拱高误差应小于雷达波长的 1/16;此外雷达目标特性计算需要知道雷达波直接照射到目标体(一次反射)的部分,因此需要对目标体进行每个照射方位时自身遮挡和部件之间的相互遮挡的消隐计算。

时域有限差分法需要建立除目标体之外的三维空间网格,如果在模拟空间中采用大小不同的网格或包含不同的介质区域,这时网格尺寸与波长之比应是位置的函数。自适应网格剖分应根据对场量分布求解后的结果对网格进行增加剖分密度的调整,在网格密集区采用高阶插值函数,以进一步提高精度,在场域分布变化剧烈区域,进行多次加密。

非金属表面结构和涂覆介质表面的电磁散射特性计算与相关材料关系极大,其通用的 RCS 计算分析方法还在发展中。

5. 飞行器 RCS 的实验测量方法

由于飞行器体积大,通常很难进行直接架高实物测试 RCS,因此飞行器 RCS 的试验测量方法涉及 RCS 测量误差模型与校准技术、RCS 测量中的低散射背景技术、缩比测量的电磁相似律、缩比测量对测试系统的要求、缩比测量对模型制作的要求、频域 RCS 测量技术、时域 RCS 测量技术和瞬态散射测量技术等。图 2.2.4 为某隐身飞机计算的 RCS 结果。

由于隐身技术的运用,使得隐身飞机在战场上获得了极大的利益。图 2.2.5 给出一些典型的目标体的 RCS 的大小。目标雷达散射截面积可以用一个具有各向同性的等效金属球体的雷达散射截面积来表示。可以看到,F-117A 歼击轰炸机对雷达探测来说,仅同一只鸟的散射效果差不多。

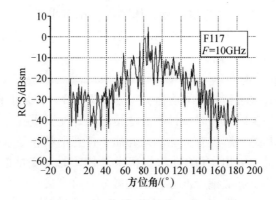

图 2.2.4　某隐身飞机计算的 RCS 结果

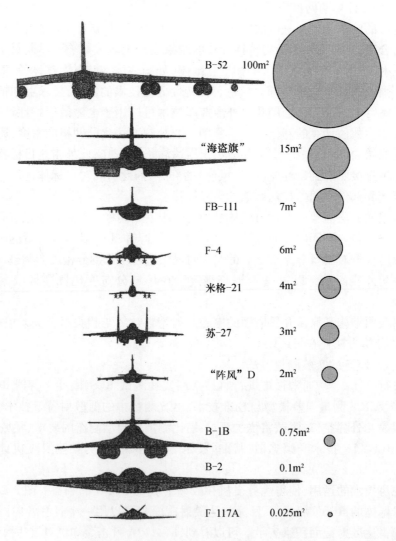

图 2.2.5　不同飞机迎头方向 RCS 大小比较

2.3 红外隐身技术

随着红外探测技术的发展,尤其是红外近程导弹的攻击,对军用飞机有着严重的威胁。

飞行器的红外辐射源主要来自于:发动机喷气流,飞机空气动力加热,其他发热部件引起辐射,阳光直射后的反射和散射等。各种辐射成分通过大气衰减之后,被探测器所接收,成为红外导弹或红外探测器自动寻的跟踪的目标信号。

红外隐身技术就是抑制目标的红外辐射,或改变目标的热形状,从而达到目标与背景红外辐射不可区分的一种隐身技术。

红外隐身技术隐蔽的信息是目标(如飞机、导弹等)的相对辐射能级与红外辐射特征,而其中最主要的是目标的红外辐射强度和辐射波段。从机理方面来说,红外隐身的技术途径为:

1. 改变红外辐射特征

(1)改变红外辐射波段,使飞行器等目标的红外辐射波段处于红外探测器的响应波段范围之外,或者使目标的红外辐射避开大气窗口而在大气层中被吸收和散射掉。

(2)调节红外辐射的传输过程,通常采用在结构上改变红外辐射的辐射方向。

2. 降低红外辐射强度

主要是通过降低辐射体的温度和采用有效的涂料来降低目标的辐射功率,是红外隐身的重要技术手段,其技术途径包括减热、隔热、吸热、散热、降热等。如在发动机喷管部位采用引射冷空气的方法,可以降低喷流的温度和喷管外罩的温度。

3. 采用红外隐身材料

红外隐身材料是指用于减弱武器系统红外特征信号,达到隐身技术要求的特殊功能材料。

4. 红外对抗和干扰技术

如采用红外诱饵机和红外干扰机,来对付红外制导武器。

目前就飞行器红外隐身的设计而言,通常采取的以下技术措施:

(1)采用散热量小的涡轮风扇发动机(简称涡扇发动机)。

(2)采用石棉夹层等材料对发动机进行隔热,防止发动机热量传给机身。

(3)对发动机喷管,采用飞行器部件结构遮挡设计,如 F-117 和 B-2 的喷管被机身所遮挡。

(4)采用二元喷口等异形喷管的设计。从二元喷口排出的燃气流比圆形喷口排出的燃气流更容易与外界空气掺混,将增加尾焰的表面积,因而提高了燃气冷却的速度。从而达到迅速降温,使飞行器的红外特征减弱的目的。可使红外辐射减少达90%。

(5)加装发动机红外抑制器。

(6)使用新的燃料降低排气的红外辐射。改进燃料成分,采用喷气束滤波手段,抑制和改变红外辐射波段。

(7)在喷气束中注入特殊的红外吸收材料或屏蔽材料,如将含有金属化合物微粒的环氧树脂、聚乙烯树脂等可发泡的高分子物质热气流,使随气流一起喷出;它们在空气中遇冷便雾化成悬浮泡沫塑料微粒,可有效地遮挡或屏蔽红外辐射,同时还可干扰雷达、激光和可见光探测器。

（8）在飞行器表面涂敷红外涂料。以抑制目标表面温度和抗红外辐射。

（9）采用闭合回路冷却系统。

红外隐身技术属于光隐身技术。此外,飞行器表面涂迷彩色是一种可见光隐身技术;激光隐身技术是一种专门对付激光探测和激光制导武器的防护技术。

还有其他一些隐身技术,如为降低飞行器噪声的声隐身技术、磁隐身技术、反隐身技术等。

2.4 飞行器外形/气动/隐身一体化设计技术

由于气动和隐身对飞行器的外形要求差别很大,因此,无论是"先设计好飞行器气动布局外形再设计隐身外形"还是"先设计好飞行器隐身外形再设计气动布局外形",都难以满足气动和隐身两者的要求。

现代隐身(或具有一定隐身性能的)飞行器的设计,必须在飞行器概念设计和总体初步设计阶段就将飞行器的外形与气动和隐身作综合考虑设计。在飞行器计算机辅助几何设计技术、气动数值计算技术和隐身目标特性分析计算技术的发展基础上,飞行器外形/气动/隐身一体化设计技术已成为实际可行的技术,如图2.4.1所示。

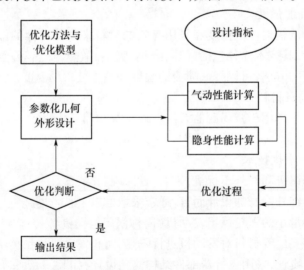

图2.4.1 飞行器外形/气动/隐身一体化优化设计框图

例如,一种以隐身指标为目标函数的优化设计方法:以飞行器某方位的RCS值作为目标函数,以飞行器的基本气动性能为多约束条件,通过对飞行器一些几何构形(如飞行器翼身融合曲面、机翼后掠角、立尾的倾斜角度以及曲面形状等)的计算机自动修改过程,使得飞行器的RCS值最终达到所需的要求,同时仍然满足各项基本气动性能指标。

当然,这种飞行器外形/气动/隐身一体化设计不是一次就能完成的。通常,可以先进行飞行器基本布局的外形/气动/隐身综合设计,再进行飞行器详细的三维外形(或局部外形)与气动/隐身一体化设计。

2.5　等离子隐身技术

等离子体是一种非固体、液体、气体三态,而属于第四态,即电离状态的物质。它属于一种宏观电中性电离气体,其运动主要受电磁力的支配。等离子体隐身技术的原理是利用电磁波与等离子体互相作用的特性来实现的,其中等离子体频率起着重要的作用。等离子体频率指等离子体电子的集体振荡频率,频率的大小代表等离子体对电中性破坏反应的快慢,它是等离子体的重要特征。若等离子体频率小于入射电磁波频率,则电磁波不会进入等离子体,此时,等离子体反射电磁波,外来电磁波仅进入均匀等离子体约 2mm,其能量的 86% 就被反射掉了。但是当等离子体频率大于入射电磁波频率时,电磁波不会被等离子体截止和反射,能够进入等离子体并在其中传播,在传播过程中,一部分能量传给等离子体中的带电粒子,被带电粒子吸收,而自身能量逐渐衰减。

近年来,等离子技术的不断发展和它在航空领域的应用已表现出诸多技术和性能优势,等离子技术领域的研究已经有了突破性进展。

目前,国际上在航空领域内的等离子技术应用研究主要集中在空气动力及隐身两个领域。其原理是在飞机蒙皮周围形成等离子体表面,以降低气流的运动黏性系数。根据动黏性系数、雷诺数与阻力系数之间的关系,动黏性系数的降低可直接影响阻力系数 C_D 的降低,从而提高飞机的空气动力特性。

在改善隐身性能研究方面,与已经广泛应用在隐身武器上的靠外形和材料隐身等技术相比,等离子体隐身技术有诸多优势,如:

(1) 吸波频带宽、吸收率高、隐身性能好。

(2) 使用简便,使用寿命长,价格极其便宜。

(3) 无需改变飞机等装备外形设计,不影响飞行性能(甚至还能降低飞行阻力)。

(4) 不需吸波材料和涂层,维护费用大大降低。

据称,采用这种新技术的飞行器,被敌方发现的概率可降低 99% ,即能真正实现"全隐身"设计目的。

运用等离子体使武器装备隐身的方法主要有两种:一种是利用等离子体发生器产生等离子体,即在低温下,通过电源以高频和高压的形式提供高能量产生间隙放电,将气体介质激活电离形成等离子体,方法虽简单易行,但效果较差;另一种是在装备的特定部位,如强散射区,涂一层放射性同位素,它的辐射剂量应确保它的 α 射线电离空气所产生的等离子体包层具有足够的"电子密度和厚度",以对雷达波有最强的吸收率。

产生等离子体主要有热致电离、气体放电、放射性同位素、激光照射、高功率微波激励等方法。而目前在机载条件下常用的方法主要是气体放电法和涂抹放射性同位素两种方法(二者均产生非均衡冷等离子体),其中常用的气体放电法分为以下几种:气压下的介质阻挡放电和辉光放电,电晕放电,直流辉光放电,强电离气体放电等。

目前等离子体隐身研究离实用还有距离,等离子体方法的缺点主要有:等离子体发生器有较大的质量和体积,产生等离子体的功耗比较大等;飞机上安装等离子体发生器的部位本身无法雷达隐身和等离子体发光暴露目标的问题;等离子体的高温损坏机体材料以及等离子体对机体材料的腐蚀问题;采用放射性同位素的剂量难以控制;实现等离子隐身的关键在于如何对等离子体包层的电子密度进行控制;等离子体隐身的有效频率范围有限,目前还局限在20GHz以内等。

图2.5.1所示为等离子体对飞机隐身和气动的作用。

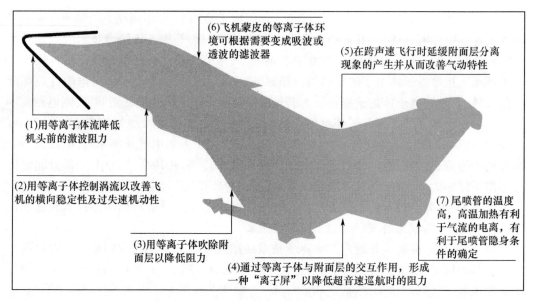

(6)飞机蒙皮的等离子体环境可根据需要变成吸波或透波的滤波器

(5)在跨声速飞行时延缓附面层分离现象的产生并从而改善气动特性

(1)用等离子体流降低机头前的激波阻力

(2)用等离子体控制涡流以改善飞机的横向稳定性及过失速机动性

(3)用等离子体吹除附面层以降低阻力

(4)通过等离子体与附面层的交互作用,形成一种"离子屏"以降低超音速巡航时的阻力

(7)尾喷管的温度高,高温加热有利于气流的电离,有利于尾喷管隐身条件的确定

图2.5.1 等离子体对飞机隐身和气动的作用

2.6 反隐身技术

2.6.1 反隐身技术途径

有矛就有盾,有隐身就有反隐身。目前反隐身的主要技术途径有:

1. 采用双(多)站雷达

目前隐身设计主要针对单站雷达。双站雷达系统是将发射机和接收机分置在两个不同的站址,也可用多站探测,甚至可包括地面、空中、海上或卫星等多种平台,从而组成一个多元雷达网,同时从各个照射角度对隐身飞机进行探测。

2. 改变探测雷达的波长

目前的飞机隐身设计多半针对X波段雷达,如果采用长波雷达则使得隐身飞机的雷达吸波材料(RAM)涂层减小吸波作用。如目前发展的长波超地平线雷达(OTH),其工作波长达 $10 \sim 60m$(频率为 $5 \sim 28MHz$),但这种雷达跟踪和定位数据不够精确。

3. 采用新体制雷达

如采用双频段或多频段雷达、谐波雷达、无载波雷达等,频率覆盖面宽,易发现目前设计的多数隐身飞机。

4. 激光雷达红外探测系统

该系统主要针对飞机的红外隐身的探测。采用脉冲激光雷达能对不可渗透的物体产生可探测区分的红外图像。但一般频率的激光大都易被二氧化碳、氧气和水吸收,作用距离有限,必须提高其使用效能。

此外,提高反隐身措施的研究还很多,例如,提高雷达脉冲能量和雷达信号处理质量,改善信息采集和信号综合处理能力,跟踪隐身飞机自身的电磁辐射信号,追踪隐身飞机的地球磁场变异探测器等。

2.6.2 针对反隐身技术的隐身设计

针对上述各种反隐身措施,飞行器的隐身设计必须不断改进,以对抗反隐身手段。目前主要从以下几方面来改进飞行器的隐身设计:

(1) 尽量从外形设计上提高隐身性能。一个良好的外形隐身飞行器设计,对各种频率范围的雷达都能减少 RCS,如减少角反射构形,减少表面缝隙,采用无尾布局设计,采用埋入式进气道设计,采用扁平机体或多面体设计等。

(2) 研究适应宽波长(多)雷达的雷达吸波材料(如干涉型、复合型和多层型)。

(3) 减低飞行器本身的电磁辐射(如机载雷达天线和其他射频天线),采取的措施有低 RCS 天线设计、表面共形天线设计和雷达罩隐身设计等。

(4) 改进尾喷的红外隐身设计,如尾喷口的遮挡设计(喷口下部遮挡,尾翼遮挡等)、二元型尾喷口设计(加快喷流的散热)。

(5) 对于红外源部件采取冷却措施。

隐身技术与反隐身技术是一对相互制约又互相促进发展的技术。"隐身"是相对的,飞行器的隐身技术将在实际战斗的对抗中不断地改进。

第3章　飞行器推力矢量技术

3.1　基本概念

推力矢量技术是航空发动机与飞行器设计一项革命性的设计概念新发展。

长期以来发动机只作为为飞行器提供轴向推力能源。推力矢量技术的提出不但使发动机提供动力,而且通过改变发动机推力方向,为飞行器提供俯仰、偏航和横滚力矩以及反推力。推力矢量参与飞行器的控制,可大大提高飞行器的机动性和敏捷性。

设发动机可用推力为 T,发动机尾喷流方向相对于飞行器纵轴线偏转某一角度 ϕ,那么就会产生一个所偏角度垂直于轴线方向上、正比于 $\sin\phi$ 的推力分量和绕飞行器重心的力矩,于是在轴向 x、俯仰方向 z 和偏航方向 y 分别产生如下力和力矩分量:

轴向推力:

$$T_X = T \cdot \cos\varphi_Z \cdot \cos\varphi_Y$$

偏航方向推力:

$$T_Y = T \cdot \sin\varphi_Y \cdot \cos\varphi_Z$$

俯仰方向推力:

$$T_Z = T \cdot \sin\varphi_Z \cdot \cos\varphi_Y$$

偏航力矩:

$$M_Y = T_Y \cdot L_{MA} = T\sin\varphi_Y \cdot \cos\varphi_Z L_{MA}$$

俯仰力矩:

$$M_\varphi = T_Z \cdot L_{MA} = T\sin\varphi_Z \cdot \cos\varphi_Y L_{MA}$$

式中:L_{MA} 为推力转向中心至飞行器重心的距离。

图 3.1.1 为推力矢量的分量示意图。

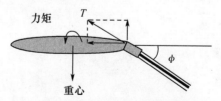

图 3.1.1　推力矢量的分量示意图

3.2　目前主要研究的推力矢量类型

1. 按矢量推力产生方式分

(1) 外推力矢量:依靠安装于发动机尾喷管后或尾部结构上的燃气舵(又称折流板)

的偏转来改变喷气流方向(图3.2.1)。

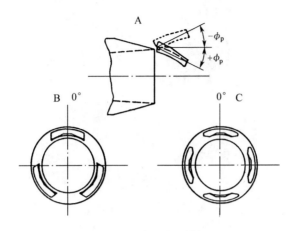

图3.2.1　燃气舵示意图

流场推力矢量喷管不同于机械作动式推力矢量喷管,其主要特点在于通过在喷管扩散段引入侧向次气流,以达到改变和控制主气流的面积和方向,进而获取推力矢量的目的。图3.2.2为矢量推力喷管的类型。

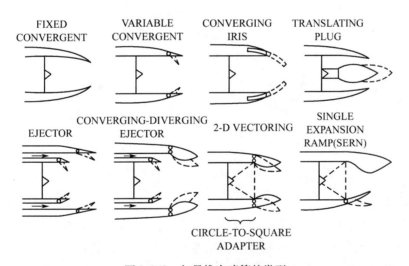

图3.2.2　矢量推力喷管的类型

(2) 内推力矢量:通过发动机尾喷管自身结构的偏转来实现尾喷管方向的改变,又称为推力矢量喷管(图3.2.3)。

由引入二次射流来改变尾喷流方向的技术也称为内推力矢量。

2. 按矢量推力喷管构造形式分

(1) 轴对称推力矢量喷管:通过后尾喷管的转动和收扩来改变喷流方向。其转动机构常见有球铰机构、万向节机构和多连杆机构。

(2) 二元推力矢量喷管:其尾喷口呈矩形,通过后尾喷管上下不对称地收敛、扩散和转动来实现喷流方向的改变,包括固定式二元喷管和二元机械式收扩喷管。图3.2.4为

图 3.2.3　推力矢量喷管

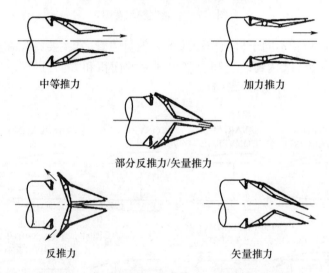

图 3.2.4　二元收扩推力矢量喷管的五种工作状态

其五种工作状态。

（3）有反流推力的矢量喷管：在喷管出口截面的外部加一个外套，形成反向流动的反流腔道，在需要主流偏转时，启动抽吸系统形成负压，使主气流偏转产生侧向力。

（4）其他新型推力矢量喷管：多平面推力转向喷管、球形收敛折叶喷管等。

3. 按推力矢量取代操纵面控制程度分

（1）部分推力矢量控制：采用推力矢量同时，仍然使用方向舵、升降舵、副翼和襟翼。飞行器的操纵性、机动性仍然受舵面控制的外部流动情况的影响。

（2）全推力矢量控制：飞行器的控制力全由推力矢量提供，可取消所有的气动舵面甚至垂尾。全推力矢量控制飞行器的控制适应范围广（包括原气动舵面操纵困难的大迎角、大侧滑角、超低速度、高空等），并且易于实现过失速机动和快速机头转向机动。图3.2.5为轴对称推力矢量喷管的不同工况，图3.2.6为二元收扩推力矢量喷管方案。

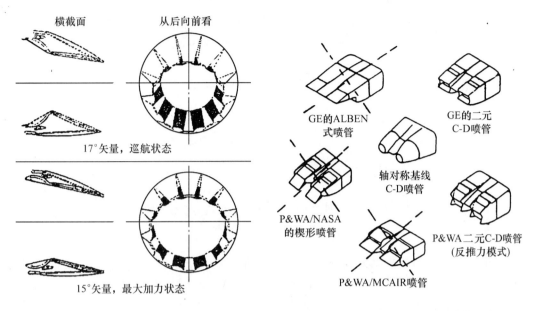

横截面　　从后向前看

17°矢量，巡航状态

15°矢量，最大加力状态

图 3.2.5　轴对称推力矢量喷管的不同工况

GE的ALBEN式喷管

GE的二元C-D喷管

P&WA/NASA的楔形喷管

轴对称基线C-D喷管

P&WA/MCAIR喷管

P&WA二元C-D喷管（反推力模式）

图 3.2.6　二元收扩推力矢量喷管方案

3.3　推力矢量技术的作用和效益

应用推力矢量技术将会使飞行器性能取得多方面的突破。图 3.3.1 为二元推力矢量喷管，图 3.3.2 为轴对称推力矢量喷管。

图 3.3.1　二元推力矢量喷管(X－35)

图 3.3.2　轴对称推力矢量喷管

1. 提高升阻比，改善机动性和敏捷性

由于矢量推力可直接产生喷气升力分量和降低诱导阻力，因此可提高飞机的升阻比。同时，推力矢量控制可大大改进飞机的爬升率、横滚性能和盘旋性能，并且提高飞机在空中瞬时改变姿态的能力和敏捷性（飞机从一种机动状态进入另一种机动状态的快慢程度）。图 3.3.3 为各种二元推力矢量喷管的推力系数比较。

2. 加大航程和缩短起飞着落滑跑距离

由于推力矢量的使用减少了舵面积，可使舵面阻力和诱导阻力减小，从而降低油耗，使航程加大。另外，尾部质量的减少可导致飞机总重的大幅减小，相应可增加燃油，又可

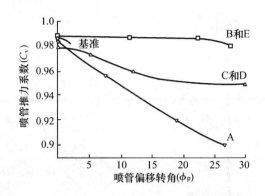

图.3.3　各种二元推力矢量喷管的推力系数比较

加大航程。

因推力矢量可直接提供升力分量,使飞机在很低速度下就可起飞和着落,故而大大缩短滑跑距离。表3.3.1为某飞机采用和不采用推力矢量时的起飞滑跑距离。

推力矢量技术还可以减少飞机起飞着陆时可能产生的滚转。

表3.3.1　某飞机采用和不采用推力矢量时的起飞滑跑距离

推力矢量情况	抬前轮			起飞离地		
	速度/(m/s)	时间/s	距离/m	速度/(m/s)	时间/s	距离/m
不采用,无前翼	88.5	15.65	752	93.7	16.85	861
采用,无前翼	65.4	10.60	361	76.1	12.80	516
采用,有前翼	65.4	10.60	361	74.8	12.50	494

3. 突破失速限制,提高战斗机的近距格斗能力

常规飞机因大迎角失速而无法操纵舵面困难,在推力矢量飞机上可避免。推力矢量飞机还可实现迎角超过70°时的过失速机动,包括赫布斯特机动、锒头机动、大迎角机头快速转向、大迎角侧滑倒转机动等复杂机动动作。主要是可控迎角扩大很多,大大超过了失速迎角,机头指向能力加强,提高了武器的使用机会。而且操纵力的增加使敏捷性增加。大的俯仰速率能够使飞机快速控制大迎角,使机头能精确停在能截获目标的位置,同时尽可能按照所希望停留时间,维持和实时调整这个迎角以便机头指向目标、锁定和开火。随后快速推杆,使飞机还原和复位。因而使推力矢量的战斗机大大加强了机头指向能力,提高了武器使用机会和锁定目标能力。开辟了全新的空中格斗战术。图3.3.4为推力矢量的变化趋势。表3.3.2为推力矢量对飞机爬升性能的影响。

表3.3.2　推力矢量对飞机爬升性能的影响

状　态	无推力矢量		有推力矢量	
	法向过载	角速度/(°/s)	法向过载	角速度/(°/s)
高度＝0km,Ma＝0.3	1.21	1.14	1.49	2.71
高度＝3km,Ma＝0.4	1.49	2.08	1.84	3.59
高度＝5km,Ma＝0.6	2.52	4.44	3.13	6.23

38

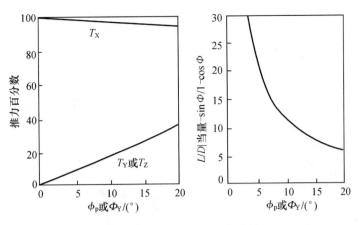

图 3.3.4 推力矢量的变化趋势

4. 提高隐身能力和突防能力

一方面,推力矢量飞行器因减小舵面甚至垂尾,从而大大减小了雷达散射截面积;另一方面,采用二元矢量喷管的飞行器可显著减小红外目标信号特征和雷达散射截面积,所以提高了飞行器的隐身能力,如 F-22 战斗机具有红外和雷达信号高隐身能力(图 3.3.5),从而提高了军用飞行器对战区的突防能力、对地攻击能力和迅速回程躲避能力。

图 3.3.5 F-22 战斗机的二元推力矢量喷管

5. 提高发动机恢复能力

改善双发动机飞行器低速熄火时的恢复特性;增强双发动机高速熄火时的恢复能力。

6. 为设计更加简洁的飞行器提供条件

由于推力矢量技术的运用有可能发展为消除全部舵面和垂尾,甚至可以设计为"无尾"飞行器,从而大大减少操纵舵面的复杂机构和系统,减小阻力,降低制造成本,减小故障,提高安全性和飞行器使用寿命。

3.4 推力矢量飞机设计的关键技术

推力矢量飞机的设计已不仅是推进系统设计问题,而是整个飞机综合设计问题。因此常规的将飞机结构与发动机系统分开设计的方式已不适用。应解决的主要关键技术问题如下。

1. 矢量推进系统本身设计的关键技术(图 3.4.1,图 3.4.2)

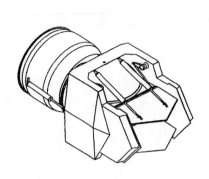

图 3.4.1 一个二元推力矢量喷管的典型结构图

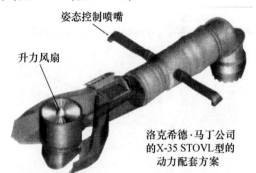

姿态控制喷嘴

升力风扇

洛克希德·马丁公司的 X-35 STOVL 型的动力配套方案

图 3.4.2 一种特殊的姿态控制喷咀

（1）矢量推进系统方案、总体结构和控制系统的设计。

（2）矢量喷管转向装置和收扩装置的结构设计。

（3）矢量喷管的总体内流特性,矢量喷管与发动机主体的匹配,包括对进气道、风扇的性能影响。

（4）矢量喷管材料选择、结构密封性、冷却系统、机构运动和控制系统的设计。

表 3.4.1 所列为几种有代表性的推力矢量喷管。

表 3.4.1 几种有代表性的推力矢量喷管

名 称	类型	功能	推力矢量角	验证机	结构特点	起始研制时间
燃气舵（或称折流板）		俯仰偏航	±10°	F-14 F-18 X-31	在飞机尾罩外侧加装 3~4 块可向内外作径向转动的板叶,而喷管一般缩于尾罩里面	20 世纪 70 年代初
二元收敛/扩散喷管	二元	俯仰隐身	±20°	F100-PW-220 F-119 F-120	在喷管扩散段安装两块（上、下）调节片,以调节喷口面积并转向	1973 年
加力偏转式喷管	二元	俯仰	±15°	F404	由二元可调面积收/扩调节片组件、机身下调节片和外膨胀斜板构成	1983 年
球面收敛调节片喷管	二元	俯仰偏航反推力	±25°	XTE65/JTDE	收敛转接段是球形,作航向调节,扩散段出口为矩形、作俯仰调节	1986 年
轴对称推力矢量喷管	轴对称	俯仰偏航	17°~20°	F100 F110	在轴对称收/扩喷管的扩散段,共轴装有若干组调节片和密封片,可在周向 360° 范围内偏转 17°~20°	20 世纪 70 年代中
俯仰/偏航平衡梁喷管	轴对称	俯仰偏航	0°~20°	F100-PW-229	由 F100 平衡梁喷管结构（BBN）发展而来。采用异步控制环调节扩散调节片和密封片,以控制转向	1985 年

40

名　称	类型	功能	推力矢量角	验证机	结构特点	起始研制时间
圆柱段轴线偏转矢量喷管	轴对称	俯仰	±20°	苏－35/Ал－31φ	喷管筒体分为两段,中间铰接处设有销轴使圆柱段上、下转动,喷管一般需伸出机尾罩外面	20世纪80年代末
限定式内调节片喷气转向喷管	轴对称	俯仰偏航	0°～30°		喷管为收敛/扩散/再收敛型,在扩散段装有4个气动调节片(或引入4股射流)使过膨胀的燃气分离。产生气流转向	1990年
滑动喉道式矢量喷管	二元	俯仰偏航	±18°		在喷管出口装有与轴线成一定角度的4块调节片,每一块都装有一个可滑动的喉道面积调节片,以调节喷口面积,出口为棱形	1992年

2. 内外流气动设计技术

（1）矢量喷流与飞机外绕流相互气动干扰特性研究。

（2）矢量喷流引起的超环量气动效应研究。

（3）大迎角时进气道流场及内外流特性综合研究。

（4）反向喷流干扰效应研究。

（5）带矢量喷流的气动实验技术。

（6）大迎角全机气动特性研究

3. 飞行/推进综合控制技术（图3.4.3）

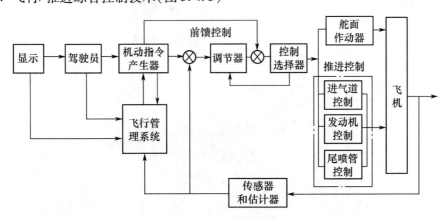

图3.4.3　飞行/推力矢量综合控制结构图

（1）带舵面的推力矢量飞机,推力矢量和气动舵面组合操纵的气动粘性和匹配技术。

（2）推力矢量飞机的飞行控制规律研究。

（3）过失速迎角下的飞行控制律研究。

（4）超低速下的飞行控制规律研究。

（5）可靠性设计。

（6）飞行和推进的计算机综合控制软件设计。

（7）飞行/推进控制系统一体化设计。

4．推力矢量飞机的总体设计技术

（1）推力矢量飞机总体布局设计研究。

（2）推力矢量飞机作战效能研究。

（3）矢量喷管与后机体匹配研究。

（4）推力矢量飞机的隐身技术研究。

（5）推力矢量飞机的综合仿真试验技术。

先进的 F－35 战斗机海军型，能成功地实现短距起飞和垂直着陆，就是采用了矢量推力技术。F－35 战斗机的发动机核心机采用的是普惠公司研制的 F119－PW－100 发动机（这是第一型推重比超过 10 的航空动力系统），为提高推力，增加了发动机的空气流量和涵道比。为了获得垂直起降能力，除了发动机喷口向下偏转（采用三轴承旋转喷管），还设计一个位于座舱后的升力风扇，通过传动轴与发动机轴相连，可以产生很大的升力，并能对飞机实施俯仰平衡作用。此外，发动机还通过两侧机翼的侧喷口，在左右对飞机起横向平衡作用。F－35 战斗机升力风扇也是一个矢量推力装置，其喷管可以向前偏转 13°，向后偏转 30°，最大可以产生 90kN 的升力。图 3.4.4 给出了发动机、升力风扇和两侧喷管的位置，以及垂直降落的示意图。

图 3.4.4　F－35 战斗机海军型矢量推力装置的布置和作用示意图

第4章 结构主动控制技术

飞行器主动控制技术通常包括飞行主动控制技术和结构主动控制技术两部分内容。本书把飞行主动控制技术有关内容纳入第5章介绍,因此本章仅介绍飞行器结构主动控制技术。

传统的飞行器结构设计主要在外形和重量要求下,满足强度与刚度要求,把控制技术引入结构是飞机设计思想的又一突破。

4.1 结构振动的主动控制

飞机的操纵舵面和直升机的桨叶、外挂物等都是诱发飞机和直升机振荡的根源,这种振荡有时会造成飞行品质的突出恶化,现代飞机和直升机结构设计除加强刚度外,趋于采用主动振荡控制器来抑制振荡。另一方面,飞机和直升机上大量安装高灵敏度的各种电子、仪器设备,它们往往受结构振动的影响而使性能受到影响。如飞机和直升机着陆的强振动甚至损坏仪器。

1. 适应振动阻尼设计技术

飞机和直升机结构(包括机构)采用被动阻尼设计的方法通常只能在高频振动时有效,而在低频和自然频率范围内往往无效。飞机和直升机先进结构/机构设计,常采用调整结构/机构振源相位的方法,使之与扰动反向,自动形成振动阻尼,而抑制振动的传播。图4.1.1为一个基于自适应滤波的振动控制框图。

2. 结构动力响应的主动控制

实时地根据飞机和直升机振动情况来主动抑制振动比预先设计具有更广泛的效果。

结构动力响应的主动控制的基本原理是,利用计算机对由传感器得到的结构振动信号进行分析,确定作用于结构的激振力的幅值、相位和频率,而产生控制信号,驱动相关作动器产生作用于结构的控制力,从而达到减小结构振动的目的(图4.1.2)。

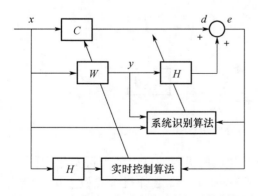

图4.1.1 一个基于自适应滤波的振动控制框图

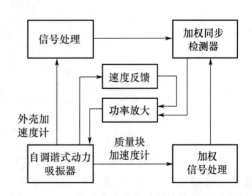

图4.1.2 一个动力响应主动振动控制闭环系统

用类似的原理,其中扰动由受影响部件的位移激励来根除,可用来克服大迎角时在方向舵上产生的振动。目前的试验提出了两种方法,即设想把压电陶瓷应用在控制面结构之上或之中。另外,在控制面的底部安装两个主动界面的方法也很有希望。这两种方法已有用约2m高和80cm宽的盒段的试验例子,盒段的结构和质量模拟了实际方向舵的比例。2400个压电陶瓷元件在盒子的每侧被组合成4个场,这些元件用电气方式激励,从而证实了可以通过产生适当的运动来消除振动。

4.2　气动弹性主动控制结构设计技术

随着现代飞行器部件薄壁结构的柔性增大和外挂的增多,飞机和直升机结构气动弹性(结构弹性与气动力相互作用)问题十分突出,如飞机和直升机的颤振、抖振、突风响应和结构疲劳等问题仍然是现代飞机和直升机关系到安全的重要问题。

采用以抑制颤振为目标的结构优化设计,固然在一定程度上可减弱颤振的发生,但由于众多舵面、外挂物和非线性非定常气动力等因素,单纯被动的结构改进设计不能适应各种可能发生的情况。因此,气动弹性结构的主动控制技术受到了现代飞机和直升机设计的普遍重视。

4.2.1　颤振主动抑制

飞行器颤振是由于飞行器结构(如飞机的翼面和舵面,直升机的桨叶)振动变形与由此而产生的非定常气动力相互耦合作用而产生的。

传统的颤振抑制采用加强结构部件刚度或配重,结果增加了飞机质量;外挂物的定位也会受到重心、挂架强度和投放安全等因素限制;各种操纵面的颤振问题更是难以单纯从结构上抑制。

颤振主动抑制技术是把结构、非定常气动力和伺服控制系统联系在一起的一种控制方法。如图4.2.1和图4.2.2所示,由角传感器或加速度计等传感器测得飞机颤振加速度和速度,将信号传给计算机或微处理控制器,由最优控制律给出反馈控制信号,再由放大器将信号传递给伺服装置,作用于舵面,改变机翼的非定常气动力和结构气动弹性耦合效应,以抑制机翼颤振。

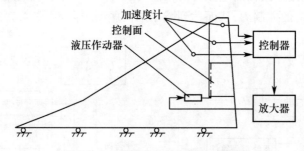

图4.2.1　颤振主动抑制系统示意图

这一主动控制技术的应用不但可以确保飞行包线的极限速度上的飞行安全,而且可以提高颤振速度。目前,这一技术已在F-16战斗机、B-52轰炸机等飞机上试验应用(图4.2.3)。

44

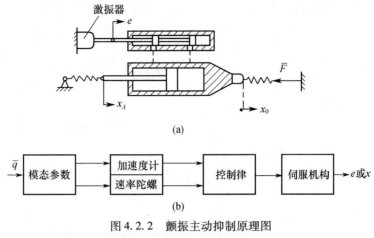

(a)

(b)

图 4.2.2　颤振主动抑制原理图

（a）F/e 测量；（b）$H_{x,\bar{q}}$ 的构成。

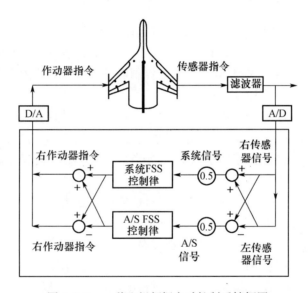

图 4.2.3　一种飞机颤振主动抑制反馈框图

4.2.2　突风减缓控制技术

飞机在遇到大气紊流、突风和低空时遭遇风切变时引起飞机剧烈振荡,以至会使结构疲劳而损坏,甚至会因突风(又称阵风)引起的过载或失速而发生事故。目前突风减缓所采用的技术是由垂直加速度计、速率陀螺来测得突风加速度,将信号传给计算机,计算机经过分析发出信号给伺服机构,然后作动器操纵舵面(或鸭翼)偏转而增加状态阻尼,从而减少结构振动和提高飞机稳定度。

图 4.2.4 给出了 B-1 轰炸机减缓突风控制的例子。B-1 轰炸机是变后掠机翼飞机,前机身较长,在突风作用下会发生结构挠性振动,甚至影响驾驶员的操纵。为此,B-1 轰炸机驾驶舱的下方机身两侧安装了一对下反角为 30° 的操纵面。操纵面可偏转达 ±20°,根据突风作用情况,可使两个操纵面作对称偏转而产生垂直控制力;当两个操纵

面差动偏转时可产生横向控制力。

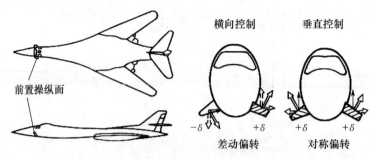

图 4.2.4 B-1飞机突风减缓控制

4.3 自适应机翼控制技术

传统的机翼几何参数固定,只针对某些特定使用条件(这些使用条件的集合称为"设计点")优化,而在非设计点处的性能通常不够好。为进行补偿,设计者们往往在传统机翼的前、后缘都加上可活动的控制面,但这些控制面偏转时与机翼固定部分的表面不能保持光滑和/或连续,会导致阻力增加。

所谓自适应机翼控制技术,就是通过改变飞机机翼几何形状,或用流动控制方法来自动调整翼面上的流动状态和气动力载荷,以适应各种飞行状态下的"最佳"气动性能。

关于用流动控制方法(如采用主动吹气、吸气方法)来改进机翼表面气流特性在第1章中已介绍,这里就不再重复了。

本节着重从机翼结构设计方面介绍有关自适应控制方法。

1. 翼面局部凹腔及孔设计的跨声速减阻技术

跨声速飞行的机翼表面出现激波,是造成跨声速阻力突然增大的主要原因。通过机翼表面作某些形状改变设计来削弱激波是对以往翼型形状不能变的一种大胆革新。

近来有关研究显示,在机翼表面激波区打孔或设计出一些局部凹腔,可以明显地减小翼面激波强度,从而可以降低波阻(图 4.3.1)。同时,可在激波上游的翼面上开吸气孔(或吸气缝隙),使附面层吸隙而显著降低了摩擦阻力。这种在翼面结构开设孔 + 凹腔的方法是一种十分有效的跨声速减阻技术。

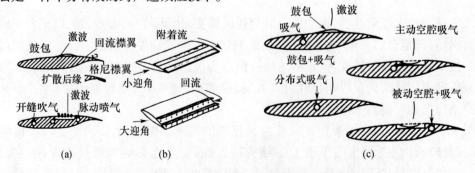

图 4.3.1 翼面局部凹腔及孔设计的减阻技术
(a) 分布式吹气与零质量喷流;(b) 回流襟翼;(c) 主动控制机构类型。

2. 翼面自适应鼓包的减阻技术

翼面激波后压力突然增大,且易引起激波后机翼附面层的分离。

通过设置翼面鼓包变形来改变激波后的流场是另一大胆的设想。经过大量试验表明,在激波区设置适当高度的光滑鼓包可以改变激波区流场,削弱激波强度。图4.3.2表明有鼓包使激波引起压力分布突变曲线变成了平缓的,近于"等熵"的曲线变化,从而使波阻大大减小。

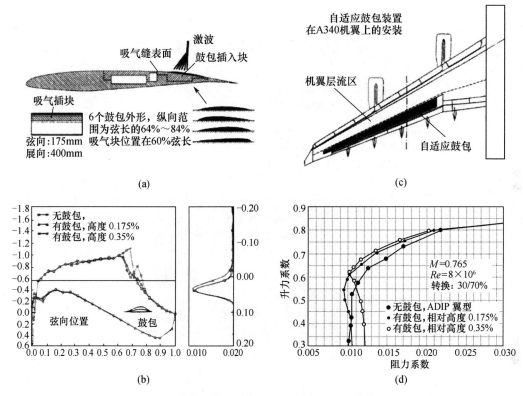

图 4.3.2　翼面局部自适应鼓包的减阻技术

(a)带鼓包和吸气的典型翼型试验模型;(c)A340机翼上安装自适应鼓包装置;

(b)试验翼剖面压力分布和尾迹总压分布;(d)激波区加鼓包对极曲线的影响。

但是鼓包大小对激波强度的影响也不同,于是有人研究在机翼腔内设置有密封的加压室,通过调节加压室压力可以调整鼓包的高度,从而达到在不同飞行状态的最佳减阻效果。

由于跨声速抖振是因激波引起附面层分离而造成的,因此经过优化设计的鼓包可延迟抖振的发生。

空中客车A340设置了自适应鼓包后,使得因减阻可节省油耗1.23%~2.11%(图4.3.3)。

3. 可变形的变弯度襟翼

襟翼打开后的形状对飞机升力特性有很大影响,为了取得最佳气动效果,襟翼可设计成变弯度的。

于是一种将襟翼肋条沿弦向设计成多级半柔性、襟翼后缘蒙皮全柔性的设计方案被提出(图4.3.4)。这种结构可保证襟翼按最佳展弦向弯度变形来驱动伸出,从而达到襟翼与机翼整个表面的最佳气动特性(图4.3.5)。

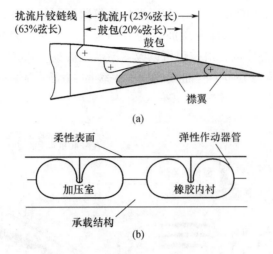

图4.3.3 翼面局部自适应鼓包的结构

(a)带鼓包机翼扰流片的弦向结构；(b)自适应鼓包的展向结构。

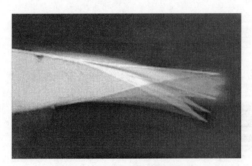

图4.3.4 柔性变形的襟翼

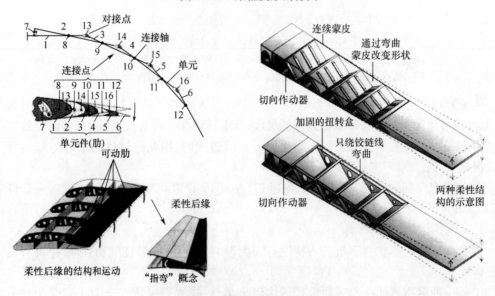

图4.3.5 可变形的变弯度襟翼结构

48

4.4 主动柔性变形机翼技术

由于各操纵面的刚度(包括作动器)与机翼不同,在气动弹性作用下操纵面产生相反变形,实际气动效果较差,要保证操纵面刚度就会增加结构重量。

通过机翼前缘和后缘的柔性变形,可以显著地改善机翼效率。如果使这种变形随着飞行条件的变化自动进行,那么将为飞机带来显著性能改进,如增加航程,节省燃油和提高机动性。能够连续改变外形的光滑翼型还可以在飞机飞行速度和迎角发生变化时,优化飞机的性能。

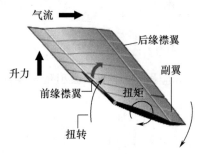

图 4.4.1 主动柔性机翼

主动柔性机翼的设计思想打破原来的"减小变形"结构设计原则,提出有意大大降低机翼弯曲刚度和扭转刚度新的"柔性翼"设计思想,在前后缘多个操纵面协调偏转时,使机翼产生所期望的弯曲和扭转弹性变形,从总体上达到全机翼(包括操纵面)"柔性"变形的最佳外形效果。近来提出了无缝偏转机构设计概念,可实现精确、可重复的变形。该技术可使直升机的旋翼桨叶和固定飞机的翼型在一秒钟内变形数次,其变形机翼与传统的变弯度机翼相比,结构更轻,部件更少而性能更好,在机翼或旋翼桨叶内部只需要很少的作动器,这些作动器对复杂的结构施加大小精确的力,后者再使弹性表面产生变形。

这种按主动期望的机翼柔性变形可获得如下几方面的效益:

(1) 减小气动阻力(最佳弯扭分布)。

(2) 减轻结构质量和简化结构设计(大大降低刚度要求)。

(3) 抑制机翼颤振和减缓突风响应。

(4) 提高机动性。

主动柔性机翼设计并不是单纯的结构设计,必须由计算机控制,根据飞行任务和状态,对多个操纵面的偏转给出合理配置指令,使机翼得到最佳气动性能的变形。

在 F - 16 战斗机和 F - 18 战斗机上的主动柔性机翼改进试验表明,结构质量分别降低了 25% 和 52%,而操纵控制效率却提高了 10%。

目前 NASA 机构正在研究一种"变体"飞机,该机将采用智能材料结构和控制系统,是能够在飞行中改变外形形状和能提高性能及飞行安全性的未来飞行器。在低速巡航飞行时,飞机机翼呈直机翼或小后掠翼,有较大的升阻比,耗油率低。随着飞行速度的增加,飞机机翼的后掠角和弦长逐渐变形增大;高速飞行时机翼变形为大后掠角和小展弦比翼,可提高临界马赫数和减弱激波强度。与常规变后掠翼不同的是,"变体"飞机不但改变机翼的后掠角,而且机翼的翼型、平面形状也随着改变(图4.4.2)。

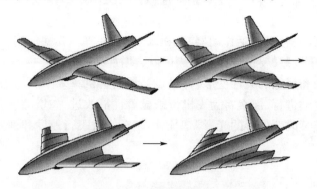

图4.4.2　一种变形机翼方案

随着新型复合材料的发展和应用,可望未来会出现全柔性的机翼,将会使飞机的性能控制达到更理想的境界。

新的"变体"飞机计划将设想采用一种具有"形状记忆"能力的合金或其他新型的"智能"材料,它们能使飞机的机翼通过柔性变形弯曲来形成新的形状,以使飞机的外形结构更适合于不同飞行任务和飞行条件下的性能要求。形状记忆合金具有一些非凡的属性,在施加了一定热量时,结构材料会以很大的力量很快恢复形状(图4.4.3)。图4.4.4给出了美国第六代战斗机一种智能灵巧结构研究方案。

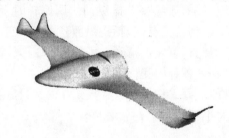

图4.4.3　一种柔性机翼方案

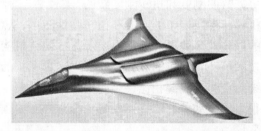

图4.4.4　一种第六战斗机灵巧结构设计方案

"变体"飞机还计划开发一种具有自我复原功能的材料,设想当一颗子弹穿透飞机的结构材料后,如果这种材料通过本身的自修复功能,使自己马上"痊愈",恢复原样,那对未来要求高可靠性、高安全性的空中飞行器来说,将是怎样一种突破性发展。实现这一技术突破的核心技术,需要一种具有特殊属性的"智能"材料,它具有了能够按指令弯曲、"感觉"压力并能在磁场中从液态变为固态的可能。

如果柔性"变体"飞机得以实现,有一副能够像生物组织一样做出反应的柔软机翼,使该机很可能成为实现人类"像鸟一样飞行"梦的飞机。机上采用要比现在任何飞机都先进的飞行技术,从而实现使飞机能够像鸟一样轻易地在空中进行盘旋、倒飞和侧向滑行飞行的目的。

4.5　智　能　结　构

普通的主动控制结构就如一般结构骨架加上"肌肉"控制,而智能结构就好比是结构骨骼＋肌肉,再加上神经系统(包括感知和驱动)。智能材料结构是将驱动件和传感件紧密融合在结构中,同时也将控制电路、逻辑电路、信号处理器、功率放大器等集成在结构中,通过机械、热、光、化学、电、磁等激励和控制,使智能材料结构不仅具有承受载荷的能力,还具有识别、分析、处理及控制等多种功能,并能进行数据的传输和多种参数的检测,包括应变、损伤、温度、压力、声音、光波等,而且还能够作动,具有改变结构的应力分布、强度、刚度、形状、电磁场、光学性能、化学性能及透气性等多种功能,从而使结构材料本身具有自诊断、自适应、自学习、自修复、自增值、自衰减等能力。

简言之,将具有仿生命功能的材料融合于基体材料中,使制成的构件具有人们期望的智能功能,这种结构称为智能材料结构。

4.5.1 强度自诊断与监测的智能结构

结构损伤和疲劳裂纹历来是令飞行器结构头痛的隐患。尤其是现代飞行器大量采用了复合材料结构,而复合材料结构由于生产过程工艺性不稳定,易存在内部缺陷,同时在生产、安装和使用过程中受冲击载荷后,复合材料外表面看似正常,但可能在内部已发生脱层、纤维断裂等损伤。以至于带着这些损伤结构的飞行器在空中飞行时会引起结构损坏而造成事故。

因此,我们希望有一种能对结构损伤、结构强度能实时自诊断及能预报结构疲劳寿命的智能结构,使其具有下述一些主要功能:

(1)能在飞机起飞前,预测结构是否存在缺陷。

(2)对于飞行器飞行中的意外损伤(如鸟撞、弹击等),能诊断出损伤区域和程度,继而采取措施防止损伤的扩展。

(3)在飞行器飞行过程中能实时检测出结构裂纹的产生、扩展,并计算出剩余强度,向驾驶员提供飞行极限参数,通过专家系统以决定飞行加速度等操作限制。

(4)飞行器降落后,能向地面人员提供结构完整性信息,指导维修人员工作。

目前研究的智能复合材料强度自诊断结构,以感知诊断"神经"元件不同可有以下几种。

1. 光导纤维强度自诊断智能结构

将光导纤维陈列埋入复合材料结构中,并采用光处理器和人工神经网络自诊断构件组合整个智能结构。该结构所采用的人工神经网络需经过一个学习、训练的过程,并能在得知损伤部位后控制激励器驱动形状记忆合金丝动作,以防止损伤的扩展(图4.5.1)。

2. 电阻应变丝强度自诊断智能结构

与光导纤维强度自诊断智能结构不同的是在复合材料中埋入电阻应变丝,其优点是性能稳定、工艺方便,检测手段容易。但其缺点是对于非绝缘材料(如碳纤维组复合材料),必须在电阻丝表面附加牢固的绝缘层;此外,电阻应变丝防电磁干扰能力差,需另加防干扰表面层于材料上。

3. 埋入传感器的自诊断智能结构

通常仅埋入少量的电阻应变式传感器于结构中,由于输出信号少,可采用统计决策模式识别法来诊断。一般情况下,此种自诊断材料结构多用于集中力作用的地方。

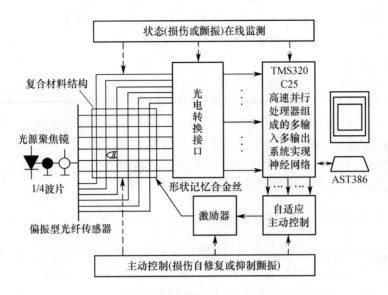

图 4.5.1　一种电信号神经网络的强度自诊断构件

4. 埋入压电元件的自诊断智能结构

埋入压电元件的好处是,此元件既可作为诊断的传感元件,又可作为驱动元件,由其发生激振信号。

5. 预报构件疲劳寿命的智能结构

预先将疲劳寿命丝(或箔)埋入复合材料结构易产生疲劳裂纹区域。这种疲劳寿命丝的特点是具有对应变值和循环次数的综合记忆能力,并不需要任何激励电源。

4.5.2　强度和形状自适应的智能结构

自适应智能结构是将基体材料、传感元件、驱动元件和微电子控制元件集成融合于一个整体的结构。这种智能结构不仅具有承受载荷、传递运动的能力,而且具有检测结构状态、改变结构的特性(如应力、应变分布、阻尼、振动频率等)、改变结构外形和位置的功能。驱动元件通常包括形状记忆合金、压电元件、电流变体材料等。

1. 强度自适应结构

如一种将 SMA(形状记忆合金)驱动丝(或箔)埋入复合材料结构中,当结构局部被击损或出现内部损伤时,能通过触发 SMA,防止损伤进一步扩展,实现强度自适应。

2. 载荷自适应结构

将传感元件和驱动元件埋入基体材料中,通过自动测量和重新配置结构内部载荷,可以实现连续的主动结构载荷调整,以控制结构的载荷分布。如这种智能结构用于飞机起落架载荷控制,则可大大增强起落架的能量吸收能力,甚至可使飞机在已遭破坏的跑道上起降。

3. 形状自适应结构

最典型的形状自适应结构是形状自适应机翼。第 4 章曾提到的自适应机翼是指实现气流主动控制或对多操纵面作综合外部控制的复合结构。本节所指的形态自适应机翼是无舵面,埋入传感和驱动元件的智能材料结构,也就是由结构材料本身来控制机翼变形,而不是靠舵面驱动作用力变形。一种将机翼结构作分层融合制作的方案。当上、下两层

52

驱动件同时、同方向作用时,会产生弯曲变形;当盒段展向两端按反方向同时作用,就会发生扭曲变形。如果将机翼设计或分段埋设驱件元件分布的智能结构,按所需外形预设驱动元件应变与弯扭变形的关系,就可以获得气动特性或气动弹性自适应控制的机翼智能结构(图4.5.2)。

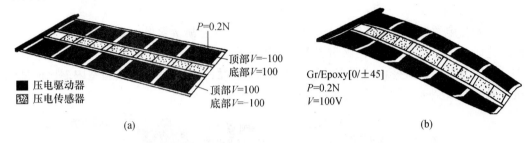

图4.5.2　一种分布式压电驱动和传感的复合材料翼面结构

4.6　智　能　旋　翼

智能旋翼技术是基于在桨叶上附加或埋入智能材料的电致驱动作用,并按照一定的控制规律驱动桨叶的控制面(控制面可以是后缘或前缘附翼,翼尖气动附翼或桨叶叶尖部分),从而实现降低振动和噪声控制的技术,是一种从振源着手降低直升机噪声和减少其振动的治本方法。与传统的抑制颤振和振动方法相比,这种直接实现由电能向高频线性运动的转换,能为旋翼自适应结构的控制、振动抑制、颤振防止等提供全新的技术。

常见的技术方法有:

1. 电致桨叶扭转技术

1)压入复合桨叶结构中的压电跃变薄片产生电致扭转

在桨叶的玻璃纤维蒙皮里压入斜向的压电陶瓷(PZT)薄片的桨叶,会因为 PZT 薄片的电驱动作用引起桨叶的扭转。试验表明,当激励接近共振频率(50Hz 和 95Hz)时,该浆叶产生了明显的扭转响应。

2)扭转板压电作动器产生电致扭转

扭转板压电作动器通常用于刚性较大的自适应旋翼。目前正在研制和试验中的智能材料扭转板,是由金属基体和沿斜向布置的压电陶瓷板(DAP)组成的。扭转板靠分布在板上表面和下表面极性相反的 PZT 的驱动产生扭转。

2. 智能纤维复合材料产生的扭转

智能纤维复合材料是由玻璃纤维层和 PZT 纤维层层压而成的。PZT 纤维层在环氧树脂层和聚酰亚胺电涂膜层里有连续直线排列的 PZT 纤维。电涂膜被蚀刻进交指型模板中,此模板能引起沿纤维方向的电场,从而引起压电效应。

3. 离散式电致应变驱动技术

1)带弯—扭电致作动器的智能桨尖扭转技术

目的是利用智能桨尖的扭转,控制旋翼的振动和进行气动弹性研究。全动桨尖的转动由置于桨叶内的电致应变旋转作动器驱动。桨尖由沿展向 45°、0°铺层结构和直接沿斜向布置的相连的 PZT 薄片作动器组成。作动器基于弯—扭耦合原理驱动,梁式作动器沿翼展方向逐段驱动,这样,当电致应变扭曲率叠加形成桨尖纯扭时,电致应变弯曲曲率消失。

2）旋翼桨叶附翼驱动产生的扭转(图 4.6.1)

达到与电致应变驱动桨叶同样效果的另一途径是在旋翼桨叶上安装伺服附翼。目前的理论研究已经表明,气动伺服附翼具有进行直升机旋翼主动控制的能力。

智能材料电致应变作动器布控制气弹和振动方面的研究逐渐从实验室内缩比模型的概念验证发展到全尺寸直升机上的应用。

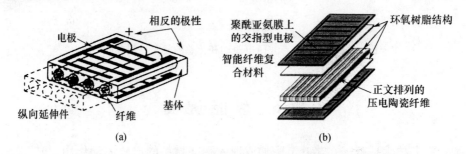

图 4.6.1 用以研制智能旋翼的压电陶瓷纤维的智能复合材料

(a) 交指型电极和纵向排列的 PZT 纤维示意图;

(b) NASA 兰利研究中心的长纤维作动器组成。

第5章 智能飞行控制技术

20 世纪 60 年代提出了随控布局技术,即在飞机设计初始阶段,就把自动控制与气动布局、结构设计和推进装置设计结合一起相互协调来达到飞机飞行稳定和操纵的高性能指标。随着电传操纵的发明,这一设计思想进一步发展,就成为现在习惯上所说的主动飞行控制技术。

智能飞行控制技术是主动飞行控制技术的进一步发展,由计算机分析判断的主动飞行控制技术实际上已含有一定的智能功能,因此,也可以说主动飞行控制技术是包含在广义的智能飞行控制技术中。

早期的飞机都是由驾驶员操纵飞行,为了解决驾驶员疲劳和操纵困难等问题,随后发展了辅助人工操纵的自动驾驶仪等自动控制技术。这一阶段的自动控制技术在改善飞机操纵品质、简化操纵动作、减轻操纵负担等方面确实起了重要作用。但这时的自动控制系统仅仅是在飞机总体性能设计已确定的参数下(如已给定空气动力静稳定度)来改善操纵效果。

主动飞行控制技术的应用是飞行器设计思想的又一次革命。

电传控制系统的发展,尤其是数字式电传控制与计算机的结合,为飞行控制系统的智能化提供了基础。进一步把人工智能的理论和方法用于主动控制系统来处理复杂的飞行控制问题,发展为"智能飞行控制技术"。

5.1 电传飞行控制系统

主动(或智能)飞行控制技术依赖于先进的控制硬软件系统,因此本章先介绍有关的电传、光传控制系统。

早期的飞机飞行操纵系统是人工机械操纵系统,主要依赖驾驶员操纵钢索、拉杆拉动舵面,后来又出现液压助力器增加人工的操纵力。随着飞机的增大、速度增加和机动性,引进增稳系统来提高飞机的稳定性和改善飞机的阻尼特性。增稳控制系统虽然也是自动控制技术,但这种人工机械 + 增稳系统的飞行操纵系统还不是自动控制系统。之后自动驾驶仪研制成功,20 世纪 50 年代出现、70 年代成功应用的电传飞行控制系统使飞行控制技术发生了重大变革。

所谓电传飞行控制系统就是驾驶员完全通过电信号,通过电线(电缆)实现对飞机运动进行操纵(控制)的飞行控制系统(图 5.1.1)。

电传控制系统能够把驾驶员发出的操纵指令变为电信号,并与飞机运动传感器的信号综合,通过电传直接控制气动操纵面作动器而控制飞机的飞行,是对飞机进行全时间全权限的操纵的一种飞行控制系统。

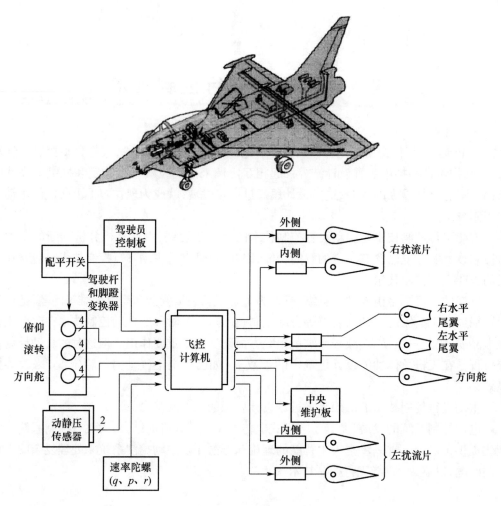

图 5.1.1 电传控制系统

电传控制系统与传统的机械操纵系统相比,主要优点是:

(1)减轻飞行控制系统的体积和质量,节省了机械系统的部件、传动装置的质量和占据的空间。

(2)改善飞机的操纵品质,可以消除机械系统的非线性、摩擦、滞环等影响,电信号可以利用计算机进行分析处理和控制,反应快速。

(3)多余度电传系统,不但可以增加飞行控制的可靠性,而且可以提高系统本身的生存能力(余度电气部件与电缆可以分散布置,降低飞机受损引起的系统失效概率),从而提高飞行器的安全性。

(4)由于电线(电缆)不受飞机形状和变形等影响,所以可以容忍飞行器的弹性变形。

(5)降低飞行控制系统的安装和维护费用。

(6)增加驾驶舱布置和飞行控制系统构型设计的灵活性。

(7)增加自诊断能力,提高系统的维护性。

图 5.1.2 和图 5.1.3 分别给出了无机械备份和带机械备份的电传控制系统原理图。

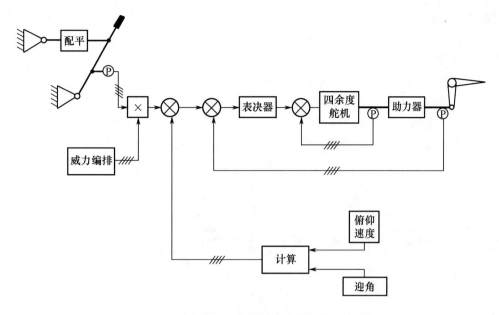

图 5.1.2　无机械备份的全电传操纵系统

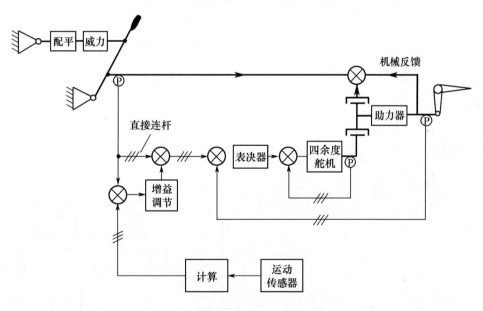

图 5.1.3　带机械备份的电传操纵系统

电传飞行控制系统可分为模拟式的电传飞行控制系统和数字式电传控制系统。随着数字式计算机技术的飞速发展,模拟式的电传飞行控制系统很快就被数字式电传控制系统所替代。

电传飞行控制系统由若干个硬件分系统组成,通常可以分为:

(1)飞行控制计算机分系统,包括计算机主机,前、后置接口,电源,故障逻辑电路,信息通信总线等。

(2)伺服作动分系统,包括伺服控制器及其电路、伺服作动器及其转换机构、监控和余度管理逻辑线路。

（3）传感器分系统,包括驾驶员指令传感器、飞机运动参量传感器、大气信息传感装置和其他特殊传感器。

（4）控制/显示分系统,包括控制机构装置、显示装置。

（5）机内自检分系统,包括相应的激励、检测和监控线路和机构、显示装置。先进电传飞行控制系统一般采用余度控制系统。所谓余度控制系统,就是引入多重控制系统执行同一指令去完成同一项任务。目前一般采用三余度或四余度系统,以保证飞行控制的高可靠性。图5.1.4~图5.1.6介绍了3种电传控制系统。

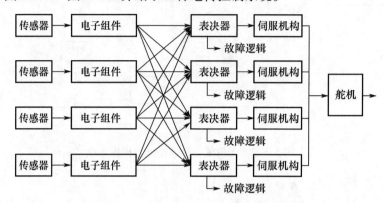

图5.1.4　一个四余度的电传控制系统

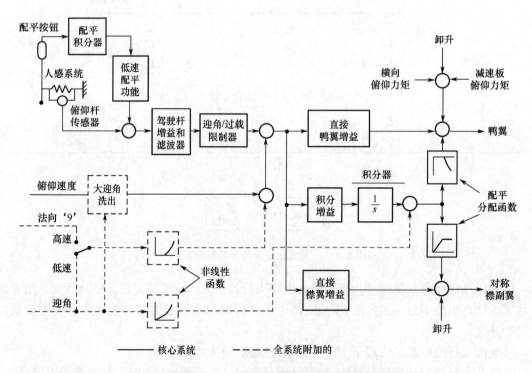

图5.1.5　一种飞机俯仰电传控制系统

先进的电传飞行控制系统具有以下重要特点:

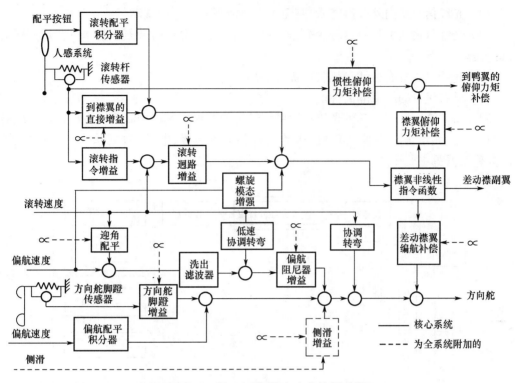

图 5.1.6　一种飞机横/航向电传控制系统

① 对系统具有故障监控能力。

② 一旦出现故障,具有故障隔离能力和二次故障工作的能力。

③ 系统还具有处理故障后组织余下部分完成控制任务的能力。

目前飞机飞行控制常见的是机械操纵系统与电传控制系统并存的模式,仍然具有十分繁重的机械装置。新的全电传飞行控制系统正在受到越来越多的重视。电传飞行控制系统正在向小型化、数字化和综合化发展,高可靠性与高生存力是全电传控制系统首要解决的问题。

5.2　光传飞行控制系统

所谓光传控制系统,就是用光导纤维技术来实现信号传递的飞行控制系统。电传控制系统有一个重大缺陷,就是易受电磁干扰或电磁脉冲威胁,难以防御雷电冲击。这些干扰不但来自飞机内部各种电子设备,而且处于飞机外部的传感器和导线就如同是机外"天线",时时接收来自外部电磁噪声干扰,因此而影响电传控制系统工作的可靠性。

此外,因飞机结构越来越多地采用复合材料,电传操纵系统失去金属蒙皮的屏蔽保护,所以外部电磁干扰和雷电问题就更为突出。为此,光导纤维传输就显示出它的优点。

光传飞行控制系统的工作原理是,首先利用各转换装置(如发光二极管)将飞机飞行有关物理量信号转换为光信号,再由光导纤维光缆将光信号传输到接收器,由光电转换器将光信号转换为电信号进行直接控制伺服机构。目前的光传飞行控制系统主要性能特点有:

(1) 可有效地防御电磁感应、电磁干扰、核爆炸等电磁脉冲。

(2) 新型材料光纤制成的传输线质量轻。

（3）光纤信号不向外辐射能量,避免了地环流引起的瞬间扰动。

（4）光纤可输送宽频带、高速率大容量信号,采用域分或时分复用技术可实现多路信号的传输。

（5）光纤具有抗腐蚀性和热防护优良品质。

（6）具有优良的故障隔离性能。

图 5.2.1 给出一种直升机光传控制系统结构的原理。光传控制系统一般包括传感器（大气、总温、角度等）、主控计算机、作动器控制电子装置、电源、数据总线、接口适配单元、光作动器等主要硬件。

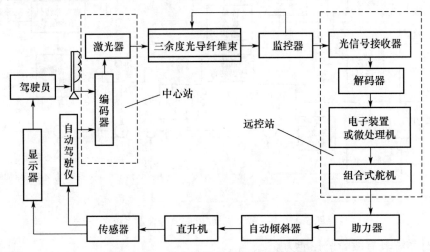

图 5.2.1　某直升机光传控制系统原理图

由于网络技术的发展,现已提出一种光纤统一网络的飞机综合控制系统。由于各种控制系统数据总线越来越复杂,这对各种接口设计安装以及检测维修都带来很大困难。而光导纤维可以制成高带宽、并行处理、高可靠性和高实时产生的网络传输系统,因此为飞机飞行控制系统和其他电子系统的统一网络化提供基础。

这种光纤网络化控制系统的优点是:

（1）统一互连接口占用板上空间和芯片管脚少。

（2）统一互连接口采用点对点连接,可大大简化背板。

（3）支持并行处理。

（4）支持共享内存的体系结构,增加实时性。

目前光传控制系统技术尚在进一步研究发展中。

5.3　放宽静稳定性主动控制技术

没有采用主动控制技术的飞机,通常必须保证飞机具有气动力作用下的静稳定性裕度。飞机气动静稳定性与飞机机动性是一对矛盾,为了保证静稳定性的设计必然大大限制了飞机的机动性。另外,如为保证飞机纵向静稳定性,即必须使气动焦点位于飞机重心之后,为了作机动拉起配平,则不但需要加大机翼升力,而且水平尾翼常常需产生负升力,从而加大了配平阻力。

如果能减小飞机纵向静稳定性设计要求,使焦点前移,甚至有时焦点在重心之前成为气动静不稳定性,而由主动控制技术的电传操纵保持飞机稳定飞行,这就是放宽静稳定性主动控制技术。

放宽静稳定性的效益主要有:

(1) 减小阻力,由于焦点前移,配平时所需升力减小,则迎角减小,配平阻力和升致阻力可减小,从而能够增大飞机的加速机动性和爬升率,增大航程和升限。

(2) 增加有用升力,当焦点前移,拉升配平时平尾负升力减小,甚至(焦点在重心之前)配平时平尾应提供正升力,总升力增加,升力系数斜率也增大了,从而能够增大飞机的过载能力,减小飞机转弯半径。

(3) 减轻飞机质量,焦点前移,减小平配平尾负担,因此可以减小平尾面积而减轻结构质量;重心后移,可以减小前机身长度,也可减轻飞机质量。

要对放宽静稳定性飞机保证在整个飞行包线内都是稳定的,必须通过增稳或控制增稳系统进行控制。由于驾驶员对于静稳定性小或静不稳定性飞机是难以人工操纵的,飞行控制系统应十分可靠。通常其采用如下有关主动控制技术:

① 系统具有高的余度等级,并在进行备份模态设计时,首先应保证系统稳定,其次才是飞机的飞行品质。

② 必须对控制系统的每个部分的速率限制,并采用不同的速率限制措施,同时在控制律的"上游"施加限制,以保证不同飞行状态下的满杆输入时,也不会发生操纵面速率饱和。

③ 操纵面必须具有与静不安定度相适应的偏转角度及偏转速率,以保证能控制飞机姿态发散的速度。

④ 控制系统必须有足够的超前补偿量和较短的操纵时间延迟。

⑤ 为防止大迎角失速,飞机必须具有足够的下俯的操纵能力。

这一控制系统是利用角速度陀螺仪、加速度计和各种传感器等敏感元件获知飞机运动状态,而由电传操纵有关气动舵面来实现增稳控制的。放宽静稳定度的气动效果如图5.3.1所示。

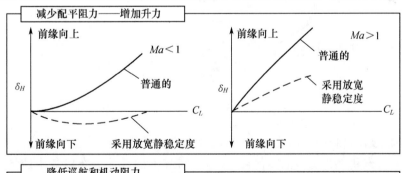

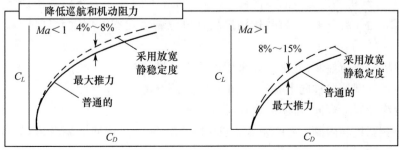

图 5.3.1　放宽静稳定度的气动效果

采用上述技术,可以将飞机气动中心设计靠近重心,从而降低配平阻力,提高升阻比,提高机动性(如加速能力、爬升率和盘旋能力),提高飞行速度,加大航程等。如 B-52 飞机改装放宽稳定性控制系统,飞机起飞重量减少了 10% ~ 15%。

5.4 机动载荷控制

常规飞机的机动性由于受翼面气流部分分离及失速的影响而受到限制。

机动载荷控制,就是根据飞机任务过载的大小,通过对机翼的前、后操纵面偏转主动控制,自动调整机翼上的载荷分布,以改善结构承载或提高飞机机动性。

对于大型运输飞机,由于主要从巡航时 1G 过载情况来设计机翼结构,而当飞机机动飞行时,按常规载荷分布,机翼根部弯矩过大。如果当飞机机动飞行时,根据过载系数大小主动对副翼和襟翼作适当调整(如外侧副翼作对称上偏,内侧襟翼作下偏)就会改变载荷的展向分布,如图 5.4.1 中虚线所示,而大大降低了机翼根部弯矩,在同样机动要求下,可减轻结构质量,增加航程。B-52 飞机机动载荷控制的改进,使翼根弯矩减少 10% ~ 15%,机翼结构减轻 5%。

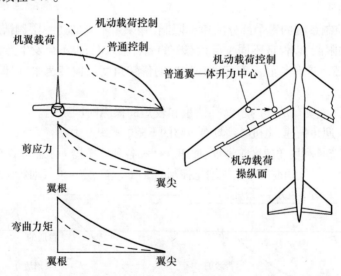

图 5.4.1　机动载荷控制的作用(B-52 飞机机动载荷控制方案)

对战斗机来说,机动载荷控制的目的是提高飞机的机动性。主要措施是当实施机动时,主动调整前缘机动襟翼及后缘襟翼,来改变机翼上的载荷分布以减小诱导阻力、增加升力和延缓翼面气流分离或抖振,达到提高其单位剩余功率和增大允许过载的机动飞行目的。

要实现机动载荷控制,通常可以采用以下有关措施:

(1) 使外侧副翼对称向上偏转,减小机翼外侧升力。

(2) 后缘襟翼适当向下偏转,增加机翼内侧升力。

(3) 外侧副翼和内侧后缘襟翼综合控制运动(副翼对称向上偏转,襟翼同时向下偏转)。

（4）设计有翼尖副翼,翼尖副翼对称向上偏转。

大型飞机与小型飞机采用的机动载荷控制方法还有所区别,如大型飞机机动飞行时间少,可采用升力分布向机翼展向中段集中的办法,可减小根部弯矩,减轻结构质量;但这时的升阻比有所减小,不适于战斗机。战斗机的机动载荷控制可采用机翼变扭转和变翼型设计等措施。

要实现良好的机动载荷主动控制,一个关键问题是如何随飞机过载飞行状态而给出前缘机动襟翼偏转的最优规律。如 F－16 飞机采用机动载荷控制技术,使盘旋过载可提高到 18% 。

5.5　直接力控制

飞机常规的机动动作必需由较大曲线的转动动作才能改变机动方向的力的大小。如飞机拉起机动,必需通过改变飞机俯仰力矩以改变迎角过程中的升力不断增大才能实现。

那么能否产生一种直接力来实现飞机机头上下或左右转动,或实现飞机上下或左右平移呢?

对于常规布局的飞机要靠机动襟翼(或对称偏转副翼)与升降舵协调来实现,但直接力作用小。另一种三翼面(或增加辅助舵面)的飞机较易实现直接力控制。

1. 直接升力控制

下面以两种直接力控制方式为例简述实现原理:

（1）飞机俯仰指向控制。如图 5.5.1(b),即在法向加速度为零条件下,改变飞机的迎角,也就是说在不改变轨迹方向情况下控制飞机俯仰姿态。

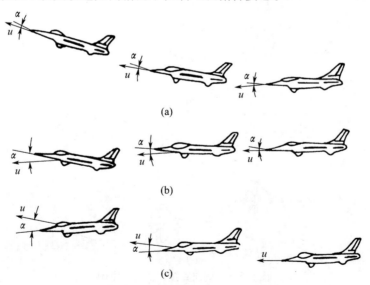

图 5.5.1　纵向直接力控制示意图

对于三翼面飞机,可令前翼正偏转一角度,产生附加正升力 ΔL_{11} 和抬头力矩 ΔM_{11};同时令平尾(即升降舵)反偏转一角度,产生附加负升力 ΔL_{21} 和抬头力矩 ΔM_{21}。若 ΔL_{11} 与 ΔL_{21} 绝对值相等,则总力矩为抬头力矩就实现了迎角的改变。

（2）飞机垂直平移控制。如图5.5.1（c）所示，即在不改变飞机俯仰姿态（包括迎角和俯仰角速度）情况下，控制法向速度和加速度而实现垂直位移。

对于三翼面飞机，可令前翼正偏转一角度，产生附加正升力 ΔL_{12} 和抬头力矩 ΔM_{12}；同时令平尾正偏转产生附加正升力 ΔL_{22} 和低头力矩 ΔM_{22}。若 ΔM_{12} 与 ΔM_{22} 绝对值相等，则总附加升力向上就实现了垂直位移。纵向直接力控制垂直平移原理如图5.5.2所示。

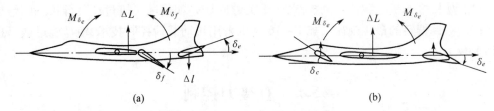

图5.5.2　纵向直接力控制垂直平移原理
（a）常规布局垂直平移动力学机理；（b）三翼面布局垂直平移动力学机理。

显然，三翼面布局纵向直接力控制要比常规布局纵向直接力控制容易得多，升力大。

2. 直接侧力控制

（1）飞机方位指向控制。如图5.5.3（b）所示，即在不改变飞机轨迹和升力条件下，改变飞机的侧滑角。

对于三翼面飞机，主要靠鸭翼差动、副翼和方向舵的综合控制作用使侧向加速度为零。也有设计垂直襟翼与方向舵匹配控制侧滑角变化的。

（2）飞机侧向平移控制。如图5.5.3（c）所示，即在不改变飞机航向的条件下控制飞机侧向加速度和速度而实现侧向平移。

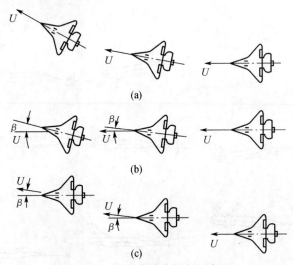

图5.5.3　侧向直接力控制示意图

对于三翼面飞机，也是靠鸭翼差动与副翼、方向舵综合控制使侧向转动加速度为零。

具有垂直鸭翼与方向舵综合控制情况与垂直平移的控制方式类似。直接力控制由于使飞机单独实现6个自由度的直接运动而大大提高了机动能力和作战能力；有利于保持航迹抗阵风能力；保持高度稳定；实现快速稳定着陆（尤其是舰载飞机着舰）等。

5.6 非常规和过失速机动控制技术

5.6.1 非常规机动动作的作用

上述直接力控制也属于非常规机动控制,本节主要介绍一些高难度、多半具有过失速状态的机动控制,也称超机动。

现代空战由超视距开始,由于隐身能力的提高和有效的电子干扰,以及使用中、远距导弹在攻击中可能失效,因此,仅靠超视距空战不能完全消灭对方,最终还要转到近距空战。未来作战方式虽然以超视距为主,但不能忽视近距空战。为提高近距空战的效能需要新一代战斗机具有高的机动性及敏捷性。高机动性是指高的瞬时盘旋率和过失速机动能力。由于全向格斗导弹的出现,使近距空战由尾随攻击转为任何方向都可进行,具有高瞬时盘旋率的飞机就可以快速把机头对准敌机而发射导弹,实现先敌发射,先敌命中。瞬时盘旋率越大,机头指向能力越强。过失速机动能力是指飞机超过失速迎角飞行仍能进行机动。为在近距格斗中获胜,飞机不仅要快速改变自身的速度矢量,还要使自己始终处于对方转弯半径的内侧,采用过失速机动可以使飞机的能量转为占位优势,从而得到更早更多的攻击机会。

非常规过失速机动控制对于战斗机近距格斗作战具有明显的优势,它可使飞机在小范围内快速调头指向敌机,处于有利的攻击地位。要实现非常规过失速机动动作,飞机必须在大迎角范围具有足够的纵向和横航向稳定性及一定的舵面效率,主要靠推力矢量,以及多个舵面(尤其是鸭翼或三翼面布局)作协调控制来实现的。非常规机动战斗机还对摆脱对空导弹和空空导弹的追踪更加有效。

现代战斗机不仅需要良好的机动性,而且要有较好的敏捷性。所谓敏捷性,是衡量战斗机从一种机动状态进入另一种机动状态快慢程度的一项指标。常用的一类是以时间为尺度的功能敏捷性指标,如最小转弯时间和战斗周期时间等,其目的是为了能起到缩短战斗机最小转弯时间和最小战斗周期的作用。前者是指飞机在满足起始条件和终止条件时,机头转过规定角度所需用的时间。这一指标综合了飞机率先攻击和连续攻击的要求,所以对空战有重要意义。根据在不同初始速度下,某型飞机最小战斗周期时间的计算结果表明,具有推力矢量时,飞机的战斗周期时间可以大大缩短,而且飞机的战斗周期时间对飞机初始速度的依赖性明显降低。图5.6.1为过失速机动突破飞行包线。

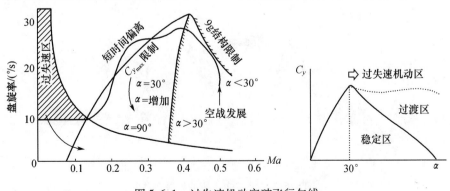

图 5.6.1　过失速机动突破飞行包线

5.6.2 几种典型的非常规机动动作

1. "眼睛蛇"机动(图5.6.2)

"眼镜蛇"机动的飞行度在 500～1000m 的范围内,该动作的大致过程是:飞机以 380～420km/h的速度平飞进入,拉杆到底,飞机的迎角随即由30°逐渐增加到90°,最大可达 120°同时飞机的时速减少到150km 左右。然后,加油门并推杆到底,使飞机恢复平飞,并加速恢复到初始的飞行状态,整个动作结束。该动作的持续时间约5s 左右。

目前,苏 – 27、苏 – 37、F – 16MATV 等飞机都能完成"眼镜蛇"动作。与苏 – 37、F – 16MATV 相比,苏 – 27 的机动动作主要靠气动力舵面,没有推力矢量的帮助,而苏 – 37、F – 16MATV 的操纵依靠推力矢量的作用。在作"眼镜蛇"机动时,后者的操纵能力更好一些。

图 5.6.2 苏 – 27 的"眼镜蛇"机动

2. 柯比特(Kubit)机动(图5.6.3)

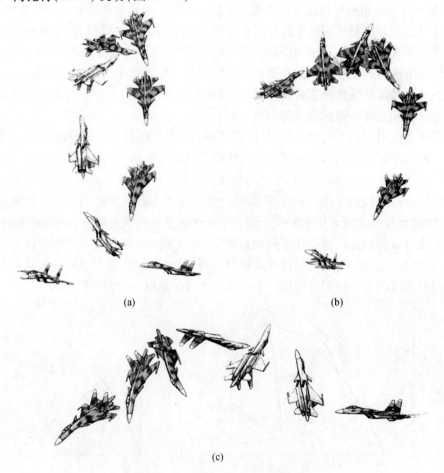

(a)   (b)

(c)

图 5.6.3 苏 – 37 飞机的特技动作

柯比特机动的进入条件与"眼镜蛇"机动相似,所不同的是当机头抬起超过 100°后,并不是像"眼镜蛇"机动那样停止然后机头向前落下恢复原位,而是继续翻转直至 360°。由于该动作对飞机的操纵性要求较高,目前只有装有推力矢量的苏 – 37 飞机能够完成。图 5.6.4 为苏 – 37 飞机的前掠翼改进型。

图 5.6.4　苏 – 37 飞机的前掠翼改进型

3. 钟形(Bell)机动

钟形机动在做这种动作时,飞机先是垂直爬升,在空气阻力的作用下,飞机速度逐渐减小。飞机到达最高点时,驾驶员利用推力矢量控制使飞机在这一位置附近滞留 2 ~ 4s,这时飞机看起来几乎不动。然后飞机机头上仰,并转入背部朝下的姿势,最后转入另一个水平面内恢复正常飞行状态。

4. 赫布斯特(Herbst)机动(图 5.6.5)

赫布斯特机动也称 J – 急转机动,一般在时速 425km 左右开加力,当拉杆使飞机上升到接近垂直向上状态(迎角 70°),速度约 280km/h 时,蹬左舵,利用推力矢量使飞机左偏转 180°。最大偏转率约 20°/s,最后机头垂直向下,然后稍松杆减小迎角再逐渐改出俯冲。飞机整个转 180°的时间约 20s,包括从下俯姿态、速度 220km/h 开始将飞机拉平所需要的时间。X – 31 试验机完成了这一动作。

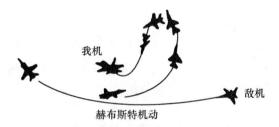

图 5.6.5　赫布斯特(Herbst)机动

5. 锤头(Hammerhead)机动(图 5.6.6)

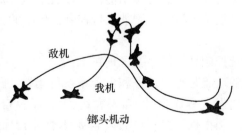

图 5.6.6　锤头机动

锒头机动是一种特殊的"筋斗"动作。试飞这种动作时,高度约7000m,从速度480km/h开加力进入过载3G的筋斗动作,飞机过了垂直向上姿态后要稍松杆保持均匀的上仰旋转角速度,当飞机到达筋斗顶点,呈倒飞状态,高度8300m左右,迎角60°,空速接近于零时,再猛拉杆到底。飞机速度向量迅速向下,即飞机再绕其重心旋转约40°。最后是机头稍微向下10°按正常程序改出俯冲。在筋斗顶部急剧俯仰旋转过程中,飞机瞬时迎角达到138°。

6. 大迎角机头转向(图5.6.7)

大迎角机头转向,这是一种可操纵的类似平螺旋的机动动作。进行该动作时,机头上仰20°以上,迎角保持35°以上,开加力,飞机坡度角约为60°,由于飞机仍有足够的操纵性,可使驾驶员能在对方飞机转弯半径内侧跟踪目标。如将机头上仰到迎向70°,机翼放平,靠脚蹬操纵推力矢量,也可作机头转向动作,转360°,平均偏转率高达35°/s,而常规高机动战斗机低空盘旋最大角速度只有28°/s。

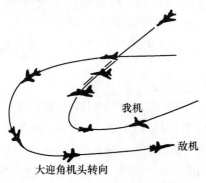

大迎角机头转向

我机

敌机

图5.6.7 大迎角转向机动

7. 大迎角下滑倒转机动

大迎角下滑倒转机动,该动作是将飞机滚转为倒飞状态,开加力,做下滑倒转动作,然后用推力矢量把飞机迎角拉大到70°以上,再用推力矢量产生的操纵力矩转动机头来跟踪目标。该机动的目的是攻击处于下方的敌机。

5.7　智能飞行控制技术

目前,智能控制与先进的主动控制尚没有严格的区分。所谓智能飞行控制技术应该指具有一定的模式识别和智能化信息处理功能的自动控制技术,或者是根据人工智能理论和方法来决策自动控制技术,可以说,智能飞行控制是传统的主动飞行控制进一步发展出的智能化控制技术。

智能控制技术与传统控制技术的主要区别在于:

(1)智能控制研究的对象是整个任务和整个系统的运行,不必确知收控对象的结构和参数,采用信息处理、启发式程序设计、知识表达、识别以及自动推理和决策等相关技术。而传统的控制理论必须根据受控对象的数学模型、性能指标设计相应的解析控制律。

(2)智能控制方法是人工智能技术、传统控制理论以及运筹学和信息论相结合的控制方法。对于信息量的描述除数学公式的表达、数值计算和处理外,还必须应用语言和符号、精确和模糊的逻辑描述;对于问题的处理除数学推导外,还应有经验、技巧以及模拟人的思维方法。这些问题的求解过程和人脑的思维过程具有一定的相似性,即具有一定的"智能"。

(3) 智能控制是控制理论、人工智能、运筹学、信息论等学科的交叉,并利用计算机作为手段向工程实用全面深入的发展。

目前智能控制的主要形式有以下几种:

① 分级递阶智能控制,如知识基/解析混合多层智能控制、萨里迪斯三级智能控制理论等。

② 专家系统控制。

③ 模糊控制。

④ 人工神经元网络控制。

⑤ 多种智能控制方法的交叉和结合,如专家模糊控制、模糊神经网络控制、专家神经网络控制、模糊 PID 控制、专家 PID 控制、模糊学习控制等。

目前正在研究的如下一些飞行控制技术归属于具有一定智能化的飞行控制技术:

① 自修复飞行控制技术。

② 自适应飞行控制技术。

③ 自组织飞行控制技术。

④ 自学习飞行控制技术。

⑤ 自适应逆控制技术。

⑥ 专家系统控制技术。

⑦ 神经网络控制技术等。

5.7.1 自修复飞行控制技术

随着飞行控制的自动化程度和复杂程度的不断提高,飞行控制系统的故障可能成为飞行控制的致命问题。为了使飞行控制系统具有一定的故障工作和故障安全的能力,于是发展出自修复飞行控制技术(图 5.7.1)。

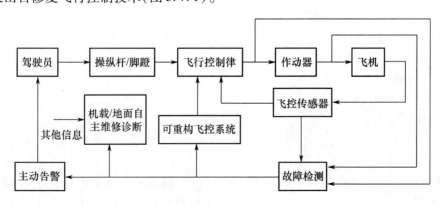

图 5.7.1 自修复飞行控制系统

自修复飞行控制技术应包括以下内容：

（1）故障的自动监测技术。

（2）故障特征的提取和模式识别技术。

（3）故障度的辨识技术。

（4）故障自动隔离技术。

（5）跟随自修复的控制律。

（6）飞行控制系统重构方法和技术。

以上技术信息分析与处理多半要用到人工智能分析方法。

这一控制技术对飞行控制系统高可靠性和高生存性具有重要作用。

5.7.2　模糊自组织飞行控制技术

常规控制原理的控制器的设计都须建立在被控对象的精确建模上。没有精确的数学模型，控制器的控制效果将受到很大的制约。但是实际飞行器飞行中，系统常具有非线性、时变、大延时等特性，很难建立精确的数学模型。因此用常规控制原理很难实现对系统的有效控制。为了满足现实的需要，人们开始将模糊控制理论应用于飞行控制系统。

模糊控制系统是以模糊集合化、模糊语言变量及模糊逻辑推理为基础的一种计算机数字控制系统。从线性控制系统与非线性控制系统的角度分类，模糊控制系统是一种非线性控制；从控制器的智能性看，模糊控制属于智能控制的范畴，而它已成为目前实现智能控制的一种重要而有效的形式。

1. 模糊控制系统的基本原理

在人参与的实际控制系统中，人们发现，有些有经验的操作人员，根据仪表显示的信息，获得系统的运行状态，然后操作者根据自己以往的经验和积累的知识，作出相应的决策，并对控制对象进行操纵。在这个系统中，仪表的信息都是精确量，通过人的感官传入操作者的大脑后，在脑中形成具有模糊性的概念，然后操作者根据经验，进行模糊决策。

显然，这种人机控制系统进行的控制是一种模糊控制。人们为了模拟这种控制过程，设计了一种以模糊数学为基础的控制系统。

模糊控制属于计算机数字控制的一种形式，模糊控制系统的结构如图5.7.2所示，一般可以分为5个组成部分：

（1）模糊控制器。

（2）输入输出接口。

（3）执行机构。

（4）被控对象。

（5）传感器。

模糊控制系统的基本原理如图5.7.3所示，它的核心部分为模糊控制器，模糊控制器的控制规则由计算机的程序实现，计算机通过采样获取被控制量的精确值，然后将此量与给定值比较得到误差信息，并将其进行模糊化变成模糊量，根据模糊控制规则，按推理合成规则进行决策，得到模糊控制量，再通过非模糊化，计算精确的数字控制量。

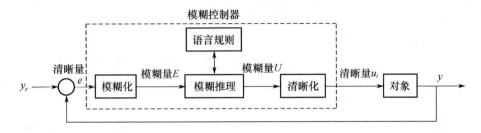

图 5.7.2　模糊控制系统结构

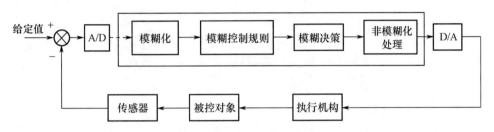

图 5.7.3　模糊控制原理框图

2. 自组织模糊控制器

自组织模糊器是在基本模糊控制器的基础上,增加了 3 个功能块而构成的一种模糊控制器。自组织模糊控制器的结构框图如图 5.7.4 所示。3 个功能块的功能分别是:

(1)性能测量。用于测量实际输出特性与希望特性的偏差,以便为控制规则的修正提供信息,即确定输出响应的校正量。

(2)控制量校正。将输出响应的校正量转换为对控制量的校正量。

(3)控制规则修正。通过修改控制规则实现对控制量的校正。

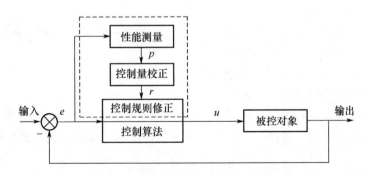

图 5.7.4　自组织模糊控制器的结构框图

自组织模糊控制器的控制策略为:首先为控制器选取一个不太精确的模型,然后通过控制器的自组织功能,不断修改模糊控制规则,使模型逐渐完善直至满足系统的预期要求。这种控制方法要求在控制被控过程的同时,还要了解被控过程,因此该控制器是将模糊系统辨识和模糊控制相结合的一种控制方法。

5.7.3 神经网络自适应飞行控制技术

1. 神经网络基本原理

基于人工神经网络的控制技术是一种特别适合动态系统的辨识、建模和控制的智能化控制技术。神经网络结构是由大量的人工神经元所组成。人工神经元是对生物神经元的一种模拟与简化，它是一个多输入、单输出的非线性元件（图5.7.5，图5.7.6）。而人工神经网络就是由许多神经元组成各种不同拓扑结构的网络结构，用于执行高级问题的智能化求解，特别适用于复杂的非线性飞行控制。人工神经网络基本结构主要有两类：

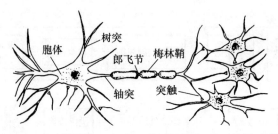

图 5.7.5 生物神经元结构

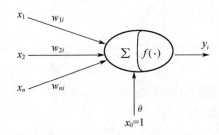

图 5.7.6 人工神经元结构模型

1）前馈型神经网络

具有逆阶分层结构，同一层神经元之间不互连。一种带向误差反向传播的前馈型（又称前向型）神经网络——BP网络如图5.7.7所示。

此神经网络的特点是具较强的学习能力。

2）反馈型神经网络（图5.7.8）

若神经网络由 n 个神经元组成，那么每个节点都有 n 个输入和输出，即一些神经元的输出被反馈至同层或前层神经元。此神经网络的特点是具有联想记忆的功能。

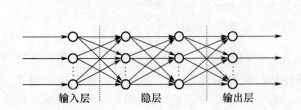

图 5.7.7 前馈型神经网络结构

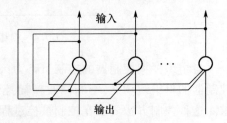

图 5.7.8 反馈型神经网络结构

2. 神经网络自适应飞行控制方法

从广义"自适应控制"来说,如下一些神经网络飞行控制方法可以认为是神经网络自适应飞行控制方法,如:

(1)神经网络 PID 控制。

(2)神经网络的模糊控制。

(3)神经网络的遗传算法优化模糊控制等(图 5.7.9)。

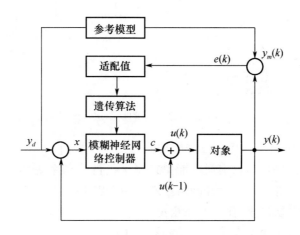

图 5.7.9　基于遗传算法优化的神经网络模糊控制器结构

从控制机理方面来说,神经网络自适应控制又可分为自校正控制和模型参考控制两类(图 5.7.10)。二者的区别是:自校正控制将根据对系统正向和(或)逆模型辨识的结果,直接调节控制器内部参数,使系统满足给定的性能指标。而在模型参考控制中,闭环控制系统的期望性能由一个稳定的参考模型描述。图 5.7.11 给出了一个神经网络的动态逆控制结构。

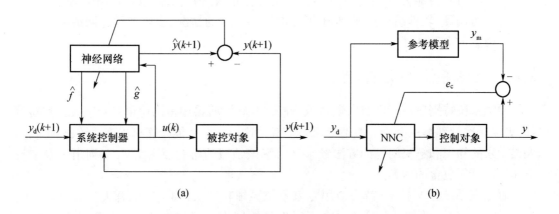

图 5.7.10　神经网络自适应控制结构
(a)神经网络自校正控制系统;(b)神经网络直接模型参考控制。

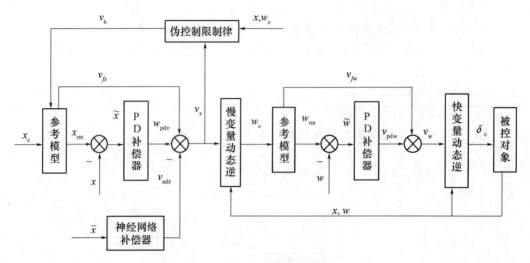

图 5.7.11　神经网络的动态逆控制结构

3. 神经网络自适应飞行控制方法的功能与特点

人工神经网络控制技术目前尚不能单独用于飞行控制系统,应与其他控制技术组成综合飞行控制系统。通常人工神经网络技术是用于以下一种或多种功能:

(1) 用于动态系统建模,作为对象模型。

(2) 在反馈控制系统中直接充当控制器作用。

(3) 对传统的飞行控制规律作优化智能分析。

应用神经网络控制技术的主要好处是:

(1) 具有很强的自适应性、鲁棒性和容错能力。

(2) 具有高度的集成性,且可作并行分布处理。可同时接收大量不同的输入控制信号,解决输入信息间的互补和冗余问题,并实现住处的集成与融合处理。

(3) 具有非线性映射能力。

(4) 具有学习能力,可以通过系统过去的数据记录进行训练,以自动调整结余数值。

(5) 可由硬、软件结合实现,对于不可由软件处理的情况,也可把神经网络控制器制成大规模集成电路硬件来实现。

5.7.4　专家系统飞行控制技术

专家系统特别适用于已有大量知识、方法和经验,而希望得出比单一专家人工判断更好、更深层次处理解决办法。所谓专家系统就是这样一个智能计算机程序系统,能够利用人类专家的知识和解决问题的方法经验来求解该领域的难题。图 5.7.12 列出了专家系统知识信息所包含的内容。

而专家系统控制技术,就是应用专家系统要领和方法,模拟和综合人类多个专家的控制知识与经验,并与控制理论结合而得出的控制模式或控制系统。用于飞行控制的专家系统的知识库与推理机应包括有关飞行控制的该模型的风洞实验数据、控制仿真试验数据、飞行试验数据、计算方法、专家经验知识。图 5.7.13 为一种专家控制器结构框图。

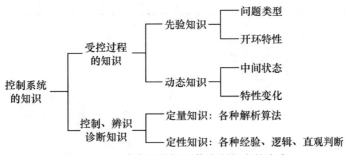

图 5.7.12 专家系统知识信息所包含的内容

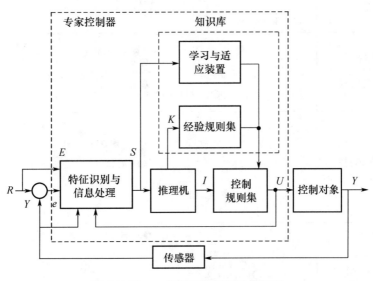

图 5.7.13 一种专家控制器结构框图

以专家系统仿人智能控制与常规 PID 控制效果的比较为例。由于仿人智能控制以针对性极强的控制模式和调参模式去控制受控对象多变的动态过程,它不同于常规 PID 的不变控制模式和参数模式,因此,仿人智能控制的控制效果比常规 PID 控制效果要好得多。图 5.7.14 给出某飞行器飞行姿态控制系统在常规 PID 控制和仿人智能控制下的响应曲线如。图中曲线表明,仿人智能飞行控制系统的性能较优。

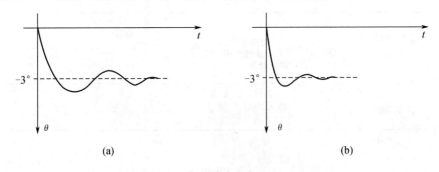

图 5.7.14 一种仿人智能控制下的响应曲线
(a) PID 控制;(b) 仿人智能控制。

图 5.7.15 列出了飞机飞行控制系统的发展情况。

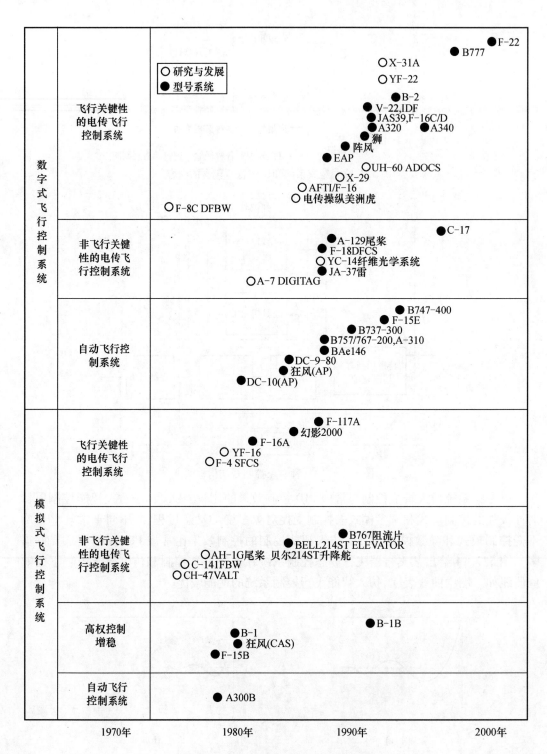

图 5.7.15 飞机飞行控制系统的发展

第6章 先进组合导航技术

飞行器的航行轨迹和精确定位依赖于导航技术。随着信息技术的飞速发展,导航技术也在不断创新与改进。尤其是 20 世纪 90 年代才引入飞行器导航的卫星导航技术,很快就显示它的优势和潜力。鉴于飞行器导航的复杂性和自主导航的要求,各种先进的组合导航技术应运而生,并将成为今后飞行器导航的主要方向。

当然,组合导航是以各种单一导航技术为基础的。为此本章重点介绍几个重要的有关飞行器的导航技术和组合导航技术。

6.1 现有飞行器导航技术主要类型

（1）仪表导航:老的传统导航方式,由空速表、航向表、自动领航仪及其他仪表来确定轨迹。

（2）无线电导航:利用无线电波测出飞行器与地面导航台的方位和距离（图 6.1.1）。

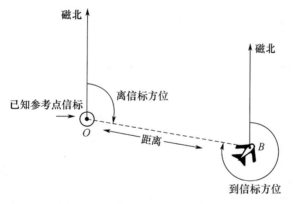

图 6.1.1　典型的无线电导航示意图

（3）多普勒导航:利用多普勒雷达可测得飞行器相对于地面的速度,结合仪表确定位置。

（4）天文导航:通过观察和测量天空星体来确定飞行器相对于星体的位置,但受天气限制。

（5）地面参考导航:可分别用全景雷达或红外线,或电视摄取地面图像,再与事先知道的地面图形作比较,而确定飞行器的位置。

（6）惯性导航:由陀螺仪、加速度计和计算机来确定飞行器的位置。

（7）卫星导航:以人造卫星作为导航台的无线电导航技术。

各种组合导航技术,目前常用和正在发展的有:①GPS/INS 组合导航;②GPS/DNS 组合导航；③ GPS/Loran – C 组合导航；④ INS/天文组合导航；⑤ INS/DNS 组合导航；⑥GPS/GloNSS/INS 组合导航；⑦GPS/INS/DNS 组合导航。

注：DNS 为多普勒导航；Loran – C 为罗兰 – C 无线电导航；INS 为惯性导航。

6.2 惯性导航技术的改进

惯性导航技术是飞行器上运用较早的一种导航技术。目前，它仍然是飞行器导航的重要手段，这是因为惯性导航不依赖于任何外部信息，也不向外部发射能量的自主式导航，因此不受外部干扰，这对于在高空中航行的飞行器来说十分重要。此外，惯性导航具有很好的隐蔽性，故而有重要的军事应用价值。

惯性导航离不开陀螺仪和加速度计，这两类惯性导航器件本身也在不断更新和发展。

1. 新型陀螺仪的发展

最早发展实用的陀螺都是机械式的陀螺，为旋转质量陀螺（图 6.2.1）。进一步发展出了各种高速精密的机电陀螺，如液浮陀螺、气体轴承浮子陀螺、静电陀螺和动力调谐陀螺等。继而，从新的原理又研制出各种新概念、新特点的陀螺，如：

（1）环形激光陀螺，将激光增益引入环形腔，可测出高精度的转动角速度。

（2）光纤陀螺，通过增加光路长度来测量，有开环干涉型光纤陀螺和闭环干涉型光纤陀螺，以激光陀螺结构更简单。

（3）半球谐振陀螺，是根据石英半球杯振动与转动角速度关系而研制出的一种新型高精度角速率陀螺仪。

（4）微硅结构陀螺，是用硅片刻蚀加工出的微型陀螺，如微硅音叉式振动陀螺，微硅梳状振动陀螺。目前，最小的微硅结构陀螺质量仅 0.4g（图 6.2.2）。

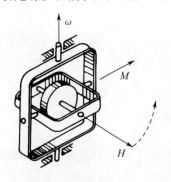

图 6.2.1　机械陀螺仪进动原理

图 6.2.2　微硅陀螺与加速度计芯片

2. 惯性导航系统

1）平台式惯性导航系统

常见的是三环三轴平台（有 3 个加速度计和 3 个单自由度陀螺），如图 6.2.3 所示。为了适应飞行器大俯仰角情况，又设计出四环三轴平台。

为了使平台坐标系模拟所选定的导航坐标系，需给陀螺加指令信号，以使平台按指

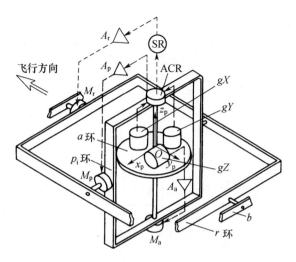

图 6.2.3　惯性导航用的三轴陀螺仪平台

令角速率转动。指令角速率可根据载体的运动信息经计算机解算后提供。

平台式惯性导航系统如图 6.2.4 所示,包括以下几个部分。

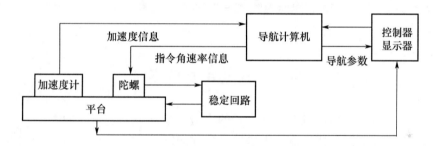

图 6.2.4　平台式惯性导航系统的组成

（1）加速度计:用来测量载体运动的加速度。

（2）陀螺稳定平台:由陀螺仪及稳定回路进行稳定,模拟一个导航坐标系,从平台的各环架还可获取载体的姿态信息。

（3）导航计算机:完成导航参数计算,给出控制平台运动的指令角速率信息。

（4）控制器:给出初始条件以及系统所需的其他参数。

（5）导航参数显示器:用于显示导航参数。

（6）电源:为各部件提供各种电源。

2）捷联式惯性导航系统(图 6.2.5)

这是 20 世纪 80 年代后期发展起来的新型惯导系统。与平台式惯导系统不同的是,捷联式惯导系统没有环架组成的实体惯性平台,而是由计算机代替平台功能的"数字平台"。陀螺和加速度计都直接固联于飞行器载体上。

捷联式惯导系统结构简单、体积小、质量轻、成本低、维护简单。但是由于陀螺和加速度计要能承受飞行器载体的强烈振动环境,因此对陀螺、加速度计要求较高。目前,可用做捷联惯导系统的陀螺有液浮陀螺、动力调谐陀螺、静电陀螺、环形激光陀螺和半球谐振陀螺。

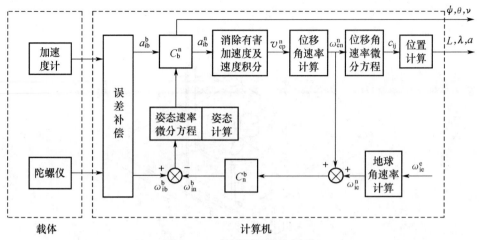

图 6.2.5　捷联惯导系统原理

C_b^n—姿态矩阵；a_{ib}^b—载体坐标系中的加速度；a_{in}^n—导航坐标系中的加速度；

ω_{ib}^b—载体坐标系相对惯性坐标系的角速率；ω_{in}^b—导航坐标系相对惯性坐标系的角速率；

ω_{ie}^n—地球角速率；ω_{ie}^e—位移角速率；θ—俯仰角；ψ—航向角；ν—横滚角；

ω_{en}^n—地理坐标系相对地心坐标系的转动速率；C_n^b—姿态矩阵 C_b^n 的逆矩阵；v_{ep}^n—导航计算中的"地速"。

6.3　卫星导航技术

卫星导航系统的原理是,围绕地球运转的人造卫星连续向地球表面发射经过编码调制的连续波无线电信号,编码中载有卫星信号准确的发射时间,以及不同的时间卫星在空间的准确位置(星历)。飞行器上的卫星导航接收机在接收到卫星发出的无线电信号之后,如果它们有与卫星钟准确同步的时钟,便能测量出信号的到达时间,从而能算出信号在空间的传播时间。再用这个传播时间乘以信号在空间的传播速度,便能求出接收机与卫星之间的距离,写成公式便是

$$R = \sqrt{(x_1 - x)^2 + (y_1 - y)^2 + (z_1 - z)^2 + \Delta t \cdot c}$$

只要接收机能测出距 4 颗卫星的位距,便有 4 个这样的方程,把它们联立起来,便可以解出 4 个未知量 x, y, z 和 Δt,即能求出接收机的位置并告诉它准确的时间。

当用户不运动时,由于卫星在运动,在接收到的卫星信号的载频中会有多普勒频移。$[(x_i - x)^2 + (y_i - x)^2 + (z_i - z)^2]^{1/2}$ 是用空间两点间的距离公式表示的用户到第 i 颗卫星的真实距离。由此可见,只要测量得到用户到 4 颗卫星的位距 PR,就可以同时得到用户的三维位置 x, y, z 和用户钟与卫星钟之间的钟差 Δt。然后在用户钟中扣除掉这个钟差,就可以使用户钟得到精度和卫星上铯原子钟精度相同量级的精密时间。这便是所有 GPS 用户(接收机)虽然采用廉价的石英钟,却依然能保持高精度守时的原因。GPS 系统的实质,是要得到用户(载体)的高精度的瞬时位置。定位过程是,首先根据卫星广播的星历,计算出第 i 颗卫星的准确位置 x_i, y_i, z_i;其次根据测量的码伪距或相位位距,计算出用户与第 i 颗卫星之间的相对距离 PR_i;最后,根据导航方法计算出用户的三维位置 x, y, z。

目前,世界上通用的卫星导航系统主要有两种:美国的全球定位系统(Global Positioning System,GPS),1994 年布署完毕;俄罗斯的全球导航卫星系统(Global Navigation Satellite System,GLONASS),1995 年布署完毕。

1. GPS 系统(图 6.3.1)

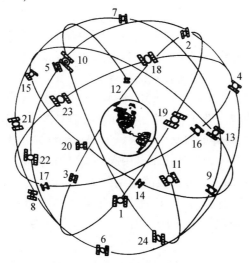

图 6.3.1   GPS 卫星星座示意图

GPS 系统的特点:

(1)全球覆盖。由数据周期为 12h 的卫星构成 GPS 星座,形成同时覆盖全球的星网,使地球上任一地方都可同时看到 6～11 颗卫星,为只需 4 颗卫星定位提供了裕度。

(2)全天候。与天文导航相对,GPS 卫星以无线电波向地面用户发射,不受气象条件和昼夜变化的影响。

(3)高精度。卫星和用户之间的相对位置测量精度,利用伪码测距可达米级;利用载波相位测距可达毫米级,考虑到对流层折射等影响,利用差分定位原理,可使实际定位精度达厘米级。

(4)多用途。就飞机来说,可以用于民航飞机定位和交通管理,也可用于军用飞机和直升机的定位、着陆和精确打击目标,并作为飞行器的重要组成部分,对现代化战争指挥起着极为重要的作用。此外,GPS 在其他陆、海、空装备定位,在测绘、地理信息甚至汽车交通等国民经济各行业中,也有广泛的应用前景。

2. GLONASS 系统

GLONASS 系统的建成,打破了美国 GPS 一统天下的局面,为形成全球多系统兼容局面起到了开头作用。

目前一些国家正在研究 GPS/GLONASS 兼容接收技术,并已研制出了兼容接收机。

3. 其他卫星导航系统

(1)全球导航卫星系统 GNSS,由国际移动卫星组织(INMARSAT)建立。

(2)Geostar 卫星系统,美国公司建立。

(3)Locstar 卫星系统,欧洲公司建立。

(4)伽利略卫星系统,欧盟建立。

6.4 地形辅助导航技术

6.4.1 基本概念

地形辅助导航系统的基本工作原理是,在系统中存储有飞行器所要飞越地区的数字地图。在飞行过程中,系统将飞行器的实时获得的地面信息(高度或图像)与系统所存储的地形数据库相比较,求出飞行器所在点的位置。

现代高性能战术飞机、直升机和巡航导弹对导航系统提出了实时定位精度达到几十米以内,甚至只有几米的精度要求;此外,它还应在高电子对抗环境中,适应回避地空导弹、低空突防、全天候及隐蔽导航等战术要求。地形辅助导航作为一种新型导航系统之所以引起人们的广泛注意,是因为在现代军事中起到的特殊作用。海湾战争中"战斧"巡航导弹利用地形辅助导航发挥了良好的实战应用效果,更证实了这一导航技术的优点。

然而通常地形辅助导航在飞行器导航中只起辅助作用,必须与其他导航系统(如惯性导航)相组合才能发挥精确导航作用。因此惯性/地形辅助导航实际上是一种组合导航。

在地形辅助导航系统中常用的方法主要有两种:一种是使地面标高与地形标高模型相关系统,采用地形相关法;另一种是比较图像系统,采用景象匹配区域相关法。

6.4.2 利用地形高度数据的地形匹配系统

地形辅助导航系统包括地形匹配系统、惯性导航系统、数字地图存储装置和数据处理装置,利用地形高度数据进行导航定位。

地形辅助导航系统有多种方法,从地形数据特征可分为以地形标高剖面图为基础和以数字地图导出的地形斜率为基础两类;从与惯性导航的组合导航方式,又可分为地形轮廓匹配和基于扩展卡尔曼的惯性/地形匹配。

1. 地形轮廓匹配导航方法(图6.4.1)

在系统中存储有飞行器所要飞越地区的数字地图。在飞行过程中,系统将飞行器的气压高度(海拔高度)与由雷达高度表测得的飞行器离正下方地表的相对高度相减,得出正下方的地形剖面图。系统将所存储的数字地图与测得的地形剖面相比较,当达到匹配时,便可求出飞行器所在点的位置。还有一种地形辅助导航不仅用地形剖面,而且还用地形变化的斜率进行匹配。

地形标高剖面图是通过卫星或航空测量获得匹配区的地形数据。通常把要航行的路线分成许多匹配区,一般是边长为几千米的矩形,再将该区分成许多正方形网格,正方形的边长一般是 20~60m。航空测量记录下每个小方格的地面高度的平均值,这样就得到一个网格化数字地图,将其存入计算机。

当飞行器在惯导系统控制下,飞经第一个匹配区时,以这个地理位置为基础,将实测数据与计算机存储数据进行相关比较,可以确定飞行器纵向和横向的航迹误差,并给出修正指令,使飞行器回到预定航线;然后,再飞向下一个匹配区,如此不断循环,就能使飞行器连续不断地获得任一时刻的精确位置。

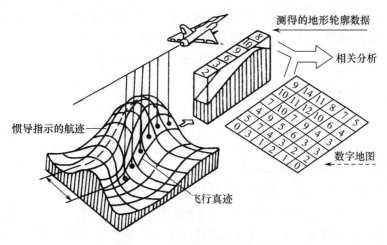

图 6.4.1　地形轮廓匹配示意图

2. 基于扩展卡尔曼的惯性/地形匹配导航方法

基于扩展卡尔曼的惯性/地形匹配导航方法中一个典型的系统是桑地亚惯性地形辅助导航系统(图 6.4.2)。桑地亚惯性地形辅助导航系统不同于地形轮廓匹配导航系统,它着重于降低中等的定位误差,而不是降低很大的定位误差。因此,该导航系统不需要进行全局搜索,而且它容许有很大的速度和航向误差,并准许在采集数据期间飞行器自由机动地飞行,并同时修正定位误差。该系统利用卡尔曼滤波原理连续地把惯性传感器数据与雷达高度表传感数据结合起来,这样不仅能最佳地估算出飞行器的位置,而且还能估算出飞行器的速度和姿态。因此,该系统具有更好的实时性,更适合于具有高机动性的战术飞行器使用。

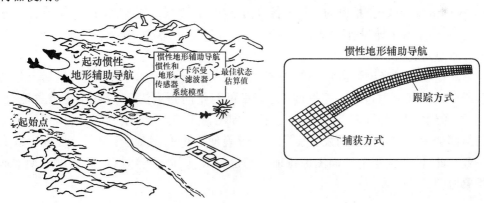

图 6.4.2　惯性/地形匹配导航示意图

桑地亚惯性地形辅助导航系统的工作原理导航仪(一般是惯导)提供位置和高度估计值,再由卡尔曼滤波计算出位置和高度修正值,其高度通道与使用标准卡尔曼滤波器的气压高度表相联,而以从数字地图导出的地形斜率为基础,在线性化滤波器中使用雷达高度表实测的离地高度。惯性导航系统处理惯性传感器测量值,并提供一个基准位置,根据所存储的地形特征便可获得预测的雷达测量值,在每次进行测量数据修正时,把雷达高度表的实际测量数据与上述预测值加以比较,其差和从存储的地形数据计算得到的地形斜率经卡尔曼滤波处理,对惯导作小的修正,因此,无需进行全局搜索。初始基准一旦建立起来,桑地亚惯性地形辅助导航系统就能使飞行器连续不断地机动飞行,有效地利用地形屏障,绕过防御火力,并飞越沿路有独特地形的区域达到目标。

6.4.3 景象匹配地形辅助导航系统

景象匹配区域相关法又称为地表二维图像相关法,景象匹配地形辅助导航系统可以通过将载体飞越区域的景象与预存在计算机中有关地区的数字景象进行匹配,从而获得很高的导航精度。景象匹配区域相关法通过电视摄像机或图像红外传感系统获取图像,并将其与侦察所得的图像基准信息或其他图像材料加以比较。

其工作原理是将从图像处理装置(如电视摄像机、合成孔径雷达)来的传感器遥感景象和计算机中存储的基准图像在数字相关器的绝对差相关器阵中进行位置匹配,并计算出相关幅度。为减少计算时间,绝对差相关器阵把传感遥感景象同基准地图匹配部分并行地进行相关,然后将所得结果与相关质量门限值进行比较,若相关幅度高于门限值,则产生一个表明是有效的相关信号。重复进行上述相关过程,就可以求出飞行器飞越某一基准地图所标志地区时的位置偏差,以修正飞行器的飞行路线。

该系统主要用于末端制导。如"战斧"巡航导弹末制导就是采用数字式景象匹配区域相关制导。它由成像探测器、图像处理装置、数字相关器和计算机等部分组成。它预先在距目标几十千米范围内选择地貌特征明显的地区作为景象匹配区,通过侦察获得匹配景象的光学图像,把景象匹配区分成若干正方形小单元,每个单元尺寸可小到几米,根据每个单元平均光强度,赋予相应的数据,就构成了景象匹配区反射可见光强弱的数字式景象地图。将这种数字地图预存在导弹计算机中,当导弹飞经景象匹配区时,弹上成像探测器(如采用电视摄像机)拍摄的景物图像经过数字化处理后,与预存的数字景象地图进行相关处理,产生修正导弹航迹误差的控制信号,经过 2~3 次景象匹配修正后,导弹可达到几米的命中精度。

图像比较法以光频谱或红外频谱范围的照射或热辐射为基础,只有当所产生的图像和所存储的基准中包含有能够匹配(即尽可能相同)的信息时,它才能满意地工作。然而,要做到定点,与外部条件有很大关系,如图像采集时,气候变化、太阳位置和形成的阴影都会使图像上的东西发生变化。在夜晚使用也有困难,有的巡航导弹上装有照明装置。此外,不同季节地面图像特征差别也较大,因此,实际执行应使用近期地面数字景象地图。

6.4.4 地形辅助导航技术的特点

地形相关法一般情况下能够对飞行器和导航进行足够精密的中途修正。当然,这种方法也存在一些原理性的缺点和不足之处:首先,难以连续地获得高精度的地形信息。影响地形信息精度的主要原因是,高度的测量受大气压力的影响很大,一般只限于低空飞行的运载体。

地形辅助导航系统不仅能提供飞行器的水平精确位置,而且还能提供精确的高度信息;不仅能提供飞行器前方和下方的地形,而且还能提供视距范围以外的周围地形信息。

因此,它能满足战术导弹和飞行器机动飞行,尤其是低空、超低空飞行的要求,对近空支援、低空强击、突防、截击等战术飞行十分有用。

地形辅助导航系统还具有其他一些对军事需求来说至关重要的用途。如:

（1）具有自主、可靠和隐蔽的导航性能,在地形特征比较明显的地区使用时,其导航精度很高,因此,非常适合于高速低空飞行的战斗机和战术导弹使用。

（2）地形跟踪。

（3）威胁回避和地形掩蔽。

（4）贴地告警和障碍告警。

（5）目标截获和精确投放武器。

6.5　组合导航技术

所谓组合导航系统,是指把两种或两种以上不同的导航设备以适当的方式组合在一起,利用其性能上的互补特性,以获得比单独使用任一系统时更高的导航性能。上述惯性/地形匹配导航方法就是一种组合导航技术。

6.5.1　组合导航的组合方式

1. 设备组合

（1）不同无线电导航系统间的组合。

（2）惯性导航系统与无线电导航系统(包括天文、卫星导航)的组合。

（3）多种传感器的组合导航。

2. 方法组合

（1）重调式组合,直接用一种导航系统去校正另一导航系统的输出。

（2）滤波处理式,如卡尔曼滤波组合技术。

6.5.2　常见几种组合导航系统

1. GPS/惯导组合导航系统(图6.5.1)

推算惯性导航系统的固有问题,即误差随时间而积累的问题并未因惯导技术的进步而消除,因此出现了将无线电导航与惯导结合起来的组合导航系统,其中尤其以将GPS与新型惯导相组合的系统最为引人注目。

将GPS的长期高精度性能特性和惯导的短期高精度性能特性有机地结合起来,使组合后的导航性能比任一系统单独使用时有很大提高。经GPS校准的惯导在GPS信号中断期间的误差增长速率显然要比没有校准、自由状态下惯导的误差增长速率低。当机动、干扰或遮挡使GPS信号丢失时,惯导对GPS辅助能够帮助接收机快捷地重新捕获GPS信号;同时惯导对GPS的速率辅助,还可使GPS接收机跟踪环路的带宽取得很窄。可见,惯导与GPS的组合确实起到了优势互补的作用。

组合导航把卫星导航长期精度高与惯导短期精度高和不受干扰的优点结合起来。一般说来有两种组合方法。比较简单的是重调法,另一种是卡尔曼滤波法。

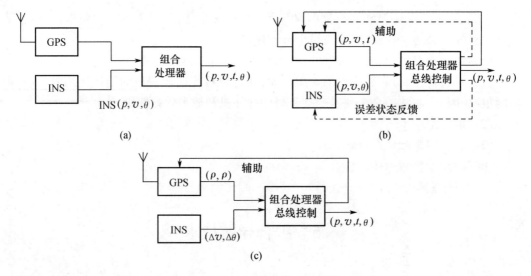

图 6.5.1　GPS/惯导组合导航系统结构

2. 惯性/合成孔径雷达组合导航系统

合成孔径雷达可以在能见度极差的气象条件下提供类似于光学照相的高分辨力图像。这样,把即时获得的雷达图像信息与事先准备好的机载数字地图或景象信息进行比较和辨识,即可准确地确定出运载体所处的即时位置。当然,确定位置的精度主要取决于数字地图的精度或景象信息的清晰度和雷达图像的分辨力。有了比较精确的位置信息,与惯导位置信息相比较,就可对其定位误差进行修正。惯导系统的即时位置信息又可帮助确定雷达图像信息与数字地图或景象信息进行匹配的地区范围。另一方面,在雷达成像时,运载体速度的变化会影响成像质量。为了提高合成孔径雷达成像的质量,可以按惯导系统所提供的速度变化信息对其进行补偿。这样,惯性导航系统和合成孔径雷达组合,借助数字地图或景象信息,利用其互补性和相互依赖性,就可以很自然地构成一种新型的高性能组合导航系统,即惯性/合成孔径雷达组合导航系统。

3. GPS 与多普勒导航雷达的组合

多普勒导航原理(图 6.5.2)是利用多普勒效应:由于从飞机向地面发射电磁波,从回波中可测得多普勒频移,因此可以得到飞机相对于地球的速度。

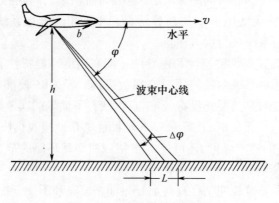

图 6.5.2　多普勒导航原理

1）多普勒导航系统(DNS)(图6.5.3)的主要优点

（1）能进行自主的导航，不需要任何陆基或星基设备的支持。

（2）反应快速，飞行前不需要调整和预热，使用方便、简单。

（3）由于雷达波速很窄，且以很陡的角度指向地面，所以发射功率小且不易被探测和干扰，因而隐蔽性和抗干扰性好。

（4）测得的平均速度的精度很高，且几乎可全天候工作（雨天除外）。

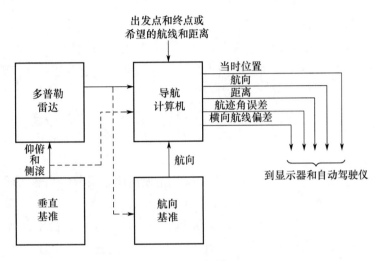

图6.5.3　多普勒导航系统

2）多普勒导航系统的缺点

（1）必须要有外部的航向信息源提供。

（2）需要内部或外部的垂直基准信息，以便把速度信息变换到地球参考坐标系上。

（3）由于 DNS 是一种推测航法的系统（即由速度和航向推出位置），所以，定位误差随时间积累，也就是定位精度随时间的增加而变差。

3）常见的 GPS/DNS 组合方法

多普勒导航通常与其他导航方法相组合，常见的 GPS/DNS 组合方法有：

（1）位置修正：利用 GPS 给出的位置信息，实时地对 DNS 进行校准，并以此作为 DNS 积分的起始点。

（2）用位置、速度信息组合：这是采用卡尔曼滤波器的组合方案。它用 GPS 和 DNS 输出的位置和速度信息（或者两者的差值）作为测量值，经卡尔曼滤波，最佳地估计 DNS 的导航参数（或导航参数误差），然后对 DNS 进行开环或闭环校正。

（3）用伪距、伪距变化率信息组合：此为采用卡尔曼滤波器的另一组合方案，与方案②不同的是，测量值不是位置和速度，而是伪距和伪距变化率。经卡尔曼滤波，最佳地估计 DNS 和 GPS 的误差值，然后对 DNS 和 GPS 进行开环或闭环校正。

4. GPS/罗兰-C 组合系统

罗兰-C 是一种无线电导航系统，它不具备用作终端和航路导航的主用导航设备的能力,因为有可能发生一个或几个罗兰信号不可用的情形。同样,GPS也不能用作主用导航设备,其原因是,单独使用时GPS的可用性和完善性达不到要求。如果把此两系统的信息综合在一个组合接收机内,则在覆盖范围(仅指罗兰-C)内,可用性和完善性上都将得到改善。主要有两种校正方式:

(1)用GPS校正罗兰-C的传播误差。

(2)用GPS实现罗兰-C的链间同步。

不同台链的罗兰-C发射信号之间没有严格的同步关系。

5. 惯性/天文组合导航系统

利用两颗或更多颗恒星射入的视角以及恒星星历和精确的时间,领航员就能够推算出他所在的经度和纬度位置。这就是所谓的天体定位或恒星定位法。现代天文导航系统具有在白昼和夜晚自动跟踪恒星的能力。

惯性/天文组合导航系统主要用天文导航修正因惯性导航长时间运行后所积累误差。通过惯导的环架结构,可把带有星光探测器的望远镜安装在稳定平台上,机载导航系统中的计算机,实时、自动地产生恒星指向和恒星跟踪指令,并计算出位置误差。自动恒星定位数据被用来修正惯导的位置输出,也可用来校正惯性仪表误差。当然,为得到"最优估计"的导航输出,恒星/惯性导航仪也可采用卡尔曼滤波技术。

这种组合导航系统能提供的高精度位置和姿态信息是在完全自主、不辐射任何信号且不受外界干扰情况下得到的,所以,它对军用飞机有很高的使用价值。

6. 惯性/多普勒导航雷达组合系统

多普勒导航雷达的工作需要惯性导航提供定位时所需的垂直基准和航向信息。惯导与多普勒导航都属于自主式导航,因此隐蔽性好,缺点是积累误差不能完全消除。

通常,惯性/多普勒组合导航可采用下述两种组合设计结构:一种是最优线性滤波结构,另一种是次优线性滤波结构。由于信息量大,对计算机的速度和容量的要求很高,这对实现卡尔曼滤波带来了不少困难。为了减轻计算机的工作负担,可对卡尔曼滤波结构简化。经过简化的滤波器其滤波性能比原来最优滤波器要差些,故称之为次优滤波器。简化的方法一般可分成两类:一类是对系统模型进行简化,也就是减少状态变量的维数;另一类是采用分段增益卡尔曼滤波法来简化滤波计算。次优卡尔曼滤波器在组合导航系统中具有较大的实际应用价值。

7. 多种传感器的组合导航

由于卫星导航总会受制某国卫星导航系统的控制,于是人们寻求三种(或以上)导航方式的组合,以减少依赖于GPS等卫星导航的风险。三种导航组合的方式有多种,前面已提及几种导航方法可以相应组合,例如:

(1)GPS/INS/Loran-C组合导航。

(2)GPS/INS/DN/Loran-C组合导航。

(3)GPS/Loran-C组合导航。

(4)INS/天文组合导航。

(5)INS/DNS组合导航。

（6）GPS/GloNSS/INS 组合导航。

（7）GPS/INS/DNS 组合导航。

（8）GPS/INS/SAR/TAN 组合导航等。

注：TAN 为地形辅助导航，SAR 为合成孔径雷达。

与一般的双传感器组合系统相比，多传感器组合导航系统的状态变量和观测量的总数要多得多，以致传统的集中化卡尔曼滤波器因存在两大难题而难以适用。

① 计算负担过重，多传感器的使用必然会带来滤波器状态和测量的双重增加，故使计算量大大增加，这对有一个或若干个传感器需进行高速处理时，问题就显得尤为严重。

② 容错能力差，因为任一个传感器上未被检测出的错误会被传播到全部导航状态和传感器偏差估计中去。

因此，需要采用新的联合滤波方法（图 6.5.4），其中滤波式组合因变量和观测量太多，目前趋于采用分块估计、两步级联的分散式卡尔曼滤波结构。

多传感器组合导航系统的使用，将摆脱对 GPS 的依赖。

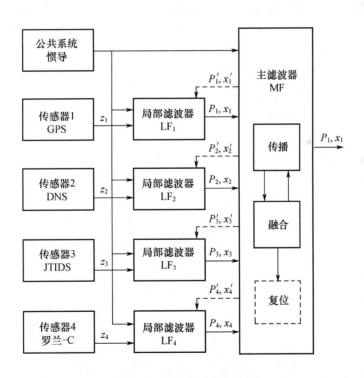

图 6.5.4　联合滤波结构框图

为了减少飞行器导航对 GPS 的依赖，惯性导航、地形辅助导航和视觉导航相结合的各种自主导航方法都在研究中。尤其对于无人驾驶飞行器，提高飞行器对环境的感知、地理/地形数据的利用、实时规划和改变飞行器的航迹的能力。图 6.5.5 给出了一种飞行器三维航迹优化控制的结构框图。

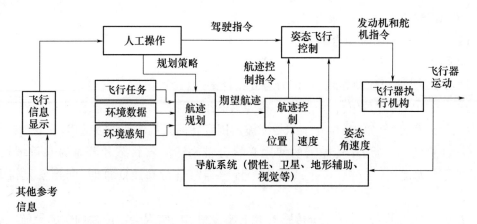

图 6.5.5　一种组合导航航迹规划控制框图

6.5.3　组合导航技术的特点

未来高科技的战争中必然会采用多传感器组合导航系统,其主要理由至少有两个:

① 出自于自主性、快速反应和集成协同作战的迫切要求;

② 经常会采用凭借地形掩蔽,实施出其不意、低空突防的军事行动。

从功能方面来考虑,组合导航技术还有以下优点:

① 提高导航的可靠性;

② 增强自主导航的能力和精度;

③ 提供更好的性能/价格比;

④ 扩大飞行器任务的范围和任务的灵活性。

目前组合导航正在向小型化、数字化、全自动化和多功能化发展。

第7章　飞行器计算机辅助设计技术

计算机辅助设计是随着计算机及其外围设备发展而迅速形成的一种新兴的现代设计方法。它的发展与应用已经为提高设计质量和效率、提高产品的市场生存和竞争能力，发挥了十分明显的作用。计算机的发展和普及使 CAD 技术迅速向航空航天和其他工程技术中各个领域的广度和深度渗透。在 30 多年的努力下，CAD 技术的广泛应用已经引起了一场工程设计领域中的技术革命，计算机辅助设计方法已成为工程技术人员进行创造性设计活动中不可缺少的手段。

CAD 技术是随着电子技术和计算机技术的发展而逐步发展起来的，它具有工程及产品的分析计算、几何建模、仿真与试验、绘制图形、工程数据库的管理、生成设计文件等功能。现代的计算机技术已经渗透到工业产品设计的每一阶段，这使得传统的设计方法发生巨大的变化，计算机辅助设计 CAD 将计算机高速而精确的数值求解能力、运算功能、大容量存储和处理数据的能力、灵活的图形及文字处理功能与工程技术人员的创造性思维能力及分析判断能力结合起来，从而大大地改善了设计质量，加快了设计绘图过程，缩短了设计周期，并使人们从繁重的手工计算和手工绘图中解放出来。CAD 技术标志着机器的智能化和脑力劳动的自动化的一个新开端。

7.1　CAD 与几何构形三维设计技术

7.1.1　三维几何造型技术

在传统的机械产品设计和制造过程中，用以表示产品形状和加工要求的是二维的工程图。早期的计算机绘图只是对传统的手工绘制工程图的简单模仿，但是绘图的本质并没有改变，仍是用各个视图和切面图的二维图形来描述三维形体。当设计员、工艺员和工人在画图和读图时，仍要运用人工思维能力，将几个视图、剖视图、局部视图联系起来考虑，才能形成产品的三维真实概念。

从面向工程设计人员来说，人们更希望直接从产品的三维构形设计着手。计算机图形学及各种曲面造型方法的发展，使这一想法得以实现和广泛应用。三维几何造型方法主要有：

1. 线框模型(图 7.1.1)

物体的三维描述是由点和线所组成，主要反映物体的形状特征、位置、方位，不能产生切面线或切面。

2. 表面模型(图 7.1.2)

表面模型是用一系列平面和曲面(包括边界线和相贯线)构成的形体表面，由面集合来定义形体。三维面模型已经可以用来进行面求交、面消隐、明暗立体感图、数控加工等。但表面模型本质上未能反映实体究竟存在于表面的哪一侧，因而对于在表面模型上进行开有深度的孔、槽等操作,或对实体作物理分析等应用时,则在形体表示上缺乏完整性。

图 7.1.1　一个线框图模型

图 7.1.2　一个表面模型图

3. 实体模型(图 7.1.3)

实体模型含有顶点、边、表面和体积等完整信息,是描述物体几何形状的最高层次的模型,适用于计算物体的许多物理特性（如质量、惯性矩、动量、动量矩等）或力学特性。

实体模型有几种不同的表示方法,即边界表示法、体素构造法、半空间表示法、八叉树表示法等。

无论是哪一种几何造型方法,对于曲面体,通常都要用到计算机曲面生成方法。目前常用的曲面表达方式如孔斯(Coons)曲面、参数样条曲面、弗格森(Fergusion)曲面、贝塞尔(Bezier)曲面、B 样条曲面和非均匀有理 B 样条(NURBS)曲面等。其中 NURBS 曲面可以得到不同阶次组合（或融合）的曲面,包括标准的二次曲面,以统一的数学表示,有较强的修改和插入能力,因而确定为工业产品几何定义的 STEP 国际标准。

NURBS(Non – Uniform Rational B – spline)是非均匀有理 B 样条的简称。三次 B 样条方法不能在严格意义上精确构造椭圆、圆、旋成体等二次曲面或规则曲线。NURBS 方法的特点是把规则曲面（包括曲线）与自由曲面构造为统一的曲面造型形式,即可把不同阶次的曲面（包括曲线、平面、二次曲面、自由曲面）统一起来构造。图 7.1.4 给出一个用

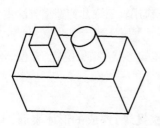

图 7.1.3　一个实体模型

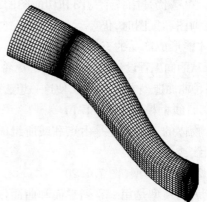

图 7.1.4　用 NURBS 生成的进气道模型

92

NURBS 造型的进气道模型例子,能生成平行四边形或矩形进气口到圆截矩形进气口到圆截面 S 形通道的光滑融合曲面的进气道构形。NURBS 已被广泛用在目前各种 CAD 造型软件上。

7.1.2 基于特征的产品信息 CAD 建模技术

传统的几何造型技术,如线框造型、曲面造型和实体造型,虽然提供了物理对象的数学上的精确描述,并在图形显示、物性计算等方面得到了很好的应用,但它们所建立的模型只产生层次较低的几何信息,如点、线、面和基本体素,而没有高层次的信息,如尺寸、公差、材料特性及装配要求,因此在这种纯几何造型数据库的基础上难以实现零件分类编码的自动生成,不能满足生产各阶段自动化的要求,更难以实现 CAD/CAM 的集成以及产品的并行设计。进入 80年代中期,国际上开始研究基于特征的设计,特征是一个高层次的设计概念,内部包含了设计人员的设计意图及与后继工作有关的各种信息。对于具体的机械产品而言,特征是一组与产品描述相关的信息集合,产品特征信息模型包括管理特征模型、形状特征模型和技术特征模型。而形状特征模型又包括几何结构模型、精度特征模型、材料特征模型和装配特征模型。新的产品信息建模技术突破了传统的几何造型技术。设计人员可以在产品开发的早期就介入具体环节设计,在计算机网络的协同下实现信息资源的共享与交换,实现并行设计。

参数化特征造型属于第三代几何建模方法。参数化的方法是使用约束(或特征)来定义和修改几何模型。约束包括几何约束和尺寸约束。将尺寸用变量表示,作为设计的几何参数,以建立通用的几何模型。当输入一组实际尺寸后,即可生成设计所需要的几何模型。或改变其中某些尺寸,又可直接生成修改后的另一个几何模型。因此,参数化特征造型被称为动态造型系统或尺寸驱动系统。

参数化特征造型在建模方法上分别出现了特征建模和基于约束的参数化与变量化的建模方法,由此出现了各种特征建模系统以及二维或三维的参数化设计系统,而且出现了这两种建模方法互相交叉、互相融合的系统。这种系统常常在二维、三维模型之间以及与CAM 系统之间有内部统一的数据结构及共同的数据库。参数化设计极大地改善了图形的修改手段,提高了设计的柔性,在概念设计、动态设计、实体造型、装配、公差分析与综合、结构仿真、优化设计等领域发挥着越来越大的作用,体现出很高的应用价值。

7.1.3 CAD 技术在飞行器几何设计中的应用

由于飞行器是具有复杂曲面形状的产品,在飞行器工厂里,传统上采用模线样板法表示和传递自由型曲线曲面的形状。模线员与绘图员用均匀的带弹性的细木条或有机玻璃条或金属条通过一系列点绘制所需要的曲线即模线,依此制成样板作为生产与检验的依据。在曲面上没有模线控制的部分取成光滑过渡。这种采用模拟量传递的设计制造方法所表示与传递的形状因人而异,要求设计与制造人员付出繁重的体力劳动,设计制造周期长,制造精度低,互换协调性差,不能适应现代航空工业的发展。人们在寻求用数学方法唯一地定义自由型曲线曲面的形状;将形状信息从模拟量传递改变为数值量传递。随着计算机的出现,采用数学方法定义自由型曲线曲面才达到实用的地步。

航空工业是最早采用计算机 CAD 技术的部门之一,给飞行器设计与制造技术带来了空前的突破,同时也促进了 CAD/CAM 技术的发展。

应用数学方法和计算机,建立飞行器相应的曲线曲面方程,即飞行器数学模型,计算出曲线曲面上大量的点及其他信息。其间,通过分析与综合就可了解所定义形状具有的局部和整体的几何特征。这里实时显示与交互修改工作几乎同步进行。形状的几何定义为以后的设计分析与制造过程,如气动特性计算、有限元分析、数控加工等提供了必要的先决条件。

例如波音公司较早就采用了高生产率的 CAD/CAM 技术。在飞机工业中,这些技术的主要优点是能够在工艺准备或制造以前改正将要付出很高代价的设计错误和不协调的问题,从而显著地节省了时间和费用。由于波音公司运用了飞机外形设计程序和交互式计算机绘图系统,开始设计图纸和独立地完成工程图纸。然后再把表示工程图纸的数据存储在计算机的存储器内;直接传送给制造部门使用,率先实现了无图纸制造过程。图 7.1.5 所示为一个飞机外形的 CAD 模型。

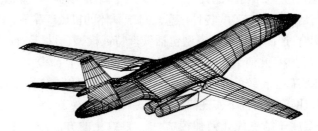

图 7.1.5　一个飞机外形的 CAD 模型

如波音公司的钣金件的制造,要在一架飞机的机体上装有无数的支架和角片等。在没有使用 CAD/CAM 时,是将这些零件费力地靠在用手工控制的靠模铣上,用单个的样板作为样件,平均制造周期为 2 ~ 3 个星期。现在只要 CAD 和 CAM 部门通过终端访问设计数据库,系统就能自动生成两台数控铣床上加工的数据,在这种综合的系统中,现在 CAM 的周期仅仅是 1h,并提高了设计和制造的精度以及采用新的轻质的复合材料的可能性等。波音公司感到振奋的是,利用 CAD 技术使得公司有了更高的生产效率、更好的管理控制、更大的设计自由度、更短的设计制造周期、更大的操作灵活性,提高了可靠性,减少了维修,减少了废品和返工等。

7.1.4　CAD 技术的发展

(1) 支持自顶向下(top‐down)方式的产品设计。发展质量功能配置软件 QFD,即将用户需求转换为产品设计要求、工艺要求,以及生产控制要求,以支持产品设计的需求分析及概念设计中的决策。发展进行概念设计的有效工具,并要解决从概念设计到装配结构设计的映射问题,以便有效地解决装配结构设计问题。图 7.1.6 为一个电子样机模型。

(2) 在 CAD 的不同阶段考虑各种下游设计因素的工具,并将它们与 CAD 系统有机地集成起来。这些工具有 DFP(性能)、DFA(装配)、DFM(制造)、DFT(试验)、DFQ(质量)、DFC(成本)、DFS(服务)等。

(3) 加强 CAD 系统的智能,发展智能 CAD。这种智能将体现在许多方面,例如智能界面设计与导航,以便捕捉设计者的设计意图并简化操作;智能评价,在不同阶段对设计结果作出是否合理的评价等。

(4) 采用虚拟现实技术进行设计。通过设计虚拟样机逼真地观察产品内部的每一个

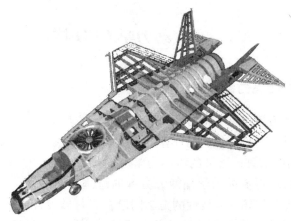

图 7.1.6　一个电子样机模型

细节,并能迅速修改。在设计过程中,在头盔和数据手套等辅助下,能方便地将零件变厚、拉长或变形,以达到随心所欲的设计境界。

此外,还可以进行虚拟装配及仿真。最后,在应力、应变等数据场的可视化方面,将不是从外部,而是从数据场内部,从不同角度,不同远近去观察数据场。

(5)集成化、网络化和智能化是现代 CAD 技术所追求的功能目标。集成化要能支持信息集成、过程集成与企业集成,涉及的技术有数字化建模、产品数据管理、过程协调与管理、产品数据交换、CAx 工具、DFx 工具等。网络化要能支持动态联盟中协同设计所需的环境与设计技术。智能化是指在实现集成化与网络化时所采用的智能技术,如人工智能、专家系统技术等。图 7.1.7 为 CAD 与产品信息模型的组织结构。

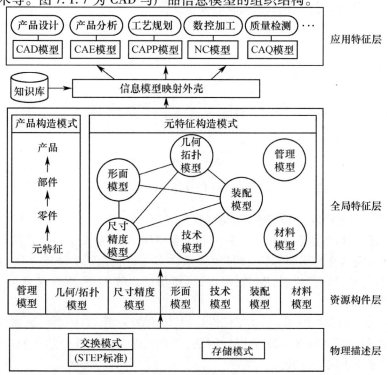

图 7.1.7　CAD 与产品信息模型的组织结构

7.2　空气动力学 CFD 技术

7.2.1　CFD 技术在飞行器设计中的作用

飞行器的空气动力特性是飞行器布局和外形设计的基础。

计算流体动力学(CFD)是指利用计算机、采用数值方法求解流体运动方程的一门新学科分支。20 世纪初期,许多著名的流体力学家发现了流体力学基本物理规律,千方百计用简化的解析方法求得流体力学偏微分方程的流体力学解,但大多仅限于线性问题。但工程实际中流体力学问题是非线性的力学问题在飞行器设计中显得越来越重要,如激波、旋涡、湍流,非定常运动等。要求得这些非线性的流体力学的精确解或解析解是十分困难的。随着高速电子计算机的迅速发展,人们用数值计算方法直接求解各类非线性的流体力学主控方程和边界条件成为可能,并且自 20 世纪 70 年代以来 CFD 技术得到了飞跃的发展,解决了过去无法求解的大量存在的各类复杂的流动问题,包括强烈非线性特征的流动现象。

CFD 技术还便于在飞行器设计中的大量选型设计分析和优化,从而提供高设计质量,大大缩短周期设计。

CFD 技术的应用减少了风洞试验。

直到 20 世纪 70 年代,国际上飞行器设计工作中气动特性数据的获得主要还是依赖于风洞试验,我国飞行器设计的风洞试验依赖程度直到 90 年代仍然比例很高。图 7.2.1 为波音公司应用 CFD 技术和风洞试验的关系变化。

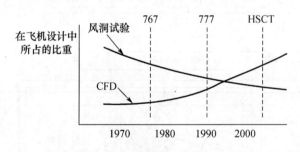

图 7.2.1　波音公司应用 CFD 技术和风洞试验的关系变化

随着 CFD 技术的发展和成熟,气动试验和气动计算在飞行器设计工作中的相对地位正在不断改变。这种改变,不但是因为风洞试验费用昂贵,还由于设计者们认识到地面试验装置有许多根本性的限制,尚不能准确模拟许多飞行状态下的流动。风洞试验的主要限制有:模型尺寸,压强,速度,Re 数,温度,可模拟的大气类型,洞壁和支架干扰,非定常运动等。例如:

(1) F-16 飞机在 20 世纪 70 年代设计时,没有能采用 CFD 方法,风洞试验时间用了 12000h;而在前掠翼飞机 X-29 的设计时法,采用 CFD 方法,设计结果的确定仅需 160h 的跨声速和超声速风洞试验。

(2)"湾流"(Gulfstream)支线飞机的跨声速机翼设计采用了 CFD 方法,节约了 400

万美元的设计费用。

（3）60~70年代中期,美国设计航天飞机时,风洞试验花了60000h。现在设计高超声速飞行器,计算机已变成提供流动模拟数据的主要手段,风洞/激波管试验已变成次要手段。

（4）到80年代末,波音公司声称CFD技术可以使所需的试验模型吹风时数减少80%左右。

7.2.2 CFD目前常用的方法

（1）无黏线化运动方程的求解,如面元法、偶极子格网法(非定常)。

（2）无黏非线性位流方程的求解,如跨声速小扰动位流方程或全速势方程的有限差分法。

（3）无黏非线性欧拉方程+附面层修正的求解,如有限差分法、有限元素法等,可以求解包括脱体涡等非线性问题。

（4）黏性流动的时域纳维－斯托克斯（N－S）方程(雷诺方程)的求解,对于紊流应力项多半采用半经验公式,然后用有限差分法、有限体积法等求解。

（5）非定常N－S方程的大涡模拟解法,它只对小于计算网格尺度的涡,采用紊大尺度涡,则利用运动方程直接进行求解。

（6）高超声速流动中真实气体的非平衡流数值求解。

（7）网格生成技术。运用上述方法求解时,一个十分重要的前置处理问题就是网格生成技术。

1974年Thompson等提出采用求解椭圆型方程方法生成贴体网格,在网格生成技术的发展上起到了开创作用。随后Steger等又提出采用求解双曲型方程方法生成贴体网格。

20世纪90年代产生了新一代分块结构网格方法,具有与CAD接口的功能。因而较容易生成非常复杂外形的CFD计算网格。

20世纪90年代以来,非结构网格和自适应笛卡儿网格等方法迅速发展,非结构网格是另一类型的计算网格。它舍去了网格节点的结构性限制,节点和单元的分布是任意的,因而能较好地处理边界。非结构网格生成方法在其生成过程中都采用一定准则进行优化判定,因而能生成高质量的网格,且很容易控制网格的大小和节点的密度(图7.2.2)。一旦在边界上指定网格的分布,在两个边界之间可以自动生成网格,无需分块或用户的干予。因而,近年来非结构网格方法受到了高度的重视,有了很大的发展。

7.2.3 目前CFD方法在飞行器设计中的主要应用

（1）飞行器的亚、跨、超声速的气动设计和气动特性分析,主要计算数据包括各个MACH数、迎角及姿态下的压强分布、升力、阻力、各方向力矩、以及各舵面气动操纵特性等必要数据。图7.2.3为一个用CFD方法计算的飞机压力分布图。

（2）翼型的气动设计。

（3）机翼的最佳弯、扭分布设计。

（4）静气动弹性载荷重新分布。

（5）非定常气动力计算与气动弹性剪裁。

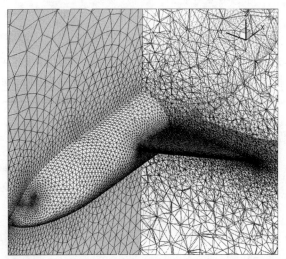

图 7.2.2 一个用 N–S 方程数值方法计算的 CFD 模型及网格

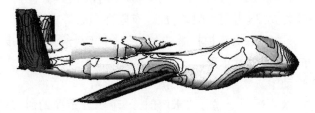

图 7.2.3 一个用 CFD 方法计算的飞机压力分布

（6）进、排气内流计算。

（7）进、排气与全机气动一体化计算。

（8）飞行器外挂物投放动态仿真计算。

（9）多段翼型的三维机翼和襟翼气动计算。

计算流体力学发展绝不是流体力学发展的全部。但数值模拟方法不能代替风洞实验和飞行试验，也不能代替理论分析方法。确切地说，各种研究手段和方法必须互相配合、互相补充、互相促进，共同发展飞行器设计技术和解决各种工程实际问题。

7.3 结构有限元分析

有限元法是求解数理方程的一种数值计算方法，是解决工程实际问题的一种有力的数值计算工具。最早应用这种方法来研究复杂工程问题就是飞行器结构中的应力分析。

它是将弹性理论、计算数学和计算机软件有机地结合在一起的一种数值分析技术。由于这一方法的灵活、快速和有效性，使其迅速发展成为求解各领域的数理方程的一种通用的近似计算方法。目前，它在许多学科领域和实际工程问题中都得到广泛的应用，因此，在航空工业和其他工程领域受到普遍的重视。

7.3.1 有限元法的基本理论和方法

有限元法把求解区域看作由许多小的在节点处互相连接的子域（单元）所构成，其模型给

98

出基本方程的分片(子域)近似解。由于单元(子域)可以被分割成各种形状和大小不同的尺寸,所以它能很好地适应复杂的几何形状、复杂的材料特性和复杂的边界条件,再加上它有成熟的大型软件系统支持,使其已成为一种非常受欢迎的、应用极广的数值计算方法。

下面给出目前求解弹性力学问题的方法和基本过程。图7.3.1所示为弹性力学问题求解的原理与方法。

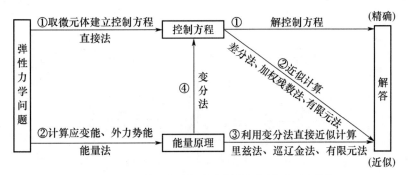

图7.3.1 弹性力学问题求解的原理与方法框图

1. 直接法(图7.3.2)

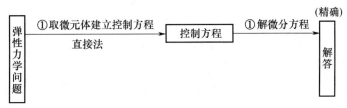

图7.3.2 直接法路线图

2. 变分法(图7.3.3)

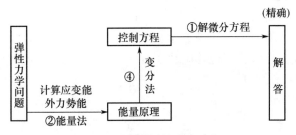

图7.3.3 变分法精确解路线图

(1)基于最小势能原理的变分法。

(2)基于虚位移原理的变分法。

能量原理是有限元法应用的理论基础,其中虚位移原理是最常用的,它不仅可以解决结构线弹性问题(应用最小势能原理也可解决),而且可以解决最小势能原理所不能解决的结构非线性问题和弹塑性问题。图7.3.4为结构能量原理汇总图。

3. 加权残数法

涉及的内容有:有限元法在数学和力学领域所依据的理论;单元的划分原则,形状函数的选取及协调性;有限元法所涉及的各种数值计算方法及其误差、收敛性和稳定性;计算机程序设计技术;弹塑性或塑性。

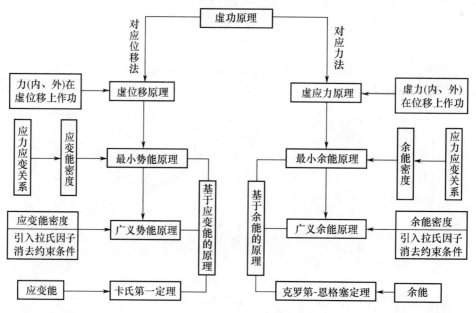

图 7.3.4　结构能量原理汇总图

4. 等参元法

等参元是目前大型有限元程序中应用最广泛的单元,它不仅能适用于各种曲线边界,而且能够构造出高精度的位移函数,所以,它被广泛地应用在一维,二维和三维的各类问题中。

直角坐标是人们所熟悉的,但是在有限元法计算中经常会遇到许多曲边或曲面物体,这时采用自然坐标系划分单元是很方便的,于是就有人提出了等参元。

当选取单元的自然坐标为自变量,并对位移函数作直角坐标与自然坐标的坐标变换,于是坐标变换(图形变换)与位移函数采用相同的节点,且取相同的插值函数(形状函数)的变换叫做等参变换;这种单元叫做等参元;采用等参元进行工程问题计算的方法叫做等参元法。图 7.3.5 所示为一个空间等参元计算模型。

若坐标变换所取节点数大于位移函数所取节点数,则称这种变换为超参变换;反之,则称为次(亚)参变换(图 7.3.6)。

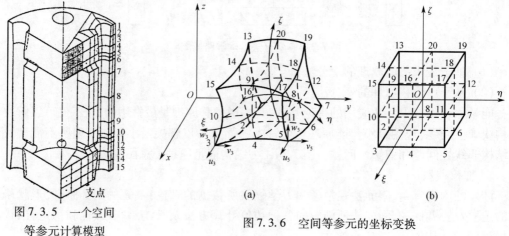

图 7.3.5　一个空间
等参元计算模型

(a) 　　　　　(b)

图 7.3.6　空间等参元的坐标变换

100

7.3.2 结构有限元法在飞行器设计中的应用

（1）结构强度分析。

（2）结构优化设计。

① 最小质量的结构优化设计。

② 多约束结构优化设计。

对于大型复杂结构常分成若干个子结构,再构成整体刚度矩阵和整体载荷列阵来求解。

（3）结构动力学分析。

① 结构振动特性分析。

② 飞机颤振计算分析。

（4）温度场计算分析。

（5）结构非线性问题分析。

① 材料非线性问题。

② 几何非线性问题。

有限元程序发展也很快,国际通用的主要程序有 SAP5 - SAP9,SuperSAP,ADINA,ADINAT,ANSYS,MSC/NASTRAN,ASKA 等,有些程序还具备了前后处理功能。这样不仅解题的速度提高,还极大地方便了使用者,对有限元法的普及与应用必然起到很大的促进作用。图 7.3.7 为有限元的子结构法,图 7.3.8 为用有限元作结构振动计算的各阶模态图。

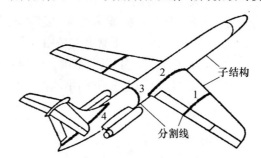

图 7.3.7 有限元的子结构法

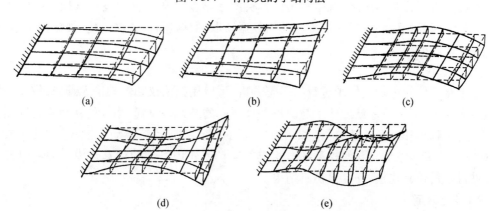

图 7.3.8 用有限元作结构振动计算的各阶模态图

（a）一阶$(f_1 = 67\mathrm{Hz})$；（b）二阶$(f_2 = 255\mathrm{Hz})$；（c）三阶$(f_3 = 427\mathrm{Hz})$；

（d）四阶$(f_4 = 857\mathrm{Hz})$；（e）五阶$(f_5 = 1218\mathrm{Hz})$。

7.4 数据可视化技术

科学可视化是20世纪80年代后期被提出并得到发展的一门新兴技术,它是将科学计算过程中及计算结果的数据和结论转换成直观的图形和图像信息,在计算机的图形显示器上显示出来,并进行交互处理。有人认为科学可视化技术是当今信息时代人类处理大量复杂数据的需要,是现代科学交流的需要,是研究人员和工程技术人员控制、干涉计算过程和设计过程的需要,作为科学研究的新工具,对科学的发展有着极大的推动作用,它将成为超越应用和技术界限的人类信息交流的新形式。

从计算机计算所得到的庞大数据集结果中很难得到直观、形象的整体概念,而进一步的数据处理十分冗繁,需要花费的时间往往是计算时间的十几倍甚至几十倍,成为提高科学计算质量和效率的主要瓶颈之一。它既阻碍了科学研究的进展,又影响了科学发现的交流。为此发展出"数据可视化技术",又称科学计算可视化。

可视化也是一种计算方法。它将计算数据转换成图形或图像,使研究者能观察他们的模拟与计算。它将"不可见的"变为"可见的",丰富了科学发现的过程,给予人们深刻与意想不到的洞察力。在很多领域使科学家的研究方式发生根本变化。复杂的数据以视觉形式表现是最容易理解的,因为图像是沟通思维的最自然的手段之一。人类大脑拥有处理视觉信息所需的高度能力。大脑具有的大约100亿条神经元中有一半专为视觉服务,与接受数字信息相比,大脑接受视觉形象的能力要大得多。利用图像进行思考,使我们更易模拟现实世界或探索抽象的概念,计算可视化就是用计算机进行直观的思考。更重要的是它极大地增加了人的能力,扩大了人的思考范围。使用可视化做为思考的工具,有助于我们去解决问题,实现新的设计和处理,去推测不同的选择、不同的结果及不同的条件。

7.4.1 可视化技术的实现步骤

可视化方法的基本思路,就是利用计算机图形学技术来观察和显示数据。科学计算可视化算法所要处理和实现的步骤通常为数据获取、数据理解、数据重建、视觉化建模、图像合成及动画处理等。

1. 数据获取

对于有实体的运动或作用过程的形态分析,可以用扫描仪图像扫描、数码摄像或高倍显微镜来获得,再用图像处理技术与图形处理技术的结合,来得到物体的几何描述数据。

而对于物体作抽象特性分析(如结构有限元分析、飞行器流体动力学计算)的对象数据,则需对研究对象建立几何模型和对相应的运动或作用条件的仿真建模。即对研究对象先进行事件仿真建模,并计算仿真结果。

2. 数据理解

所研究事件的描述数据集往往是多种类型和多层次的,如几何描述、物理性质的描述(如密度、压强、温度、电荷、速度等),还有计算结果的数据性质,如标量场和矢量场,一维场、二维场或多维场等。

3. 数据重建

三维空间场(无论是几何形状,还是相应的特性)原本是连续的数据集,但数值计算仿真所得结果或测量所得数据只能是有限个值,因而是离散的数据集。而我们将要显示的计算仿真结果应是连续的,从图像学来说,应是具有每个像素点的多维数据,并且能准确地转化为每个时刻(或每个方位)屏幕上应显示的二维图像。这就是说应对计算的离散数据场作重构和变换,以得到"连续的"数据场。

4. 视觉化造型

视觉化造型就是将几何与计算的物理(或化学)信息转化为有组织结构表示的一个视觉信号集合。如空间几何形状、颜色、亮度等。结构采用面向对象的层次描述,这种按层次组织成的构件应具有可进行动态匹配处理的模型。

5. 图像处理及动画显示

图像处理和合成是将多维形式的视觉信号集,经快速有效地处理转化为二维屏幕上图像动画的连续过程的实现。

7.4.2 可视化的方法

视觉模型是一个多维视觉信号的载体。视觉化建模就是将几何、物理(或化学)信息转化为有组织结构表示的一个视觉信号集合,给描述对象进行视觉化建模是可视化技术的关键问题。用以描述对象的模型必须有效地匹配图像数据,同时又具有动态应变能力。

常见的可视化方法有几何空间映射法、颜色映射法、光学透射法等,使用更多的是混合法。

(1)几何空间映射法。用于将不规则的网格数据集从一个空间映射到另一个空间,对于庞大的数据集或太小的网格点阵,首先需要重新采样或内插值,然后数据被转换成三维图形结构,再通过变换映射成二维图像空间。如三维矢量场的流线表示。图7.4.1为一个二维函数值数据集的表示。

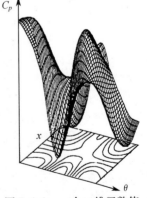

图7.4.1 一个二维函数值数据集的表示

(2)颜色映射法。规定了数据值与色彩值之间的关系。根据人的视觉系统对彩色色度的感觉和亮度的敏感性的不同,常用不同的彩色来描述其数值特性。如表达温度分布。

(3)光学透射法。往往用以描述内部信息,可用不同颜色、透明度等方法进行描述。如医学生物内部结构的表示。

(4)实物化方法。在应用中将数值代表的原型以原实物实景形式或用真彩色和光影效果显示出来,以使数值真实地可视。

(5)特征可视化。特征是隐含在数据集合中的任何有助于解释相应物理现象的信息。基于特征的表示方法是为了减少复杂度,更简洁、更清晰,是一种更具含义的代替原始数据的高级表示方法。如涡流场的特征抽取和显示。

目前可视化的算法常用体可视化法。体可视化法是指为了深入理解科学问题,将原来定义在多维网格上的标量、矢量数据集转换成高质量图象的处理方法。

7.4.3　可视化技术在飞行器设计中的应用

从对飞行器设计计算分析的过程的可视化方面来说。按照模拟执行与结果图像的结合程度将可视化分为 4 个层次：

（1）前置处理。是对研究对象原始模型和数据源的显示，可直观地检查原始模型是否正确，检查原始数据分布是否合理，输入是否有错。

（2）跟踪。跟踪是图形显示与计算过程同时进行。其特点是计算中间结果及最后结果都能及时显示，因而对计算中的错误可以及早发现，如果有必要可以停止执行。由于计算需要大量时间，图像结果可以收集在工作站的窗口中，用户可以在执行其他任务时检查其结果。另一特点是关于数据文件的存取。当采用跟踪技术时，图像直接从数据中产生，某些情况下数据无须写入存储介质中。

（3）控制。控制则能够在计算过程中对参数进行修改，对数值模拟进行直接控制和引导。现在已能实现的控制实例是飞行器驾驶模拟。已建立的数学模型可准确地计算出驾驶员操纵变化下的飞机的一系列反应。

（4）后置处理。在后置处理中，图形显示的是在数据计算后产生的结果数据，通常都存储为文件，用户可多次重复调用显示。

图 7.4.2 为飞机的流线的计算结果显示。

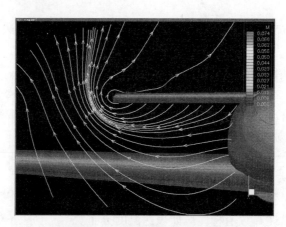

图 7.4.2　飞机的流线的计算结果显示

从对飞行器设计计算分析的用途的可视化方面来说，常见的用例有：

（1）飞行器三维外形的网格显示。通常可从各个角度观察，可局部放大，可消隐；以便检查飞行器外形的部件是否协调，曲面是否光顺，为流体力学计算或其他计算的网格划分是否合理做预备。

（2）计算流体力学特性的显示，常见有 CFD 网格生成、飞行器表面的压力分布、马赫数分布；飞行器周围的流场显示，包括脱体涡、激波的显示等。

（3）结构有限元计算的可视化，如有限元网格划分、节点显示、应力分布、位移分布，结构振动动态显示等。

（4）飞行器飞行力学仿真动态模拟，如包括在各种舵面偏转下的起飞、降落、盘旋、各种机动飞行的姿态和轨迹仿真模拟。

（5）飞行器驾驶模拟器（见第9章）。

（6）飞行器操纵系统位置动态协调性检查模拟，如起落架收放过程及与其他部件的相对位置，和运动干涉性检查；驾驶操纵杆、液压装置、作动筒与舵面的传动特性模拟。

（7）飞行器装配协调性检查模拟（图7.4.3），如飞行器部件装配模拟以检查协调性和密切性；飞行器内部各系统的安装位置模拟及协调性检查；飞行器各种电缆线路、气压、液压管路模拟及协调性检查。

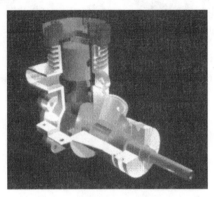

图7.4.3　零部件装配与协调检查模拟

（8）飞行器作战效能模拟，以飞行性能、飞行力学和武器性能为基础，以作战模式为指导，模拟飞行器与敌机的格斗效能；或模拟不同机种飞行器的攻击、探测、规避和联合作战的效能。

（9）超声速与高超声速飞行器气动加热的温度场分布计算仿真。

（10）飞行器的隐身性能（雷达、红外目标特性）的计算仿真等（图7.4.4）。

图7.4.5为全机结构和内部布置的可视化模型。

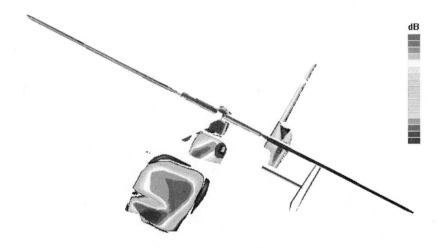

图7.4.4　计算的直升机雷达目标散射强度分布

图 7.4.5　全机结构和内部布置的可视化模型

第 8 章 飞行器多学科设计优化技术

8.1 背景概述

飞行器总体设计涉及气动、推进系统、飞行动力学、结构、质量、重心、隐身、费用分析等多个学科。为了缩短飞行器总体设计周期，并能获得更优方案，人们在 20 世纪 60 年代中期就开始将计算机技术和优化方法应用于飞行器总体设计。由此形成了飞行器总体参数优化这一研究方向。在随后的 20 多年中，这一研究方向倍受关注，发表了大量的论文，开发了许多飞行器总体参数优化程序系统。但与此同时，人们也开始逐渐认识到这些飞行器总体参数优化程序的局限性。这些程序中的几何、气动、重量、性能、推进系统等计算模型大多采用了统计数据、工程估算或经验公式，计算精度低，导致优化出来的方案可信度较低。而且，这些程序也很难应用于新概念飞行器或采用了新技术的飞行器。因为对于新型飞行器，这些工程估算或经验公式未必适用。还有，在飞行器总体参数优化程序系统中，各学科分析模块被编写在一个统一的程序中，不利于各学科人员更新各学科分析模块。因此，工业界希望有一种新的优化设计模式取代现有的飞行器总体参数优化程序系统。

另一方面，随着计算流体力学、结构有限元方法、飞行动力学仿真、计算电磁学等各学科数值模拟技术的不断发展和深入，已经可以不赖于统计数据和经验公式，对各种飞行器进行比较可靠的数值仿真。在计算机科学领域，高性能计算机、并行计算、网络技术、分布式计算、数据库技术的迅猛发展也为各学科高精度数值模拟和数据交换提供了技术基础。

在上述背景下，20 世纪 90 年代初美国 AIAA 正式率先提出了多学科设计优化（Multidisciplinary Design Optimization，MDO）这一研究领域。按照 NASA 对 MDO 的一般定义，MDO 是一种通过充分探索和利用系统中相互作用的协同机制来设计复杂系统和子系统的方法论。针对飞机这个系统而言，可以认为飞机总体 MDO 的含义是，基于 MDO 理念，将各学科的高精度分析模型和优化技术有机地集成起来，寻找最佳总体方案的一种设计方法。它与传统的飞机总体参数优化的主要区别是：

（1）分析模型中采用各学科已发展成熟的数值分析模型，计算精度较高，从而可提高总体设计优化的可信度。

（2）不依赖统计数据或经验公式，可用于新型飞机总体设计。

（3）通过研究各学科（或子系统）之间的耦合关系，获得总体最优方案。

（4）通过应用先进的分布式计算技术，集成各学科分析模型和优化技术，整个系统是一种分布式的、模块化的结构。

近十几年来，飞机总体 MDO 在航空工业发达的国家受到重视，政府部门资助了一系列飞行器 MDO 的研究计划。1994 年以来，在 NASA 资助下大学的研究人员对有关高速民机 MDO 问题进行了较广泛的研究,NASA 与工业界合作研制了高速民机多学科设计优化系统 HSCT。虽然高速民机项目已经终止,但有关研究推动了飞机总体 MDO 的发展。随后 NASA 又启动了先进工程环境项目(Advanced Engineering Environment,AEE),旨在为新一代可重复使用空间飞行器的概念设计提供一个协同设计环境。20 世纪 90 年代末,欧洲实施了为期 3 年的多学科设计优化研究计划,其主要目的是在分布式环境下集成各学科的软件,探索一种设计复杂航空产品的方法和工具。他们以翼身融合体布局的客机为研究对象,初步研制了一个面向飞机总体设计的原型系统——计算设计引擎 CDE(Computational Design Engine)。最近,在欧盟第六框架下,欧盟针对 2020 年航空工业的发展趋势,正在进行 VIVAC 项目(Value Improvement through a Virtual Aeronautical Collaborative Enterprise),旨在为飞机和发动机设计提供先进的虚拟协同设计环境。在工业界,企业为了提高自身竞争力,积极开展了飞机总体 MDO 的开发工作。例如,波音公司开发了基于高精度分析模型的飞机 MDO 系统——MDOPT,洛克希德公司研制了飞机快速概念设计(Rapid Conceptual Design,RCD)系统。在学术界,大学等研究机构对 MDO 基础研究也非常重视,研究内容涉及 MDO 策略、面向多学科的分析方法、MDO 计算环境等许多方面。对 MDO 的广泛需求也刺激了 MDO 商用软件的开发,涌现了一批面向 MDO 的商用软件。

MDO 为飞机总体设计提供了一种新方法,同时也提出了新的课题和新的挑战。研究和开发飞机总体 MDO,必须首先了解 MDO 的基本内容和方法,然后针对具体的飞机总体设计问题,解决其关键问题。本章以下首先简要介绍 MDO 基本内容,然后针对飞机总体MDO,阐述关键问题及其技术路线。另外还从飞机总体设计实际需求出发,分析了飞机总体 MDO 的研究方向。最后总结 MDO 对飞机总体设计的影响。

8.2　多学科设计优化基本内容

多学科设计优化是复杂系统设计和优化的方法论。复杂系统通常由若干个子系统组成。根据子系统之间关系,可将复杂系统划分为两类:一类是层次系统(Hierarchic System),另一类是非层次系统(Non - hierarchic System)。层次系统特点是子系统之间信息流程具有顺序性,每个子系统只与上一级和下一级层次的子系统有直接联系,子系统之间没有耦合关系,它是一种"树"结构,如图 8.2.1(a)所示。非层次系统的特点是子系统之间没有等级关系,子系统 A 的输出往往是子系统 B 的输入,而子系统 B 的输出往往又是子系统 A 的输入,即子系统之间信息流程是"耦合"在一起,从结构上看,它是一种"网"结构,如图 8.2.1(b)所示。非层次系统有时也称为耦合系统(Coupled System)。实际的复杂工程系统往往是层次系统和非层次系统的混合系统。有些子系统之间的信息流程具有顺序性,有些子系统之间的信息流程具有耦合关系。

复杂系统多学科设计优化问题,在数学形式上可简洁地表达为

Find：　　　x

Minimize：　$f = f(\boldsymbol{x}, \boldsymbol{y})$

Subject to：　$h_i(\boldsymbol{x}, \boldsymbol{y}) = 0$　$(i = 1, 2, \cdots, m)$

　　　　　　$g_j(\boldsymbol{x}, \boldsymbol{y}) \leqslant 0$　$(j = 1, 2, \cdots, n)$

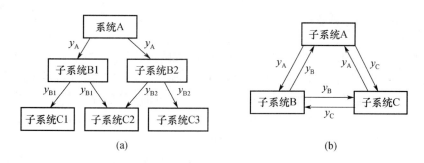

图 8.2.1　二种典型的复杂系统

（a）层次系统；（b）非层次系统。

其中：f 为目标函数；x 为设计变量；y 为状态变量；$h_i(x,y)$ 为等式约束；$g_j(x,y)$ 为不等式约束。

目标函数 f，约束 $h_i(x,y)$ 和 $g_j(x,y)$ 是设计变量 x 和状态变量 y 的函数。

以下对上述 MDO 中常用到的术语作进一步解释。

（1）设计变量 x：用来描述工程系统的特征、在设计过程中可被设计者控制的一组相互独立的变量。

（2）状态变量 y：用来描述工程系统的性能特征的一组变量。一般需通过分析模型（计算机程序）得到状态变量，分析模型可以是简单的估算方法或复杂的数值计算方法（如计算空气动力学方法、结构分析的有限元法等）。例如，将图 8.2.1(b) 中的 A 子系统看做气动子系统，将 B 子系统看做结构子系统，通过气动分析模型得到的压力分布和气动力，就是子系统 A 的状态变量，用 y_A 表示；通过结构分析模型得到的变形（位移），就是子系统 B 的状态变量，用 y_B 表示。

（3）系统分析：给定设计变量 x，求解状态变量 y、约束 $h_i(x,y)$ 和 $g_j(x,y)$ 以及目标函数 f 的计算过程。对于复杂工程系统，系统分析涉及多门学科，因此也称多学科分析。对于如图 8.2.1(b) 所示非层次系统，由于存在耦合效应，分析过程需多次迭代才能完成。

（4）子系统分析：给定设计变量和其他子系统的状态变量，求解该子系统状态变量的计算过程。在 MDO 问题中，子系统分析有时指单学科分析。

（5）一致性设计（Consistent Design）：对于一组设计变量 x，通过系统分析有解存在的设计方案。因为在多学科设计优化问题中，并不是对所有的设计变量通过系统分析都会有解。

（6）可行设计（Feasible Design）：满足所有设计要求或设计约束的一致性设计。

（7）最优设计（Optimum Design）：使目标函数最小（或最大）的可行设计。最优设计可分为局部最优和全局最优设计。

与单学科优化问题相比，由于多学科设计优化问题中系统分析的计算量要大得多，而且各学科之间的数据传递与管理也复杂得多，因此有许多新的问题有待解决。针对多学科设计优化特点，MDO 的基本内容可归纳为 4 个方面：

（1）代理模型技术。

（2）面向多学科的敏感度分析。

（3）MDO 方法（或策略）。

（4）MDO 的计算环境。

8.2.1 代理模型技术

MDO 强调各学科采用高精度数值分析模型。如果直接将这些学科分析模型应用于优化过程中,会导致计算量过大而难于实施。代理模型为解决数值分析模型的快速响应提供了一种有效的途径。所谓代理模型(Surrogate Models)是指计算量小、但其计算结果与高精度模型的计算结果相近的分析模型。在设计优化过程中,可用代理模型替代原有的高精度分析模型,以克服计算量过大的问题。

如图 8.2.2 所示,构造代理模型一般需要 3 个步骤:首先用某种方法生成设计变量的样本点;然后用高精度分析模型对这些样本点进行分析,获得一组输入/输出的数据;最后用某种拟合方法来拟合这些输入/输出的样本数据,构造出近似模型,并对该近似模型的可信度进行评估。

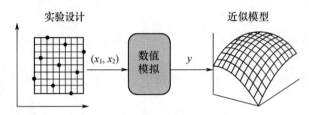

图 8.2.2　代理模型的构造过程

生成样本点有两类方法:实验设计法和计算机实验设计/分析法。实验设计法起源于实验取样技术,常用的方法包括全因子设计、中心组合设计等。近年来许多研究者认为更适用于计算机模拟的取样方法是计算机实验设计/分析法,包括拉丁超方、均匀设计等方法。构造近似模型的主要方法有多项式响应面法、人工神经网络、Kriging 模型、径向基函数等拟合方法。有关样本点生成方法和近似模型构造方法的进一步介绍,可参考有关文献。

代理模型除了能解决 MDO 中分析模型计算量过大的问题外,还具有如下突出好处:

(1) 过滤掉原分析模型有可能产生的数值计算噪声。在各学科数值分析模型中,由于网格划分、迭代收敛的准则和截断误差等原因,计算结果存在数值噪声,即设计变量与输出的计算结果之间的关系有可能以高频低幅振荡的形式呈现出来。这些数值噪声可能会导致梯度计算有较大的误差,不利于基于梯度优化算法的应用。而代理模型可过滤掉数值计算噪声,从而有利于基于梯度优化算法的应用。

(2) 有利于实现并行计算,缩短设计优化周期。代理模型是根据输入(设计变量)与输出(状态变量)数据集构造的。在生成设计变量的样本点后,可用并行计算机或多台计算机同时对多个样本点进行计算,使构造代理模型的时间大大缩短。

(3) 有利于将各学科分析软件集成在 MDO 流程中。有些数值计算软件,尤其是商用软件,如果没有二次开发接口,很难直接集成在 MDO 流程中,而通过代理模型方法则很容易将数值计算软件的功能嵌入 MDO 计算流程中。

按代理模型在设计空间中的拟合范围,可分为全局代理模型和局部代理模型。局部代理模型的拟合范围只在某一局部区域有效,而全局代理模型的拟合范围是在整个设计空间。各种代理模型在局部区域往往具有较好的拟合精度。因此,将局部代理模型、置信域概念(Trust Region)和优化过程结合起来形成的序列近似优化方法是一种有效的措施。全局代理模型的构造往往需要大量的样本点,若样本数据关系是高度非线性,精度也较难保证。

为了提高代理模型的全局精度,我们发展了一种渐近全局代理模型,其基本思路是:首先以较少的样本点建立一个初始代理模型,然后根据代理模型的误差特征,按照一定的迭代策略,逐步地在全局和局部分别加入新的样本点集,不断提高全局及误差偏大的局部区域的拟合精度,直至达到满意的精度为止,最终获得全局高精度的代理模型。为了验证这一思路的有效性,这里用一个高度非线性数学例子(六峰驼背函数)来验证这一渐近全局代理模型。用 30 样本点作为初始样本点集,用 Kriging 模型构造初始代理模型,如图8.2.3(a)所示。初始代理模型的误差较大,但经过 4 次迭代后,Kriging 模型已具有很好的精度,其三维外形图和等值图与真实函数形状几乎一致,如图 8.2.3(b)所示。

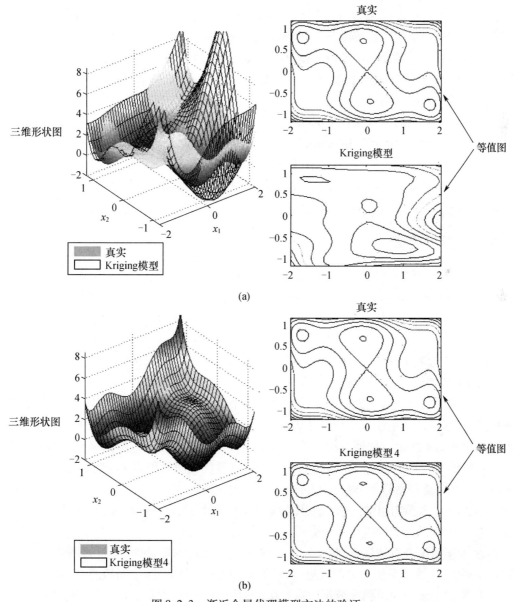

图 8.2.3　渐近全局代理模型方法的验证

(a) 基于 30 个初始样本点代理模型的精度;(b) 经过 4 次迭代后的 Kriging 模型。

有关代理模型的研究是近十几年来 MDO 领域的最重要研究成果之一,对推动优化方法在实际工程设计中的应用起到了重要作用。但对于如何以较少的样本点构造出高精度代理模型的问题,还需进一步探索更有效的方法。

8.2.2　多学科敏感度分析

在结构优化中,常常基于敏感度分析(Sensitivity Analysis)在设计变量一个小的变化范围内构造显式的近似模型,将原来的复杂问题变为较简单的序列近似子问题,通过逐次逼近获得原问题的最优解。在多学科设计优化中,也有类似的基于敏感度分析的优化方法,但由于敏感度分析涉及多个学科,敏感度分析更加复杂。为了解决多学科耦合系统敏感度分析问题,Sobieski 提出了全局敏感度方程(Global Sensitivity Equations,GSE)。通过 GSE 可得到整个系统的敏感度分析,而不是子系统(单一学科)的敏感度分析。但系统敏感度分析与每一子系统的局部敏感度分析又有联系,将两者联系起来的方程就是全局敏感度方程(GSE),它计入了子系统之间的耦合关系。

在工程计算中常用有限差分法来计算敏感度,但工程应用时很难选取最佳差分步长。为此人们发展了自动微分法(Automatic Differentiation Method,ADM)的敏感度计算方法。这种方法通过对程序源代码的分析,求解函数导数。例如 ADIFOR 是一种针对 Fortran 源代码自动微分法程序,如果已拥有各学科的 Fortran 源代码,就可应用 ADIFOR 进行敏感度分析。与有限差分法相比,自动微分法的突出优点是无截断误差,可大大提高精度和计算效率,但应用前提是必须拥有源代码。

8.2.3　MDO 方法

MDO 方法有时也称 MDO 策略,它要研究的问题是:如何将复杂的多学科设计优化问题分解为若干较为简单的各学科(或各子系统)设计优化问题? 如何协调各学科的设计进程? 如何综合各学科的设计结果? MDO 方法可分为两大类,单级优化方法和多级优化方法。

1. 单级优化方法

典型的单级优化方法包括以下 3 种。

(1)常规的单级优化方法。这种方法将各个学科的分析模型集成在一起形成系统分析模型,然后以这个系统分析模型作为优化流程中的分析模型,进行优化迭代计算,其流程图如图 8.2.4 所示。这种方法与传统的单学科优化方法没有本质的区别,只能应用于系统分析模型较简单的情况。传统的飞机总体参数优化所采用的方法就是这种方法。

(2)基于全局敏感度方程(GSE)的单级优化方法。

基于 GSE 的单级优化方法的流程图如图 8.2.5 所示。其流程可概括为以下几个环节:

① 对给定设计变量进行系统分析。

② 根据系统分析结果,求解系统全局敏感度。在这一环节中,先可暂不考虑子系统的耦合关系,计算子系统的局部敏感度,然后利用 GSE 得到系统全局敏感度。

③ 根据系统全局敏感度分析构造系统近似模型,用优化算法寻找系统近似模型的最优解。

112

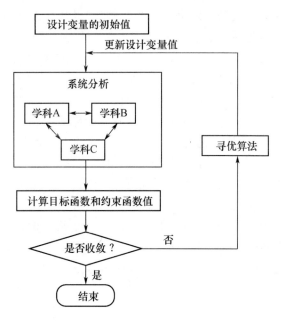

图 8.2.4　常规的系统级优化方法流程图

上述过程反复进行,直到收敛为止。这一方法的特点可概括为"先对敏感度分析进行解耦,然后优化整个近似耦合系统",即各个子系统可同时进行敏感度分析,但只在系统级进行优化。所以这种 MDO 算法仍属于单级优化算法。

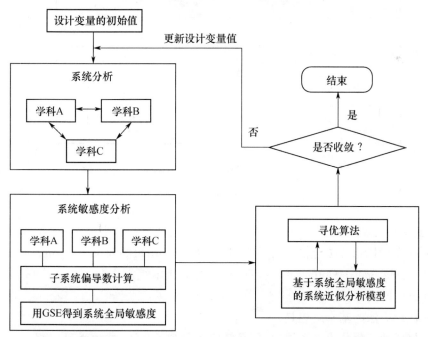

图 8.2.5　基于全局敏感度方程(GSE)的单级优化方法流程图

（3）一致性约束优化算法。一致性约束优化算法(Compatibility Constrained Optimization)的基本思想是在优化过程中通过引入辅助设计变量,避免各个子系统之间直接的耦合关系，从而使每个子系统能独立地进行分析。例如，以含有 A、B 和 C 3 个子系统（或学科）的多学科设计优化问题为例（参考图8.2.1），其流程图如图8.2.6 所示。在进行 A 子系统分析时，分别用辅助设计变量 x_{a2} 和 x_{a3} 代替 B、C 子系统对 A 子系统耦合状态变量 y_B 和 y_C，辅助设计变量 x_{a2} 和 x_{a3} 的初值可任意给定。类似地，B 和 C 子系统分析也采用这种策略处理。在优化问题定义中，通过增加辅助设计变量与耦合状态变量之间等式约束（$y_A - x_{a1} = 0$；$y_B - x_{a2} = 0$；$y_C - x_{a3} = 0$），最终在优化迭代结束时，使得辅助设计变量与耦合状态变量一致。这种方法实质上是通过采用附加等式约束的策略来实现子系统之间的数据交换，避免各个子系统之间直接的数据交换。由于这种方法的系统分析过程和优化过程同时完成，所以这种方法也被称为同时分析和设计方法（Simultaneous ANalysis and Design，SAND）。这种方法的优点是每个子系统的分析可并行地进行，而且由于各子系统具有相对的独立性，易于子系统分析软件的维护、改进和更换。但这种方法与基于 GSE 的单级优化方法一样，在每个子系统只能进行并行分析，而不能进行设计和优化。而且，这种方法只有在系统级优化完成时，才能在可行域内找到一个一致性设计优化结果，而其中间结果都不满足一致性设计要求。为满足系统级优化的等式约束，这种方法需要许多次的子系统分析。

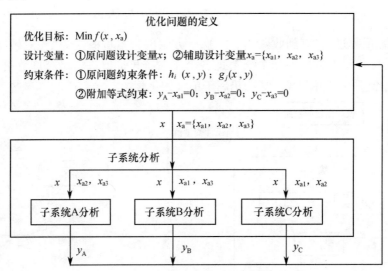

图8.2.6 一致性约束优化方法流程图

2. 多级优化方法

典型的多级优化方法包括并行子空间优化（Concurrent Subspace Optimization，CSSO）、协同优化（Collaborative Optimization，CO）和二级集成系统综合（Bi – Level Integrated System Synthesis，BLISS）。

多级优化方法的基本思想是：

（1）将优化流程分为二个层次，即系统级优化和子系统（或单学科）优化。

（2）把对各学科都有较大影响的变量作为全局设计变量（或称共享设计变量，如机翼的平面形状、相对厚度等），系统级优化的任务是寻找全局设计变量的值使系统目标最优，并满足总体性能设计要求。

114

（3）将那些对全局影响不大的变量作为某个学科的局部设计变量。例如,蒙皮厚度、梁、墙的位置和尺寸等可作为结构学科的局部设计变量;而机翼各剖面的翼型弯度形状和扭转角等作为气动学科的局部设计变量;各种设备的布置定位作为总体布置和重量重心学科的局部设计变量。子系统优化的任务是调整局部设计变量,满足本系统的约束条件,并使子系统的目标最优。

这类 MDO 方法有如下突出优点:

① 将复杂的优化问题分解为系统级优化和若干个相对简单的子系统优化问题,有利于原问题的求解。

② 各学科组有很强的自主性,各学科组可根据实际需求,自主地确定优化问题的设计变量和约束,选择适当的分析模型和优化算法,并且每个子系统能同时进行设计和优化。

③ 与工业界现有的设计组织和管理形式相一致,系统级优化相当于总师或协调组的工作,子系统优化相当于各学科组的设计工作。

以下对两种典型多级优化方法(协同优化和二级集成系统综合方法)的流程作简单介绍。

1）协同优化方法

协同优化方法是斯坦福大学飞机设计研究小组在一致性约束优化算法基础上提出的一种多级 MDO 算法。在一致性约束优化方法中,每个子系统只进行分析;而在协同优化方法中,每个子系统不仅进行分析,而且进行优化计算。其主要思想是把复杂系统多学科设计问题分解为各学科(或子系统)设计优化问题,然后用某种策略来协调各学科的设计结果。协同优化的基本框架如图 8.2.7 所示。该框架包含系统级优化和各子系统优化两个主要环节。在子系统优化问题中,设计变量只涉及与本学科有关的设计变量和学科之间的耦合状态变量,只需满足本子系统的约束,但它的优化目标是使该子系统优化方案与系统级提供的目标方案之间的差异最小。系统级优化的任务是使系统目标最优,设计变

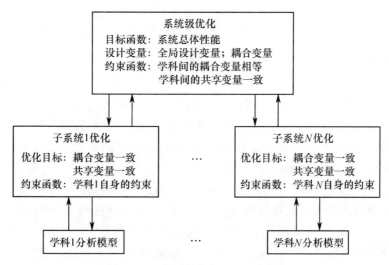

图 8.2.7　协同优化方法的基本框架

量包括全局变量(或称共享变量)和耦合变量,通过调整共享变量和耦合变量的值,协调各个子系统设计活动,使各系统优化结果的不一致性逐步减小。通过系统级优化和子系统优化之间的多次迭代,最终找到一个达成一致的最优设计(即学科间耦合变量和共享变量相等)。

2) 二级集成系统综合法

二级集成系统综合法(BLISS)方法是 Sobieszczanski – Sobieski 等最早于 1998 年提出的。BLISS 方法把整个优化问题分为系统级优化和若干自主的、可以并行的子系统优化。其计算过程包括系统分析、敏感度分析、子系统优化和系统级优化几个环节,流程图如图 8.2.8 所示。

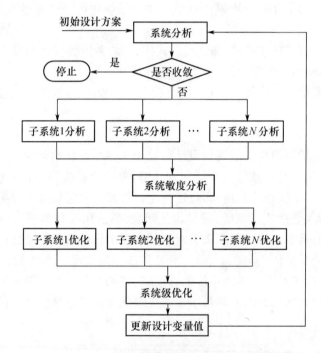

图 8.2.8　BLISS 方法流程图

BLISS 方法的每一次循环通过两个优化环节来改进设计:在第一个优化环节中,固定共享设计变量,对各个子系统的局部设计变量进行优化;在第二个优化环节中,对系统级的共享设计变量进行优化。每一次循环后,系统分析、敏感度分析、子系统优化和系统级优化等环节的所有输入和输出都需要更新,然后重复这一过程,直到收敛为止。子系统优化和系统级优化通过系统灵敏感度联系起来。每一次循环的开始阶段都要对给定设计变量的值进行一次系统分析来保证多学科一致性设计。

需要指出的是,为了减少上述各种 MDO 方法的计算量和增加 MDO 方法的可靠性,在 MDO 流程中通常溶入了代理模型的方法,发展了多种改进的 MDO 方法。例如,针对多级优化方法,一种改进策略是在系统级优化与子系统优化之间插入代理模型(图 8.2.9)。这样处理后,可有效地减少计算量,并能增加 MDO 方法的可靠性。有关各种改进的 MDO 方法可参阅专门的文献。

116

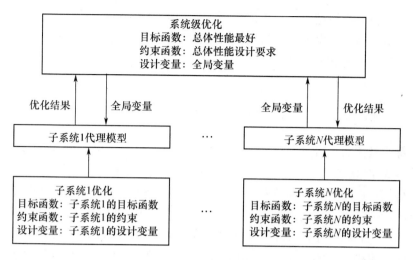

图 8.2.9 用代理模型改进多级优化方法

8.2.4 MDO 环境

MDO 环境也称计算框架,是指能支撑和实现 MDO 计算流程的计算环境。在这个计算环境中能够集成和运行各学科的计算,并实现各学科之间的通信。

MDO 计算环境可分为 3 个层次:第一层次是通用 MDO 计算环境,不针对具体的 MDO 方法,也不针对特定的产品;第二层次是针对某一特定 MDO 方法的计算环境,例如专门针对 CSSO、CO 或 BLISS 方法、但不针对特定的产品的计算环境;第三层次是基于某种 MDO 方法,并针对某类特定产品优化问题的计算环境。

MDO 计算环境包括硬件和软件两个方面。在硬件方面,MDO 环境通常是一种分布式计算环境,对于计算量大的分析模型,需应用高性能计算平台,如集群计算平台、网格计算技术等。软件环境应具有以下基本功能:

(1)在分布式计算环境下能集成各学科已有的计算程序和常用的商用软件。

(2)提供优化算法库。

(3)能生成各种代理模型。

(4)支持高性能计算平台。

(5)设计过程和结果可视化。

(6)良好的人机界面。目前能满足上述功能的典型商用软件有 iSIGHT/Fiper、Model-Center、OPTIMUS 等。另外还有免费的开放软件 DAKOTA。

8.3 飞行器总体 MDO 关键技术

以上所述的是适于一般复杂系统 MDO 的共性内容和方法。实现飞行器总体 MDO,还需针对飞行器总体设计的特点,解决一些专门的关键问题,包括:

(1)飞行器总体 MDO 流程。

(2)飞行器参数化几何模型。

（3）各学科分析模型的自动生成。

（4）学科之间的数据关系分析与耦合关系表示。

（5）数据交换与数据管理。

（6）计算环境的建立。

8.3.1　飞行器总体多学科设计优化流程

对于每个具体的飞行器总体设计问题,需制订一个切实可行的 MDO 流程。在制订飞行器总体 MDO 流程时,主要考虑如下问题:如何定义系统级优化问题？要包含哪些学科？各学科拟采用何种分析模型和优化方法？哪些设计变量为全局设计变量？哪些设计变量为局部设计变量？采用何种 MDO 方法？如何应用代理模型或敏感度分析方法？

在将 MDO 方法应用于飞行器总体设计时,不仅要了解 MDO 领域的研究进展,还应深刻理解所需解决问题的本质,才能制定出切实可行的流程。例如,在研究某型飞行器总体设计优化问题时,借鉴代理模型方法和多级优化的策略,提出了一种基于代理模型的多级设计优化流程,其简化的流程简图如图 8.3.1 所示。这个流程并没有照搬上节所述的多级优化方法,因为整个流程并不严格属于 CO 或 BLISS 方法,而是综合应用了多级优化策略和代理模型方法,结合该飞行器总体设计特点,制订了一个切实可行的流程。主要追求实用性和合理性,而不是数学意义上严格性。

8.3.2　参数化飞行器几何模型

参数化飞行器几何模型包括参数化外形模型和参数化内部布置几何模型,它是飞行器总体 MDO 的基础,其作用是为各学科分析和优化提供一个统一的几何模型。

飞行器外形复杂,如何用一组较少参数来精确地描述飞行器外形是一个关键的问题。飞行器外形通常可划分为翼面类形状、机身类形状、连接不同部件的过渡面形状。翼面类形状可通过平面形状参数和剖面形状参数来表述,已有比较成熟的方法。但机身类和过渡面形状参数化方法还不够成熟。内部布置几何模型包括结构布置、推进系统布置、有效载荷布置、各种设备和系统布置。如何用参数化的方法建立内部布置几何模型,目前研究得还较少。在实际进行飞行器总体内部布置时,设计师通常根据经验来进行内部布置,因此应用基于知识工程的方法来研究参数化内部布置几何模型应该是一条可行的途径。

基于飞行器几何参数化描述,实现三维 CAD 模型的自动生成有 3 种途径:一是用计算机高级语言和图形库专门开发一个能自动生成三维 CAD 模型的程序。这种方法具有较大的灵活性,但工作量较大。二是基于某些集成框架平台的参数化几何建模功能,实现三维 CAD 自动生成。例如应用 AML(Adaptive Modeling Language)框架可实现飞行器外形模型的快速建立。三是基于现有 CAD 软件,应用二次开发技术,开发一个能自动生成三维 CAD 模型的程序。虽然第三种方法在灵活性方面受到一些限制,但具有许多优点:

（1） CAD 软件(如 CATIA)具有很强的曲面生成功能,可以避免重复的曲面生成编程工作。

（2）生成的三维 CAD 模型能为各种设计部门直接使用,不必进行图形格式的转换。

（3） CAD 软件一般还具有计算面积、体积等几何特性,这些信息在飞行器总体设计

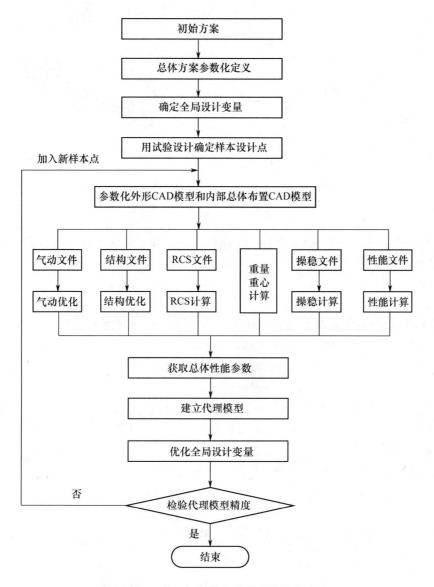

图 8.3.1　某飞机总体多学科设计优化流程

中非常重要。

（4）CAD 软件一般还具有生成几何体表面网格的功能,通过获取几何体表面网格的节点信息,可生成各学科的分析模型。

图 8.3.2 是基于 CATIA 二次开发所建立的两种飞行器外形参数化 CAD 模型。基于这个参数化 CAD 模型,只需修改主要的几何外形参数,就能自动生成不同外形方案 CAD 模型。

8.3.3　各学科分析模型的自动生成

各学科分析模型的自动生成是指基于飞行器几何模型自动生成气动分析模型、结构分析模型、重量重心计算模型、操稳分析模型、电磁散射特性模型、成本分析模型等。其实

119

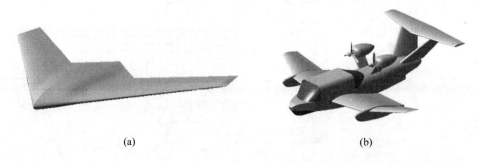

(a)　　　　　　　　　　　　　　　(b)

图 8.3.2　基于 CATIA 二次开发的二种飞行器外形参数化 CAD 模型

（a）飞翼布局飞行器；（b）地效飞行器。

质就是要为各学科的计算程序（软件）自动地准备好输入数据文件。通常将具有自动生成各学科分析模型的程序模块成为模型生成器，它是实现飞行器 MDO 流程自动化的一个关键环节。

气动分析程序需要飞行器外形的信息、空间网格和边界条件设置。根据飞行器外形CAD 模型，气动模型生成器不仅应能自动生成气动分析程序所需的表面网格数据文件，而且还应能自动生成空间网格数据文件。表面网格数据可直接从 CAD 模型中获取。空间网格生成的方式主要有结构化网格、非结构化网格、自适应笛卡尔网格等。自动生成高质量的空间网格是一个实现气动模型生成器的一个难点。

结构模型生成器的功能是能自动生成结构有限元分析模型。一种可行的途径是综合应用 CAD 二次开发技术和结构有限元分析软件二次开发接口，实现结构有限元分析软件所需数据文件的自动生成。

为了进一步理解模型生成器，这里举两个我们完成的例子。第一个例子是基于CATIA 二次开发方法，通过提取外形信息，自动生成气动分析和电磁散射分析模型所需的几何外形数据文件，如图 8.3.3 所示；第二个例子是综合应用 CATIA 二次开发技术和PATRAN 的命令语言 PCL，实现了 NASTRAN 软件所需数据文件的自动生成，如图 8.3.4所示。

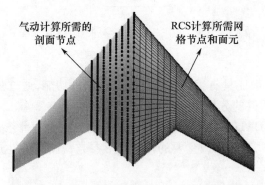

气动计算所需的
剖面节点

RCS计算所需网
格节点和面元

图 8.3.3　气动和电磁散射分析模型生成器示例

类似地，基于飞行器 CAD 模型也可自动生成重量重心分析模型、雷达散射界面（RCS）分析模型、操稳分析模型、成本分析模型等。

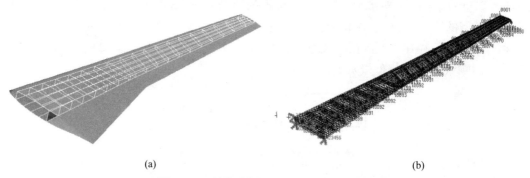

(a)   (b)

图 8.3.4　结构有限元分析模型生成器示例

(a) 在 CATIA 中提取结构布置信息；(b) 在 Patran 中自动生成的结构有限元模型。

另外,设计人员在不同设计阶段通常采用不同精度的分析模型,例如在概念设计阶段希望能比较快地获得结果,气动分析模型可能采用涡格法、面元法或基于全速势的数值方法;而在初步设计可能采用基于欧拉方程或 N–S 方程的数值方法。类似地,结构模型生成器应能生成等效平板模型、简化的有限元模型和较详细的有限元模型的功能。因此,为了使建立的飞行器总体 MDO 系统具有灵活性,模型生成器应具有可配置性,即模型生成器应具有生成不同精度的分析模型的功能。

模型生成器的一个关键是要保证所生成的分析模型有足够的可信度。应用基于知识工程的方法,提炼各学科分析建模的经验,是提高模型生成器可信度的一条有效途径。

8.3.4　学科之间的数据关系分析和耦合关系表达

飞行器总体参数优化涉及多个学科,包括几何外形,气动分析与优化,结构设计与优化,总体布置与质量、重心计算,操稳分析与控制律设计,性能计算,隐身性能分析,推力特性计算等,各学科之间的数据传递关系复杂,通常用设计结构矩阵(Design Structure Matrix,DSM)的方法来描述。例如,我们针对某型飞行器总体 MDO 问题,用设计结构矩阵方法给出了各学科之间的数据传递关系(图 8.3.5),其中右上方为前向传递数据,左下方为反馈数据。

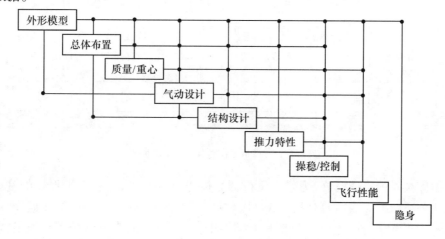

图 8.3.5　某飞机总体设计中各学科之间的关系

MDO 中耦合关系是指在两个或两个以上的学科之间,学科 A 分析模型的输出是学科 B 分析模型的输入,同时学科 B 分析模型的输出也是学科 A 的分析模型的输入。例如,气动与结构之间存在典型的耦合关系,气动力分布和大小影响结构变形的程度,同时结构变形又影响气动力的分布和大小,如图 8.3.6 所示。

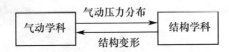

图 8.3.6 气动学科与结构学科之间的耦合关系

如何用参数表示各学科之间耦合关系是一个重要问题。例如,由气动分析模型获得的计算结果为计算网格上的气动力,而结构分析模型的计算结果是有限元节点上的变形。如果在多学科优化中,直接传递计算网格上的气动力和有限元节点上的变形,很难进行解耦处理。一种有效的方法是用某种函数分别描述气动载荷分布和结构变形,而这些函数将由几个特征参数或基函数来确定。这样处理后,气动力与结构变形之间的耦合关系可通过这些特征参数(耦合变量)体现出来,从而简化了 MDO 求解。在飞行器总体 MDO 中,应首先弄清各学科的耦合关系,然后用适当的方法表示这种耦合关系。

8.3.5 数据交换与数据管理

飞行器总体 MDO 中气动、结构、质量、重心、推进系统、操稳、性能等学科之间需要数据交换,因此学科之间的数据交换与数据管理也是飞行器总体 MDO 中重要环节。在早期的飞行器总体 MDO 研究中,各学科都有各自独立的输入数据文件和输出数据文件,学科之间的数据交换是通过提取相关数据文件中的数据来实现。但随着 MDO 问题规模的增大,这种数据交换方式难于管理。为此,人们开始采用一个中心数据库来管理学科之间的数据交换。中心数据库储存各学科所需的数据和计算结果,每个学科从中心数据库中获取所需的输入数据,同时将分析或优化结果存入中心数据库,如图 8.3.7 所示。

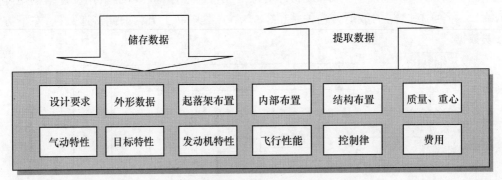

图 8.3.7 面向飞机总体 MDO 数据库

数据库技术的迅速发展,为建立飞行器总体 MDO 中心数据提供了很好的基础。我们可应用关系数据库或面向对象的数据库软件,开发面向飞行器 MDO 的数据库,用这个数据库来管理各学科所生成的数据和所需要的数据。例如,在波音公司开发的 MDOPT 系统中,采用了关系数据库工具来管理优化过程中的数据存取。也有一些研究人员采用扩展标记语言(XML)实现了 MDO 计算过程中学科之间的数据交换。

8.3.6 飞行器总体 MDO 环境的建立

飞行器总体 MDO 环境是指按照多学科设计优化流程,将分布在各个计算机上各学科的分析模型或优化模型集成起来的飞行器总体设计计算环境。如何集成各学科的分析模型或优化模型是关键。实施集成有两种技术路线,一种是通过采用分布式计算技术;另一种是应用商用集成软件。

在 MDO 领域中,分布式计算主要采用 CORBA 和 Java 技术。CORBA 是一个面向对象的分布式计算平台,它允许不同的程序之间可以透明的进行互操作,建立异构分布应用系统。NASA 的高速民机总体 MDO 系统采用了 CORBA 技术集成各学科的分析模型,波音公司开发的 MDOPT 系统和欧洲开发的 CDE 系统也采用了 CORBA 技术。Java 是一个应用程序开发平台,它提供面向对象的编程语言和运行环境,其本质就是利用分布在网络中的各类对象共同完成相应的任务。Java 中远程方法调用 RMI(Remote Method Invocation)使分布在网络不同地址上的两个构件之间实现互操作。斯坦福大学飞行器设计研究小组基于协同优化方法,应用 Java 技术,构建了一个初步的飞行器总体 MDO 环境。

近来,由于商用集成软件(如 iSIGHT/Fiper、ModelCenter 等)日益成熟,在构建飞行器 MDO 环境时越来越多地采用了商用集成软件。例如,基于多级优化方法,应用 iSIGHT 软件,集成了气动分析/优化模型、结构有限元分析/优化模型、推进系统分析/优化模型,初步开发了一个小型太阳能飞行器气动/结构/推进系统多学科设计优化环境,如图 8.3.8 所示。

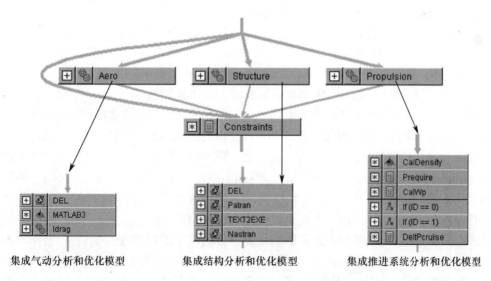

图 8.3.8 小型太阳能飞机气动/结构/推进系统 MDO 环境

无论是直接应用分布式计算技术,还是采用商用集成软件,均能实现飞行器 MDO 环境。前者具有较好灵活性,但需掌握 CORBA 或 Java 技术,开发工作量较大;后者使集成工作变得容易,也无需分布式计算技术的专门知识,但需购置专用商用软件。

8.4 发 展 方 向

8.4.1 面向 IPT 的 MDO

一体化产品开发团队 IPT(Integrated Product Teams)已成为工业界开发新产品的一种有效组织形式。IPT 按照平行工程模式开发新产品。所谓平行工程是对产品及其相关过程(包括制造过程和支持过程)进行并行、一体化的一种系统化的工作模式。这种工作模式试图使开发者从一开始就考虑产品全生命周期(从概念形成到产品报废)中的所有因素,包括质量、成本、进度和用户需求。在航空航天工业界,新型号的总体设计一般由总体部门的 IPT 完成。由于 MDO 提供了一种有效的一体化设计模式,在航空航天工业界最适宜应用 MDO 的机构就是飞行器总体设计部门的 IPT。

按照并行工程理念,飞行器总体设计 IPT 涉及的领域不仅包括气动、推进系统、飞行动力学、结构、质量、重心、隐身等传统学科,而且还要考虑可制造性、维修性、可靠性、费用等因素。因此,未来的飞行器总体 MDO 不仅要包含传统学科,而且还要包括可制造性、维修性、可靠性、成本等这些"非传统"学科。虽然目前在工程优化设计中已经开始考虑可制造性、成本等因素,但为了在飞行器总体 MDO 中能有效地融入这些"非传统"学科的分析模型,还需进一步研究面向飞行器总体 MDO 的可制造性、维修性、可靠性、成本等分析模型。

8.4.2 基于不确定性的飞行器总体 MDO

在飞行器总体设计中存在许多不确定因素:
(1) 不同的有效载荷、飞行中燃油的消耗等因素会使得飞行状态具有不确定性。
(2) 飞行器制造和装配过程中引起的误差也会导致外形参数具有不确定性。
(3) 材料(特别是新材料,如复合材料)物理特性具有不确定性。
(4) 各学科分析模型的误差,也使计算结果存在不确定性。

如果不考虑这些不确定因素,按优化方法所制造出来的飞行器在实际使用中可能不具有稳定的性能,也可能会不能满足设计要求(不满足约束条件),从而使设计方案存在风险。

在优化设计中,如果能考虑不确定性因素,将会使设计方案具有更好的稳健性。所谓稳健性(Robustness,也有人称之为鲁棒性)是指系统的性能相对于不确定性因素(使用环境和系统本身的参数)不敏感性,也就是当使用环境或系统本身的参数在一定的范围内变化时,系统的性能变化很小。在优化设计中,稳健性包含两层含义:一是优化出来的最优目标值具有稳健性;二是约束条件的满足具有稳健性。即当参数有变动时,目标值不会有大的变化,同时设计点仍然在可行域内(满足设计要求)。图 8.4.1 形象地表示了稳健优化与确定性优化的区别。因此,为了使优化出来的方案的性能稳定,减少设计方案的风险,在飞行器总体 MDO 中应该考虑不确定性因素,即要研究基于不确定性的飞行器总体 MDO。

基于不确定性 MDO 有两个难点:一是不确定分析计算量太大;二是学科之间的耦合变量也具有不确定性。这两个难点使得基于不确定性的飞行器总体 MDO 还是一个挑战性的课题。目前在气动稳健优化方面已有了一些进展。通过综合应用 MDO 方法、不确定分析方法、稳健优化、可靠性优化等领域的研究成果,最终有望解决计入了不确定因素的飞行器总体 MDO 难题。

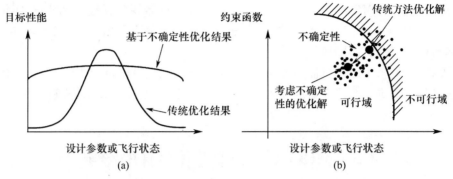

图 8.4.1　基于不确定性优化与确定性优化的区别

8.4.3　面向飞机族的 MDO

飞机族(Aircraft Family)也称飞机系列,可定义为一组共享通用部件或子系统的,但性能或使用要求不同的飞机型号的集合。例如波音公司在研制波音 777 飞机时至少同时考虑了 5 种机型。美国联合攻击战斗机 JSF 的设计思想是采用一个通用的飞机平台,在此基础上衍生出三种不同的型号,以满足不同军种的需求。这种以通用性为指导思想开发飞机的方式体现了飞机设计思想的转变,即通过采用通用性策略,有效地降低飞机族的设计、制造及维护使用的费用,使整个飞机族的全寿命周期费用最小。这实质上是从更高的系统层次考虑飞机设计模式。

基于模块化产品平台的策略是开发飞机族的一种有效方法。所谓模块化产品平台策略就是应用模块化和通用性概念对产品进行规划和组织。首先根据技术要求和使用要求确定产品应由哪些模块组成;然后确定哪些模块可作为通用模块,哪些模块作为专用模块,其中,通用模块的集合构成产品平台;最后在产品平台基础上,通过更换或增加专用模块,可以派生出一系列产品,形成产品族。例如,在如图 8.4.2 所示的 50 座和 70 座支线客机族设计中,其模块化和通用性的策略是:

(1) 将机翼内段和外段分别作为一个模块,外段为通用模块,内段为专用模块。

(2) 50 座飞机机身分为前机身、中机身、后机身模块,这些机身模块均可作为通用模块,在这些通用的机身模块基础上,加入专用模块就构成 70 座飞机的机身。

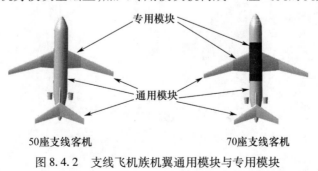

图 8.4.2　支线飞机族机翼通用模块与专用模块

（3）平尾和垂尾部件为两种飞机的通用模块。

MDO 作为一种新的飞行器总体设计方法，不仅要应用于单个飞行器型号的总体设计，以后还要应用于飞行器族的总体设计，由此可形成一个新的研究方向——飞行器族总体 MDO。我们应用 MDO 方法初步研究了上述支线飞行器族机翼气动/结构一体化设计问题。研究结果表明，应用 MDO 方法可获得同时使 50 座和 70 座两种飞机机翼气动性能和结构特性均较优的设计方案。

需要指出的是，由于飞行器族设计要求同时考虑多个型号，将 MDO 应用于飞行器族总体设计时，还需进一步研究新的 MDO 策略，MDO 流程会更加复杂，计算量会更大，将面临许多新问题。

8.5　MDO 对飞行器总体设计的影响

MDO 作为一种新方法，正逐步从基础研究和应用研究走向工程实践，将对飞行器总体设计产生深远的影响。其影响可归纳为以下两个主要方面。

（1）MDO 将使飞行器总体设计更加科学化。设计人员将按照 MDO 流程，专注于如下问题：确定系统目标和全局设计变量；确定各学科（子系统）目标函数、设计变量和约束条件；制订协调各学科设计的策略。这种工作方式使总体设计工作更加规范化、理性化和科学化，减少了随机的人为因素的干预。

（2）MDO 将使飞行器总体设计过程更加自动化。设计过程的自动化主要体现在各学科分析模型生成的自动化，数据传递和管理的自动化，设计方案修改的自动化。在飞行器总体 MDO 中，通过采用基于知识工程的方法，将企业的设计规范、标准、经验以知识的形式融入各学科的分析和优化模型的建立过程中，自动生成各学科分析模型；通过采用分布式计算技术，将各学科的分析模型和优化模型集成起来；按照 MDO 流程，各学科之间自动传递数据，设计修改自动进行，最终获得优化方案。这种工作方式使设计人员从繁琐的分析模型的准备、频繁的学科之间数据传递、不断的方案修改等工作中解放出来，有更多的时间专注于各种方案的构思、评估和比较。

这种更加规范化和自动化的设计方式将提高飞行器总体设计质量，减少设计返工，缩短设计周期，从而提高航空工业的竞争力。

第9章　航空电子综合系统与信息技术

现代民用和军用飞行器对航空电子系统功能的要求越来越多,未来的航空电子必须具有更多的功能、更好的适应性、更高的可靠性和更强的生存能力。航空电子要达到这种要求,唯一的途径就是系统综合化技术的应用。

随着微电子、计算机和信息技术的发展及需求牵引,航空电子技术的迅猛发展给整个航空技术带来的巨大推动,对飞行器本身的革新也产生了重大而深远的影响,不仅解决了长期困扰航空界的一系列重大问题,而且引发了航空领域许多重大技术概念的更新。

近20年来,航空电子得到了飞速发展。从功能方面来看,如机载雷达,其探测距离由几千米延伸到近200km(预警机可达400km);从单目标探测发展到多目标探测;由几种功能发展到雷达、通信、光学、红外、电子侦察、卫星通信、控制、隐身、电子战等多功能。从投资来看,航空电子系统在军用飞行器整个成本中的比例目前已达20%~30%,今后还会上升到40%~50%,甚至更高。航空电子系统结构从单一、离散向集中、联合和综合方向发展。

9.1　航空电子系统综合技术

9.1.1　综合式航空电子系统

近半个世纪以来,航空电子技术发展,基本上经历了分散、联合、综合到高度综合等阶段;其中航空电子系统结构相应经历了分立式、联合式、综合式和高度综合式4个阶段的发展过程。

现代综合式航空电子系统是以共用模块为基础,采用开放式结构,打破传统分系统界限,使同一类功能融汇为几个功能区,并通过各种信息传输手段将各功能区交联在一起,构成一个综合的先进航空电子系统结构。航空电子综合系统的主要功能包括:通信、导航与识别、火控、电子战、驾驶舱仪表显示等。图9.1.1给出了美国空军发展的一种数字式航空电子联合系统。

现代综合多功能航空电子设备的显著特点是:

(1)功能强大的多处理器主模块计算机,可以把航空电子设备的各系统、任务与功能综合在一起,包括驾驶员在所有飞行任务阶段中的数据支援、二维和三维地图合成、低高度飞行以及基于数字地图能力的障碍和威胁回避及监视措施。

(2)具有一定互换性的多路数据交换通道,可及时补充所需的航空电子设备,也包括非标准的系统。

(3)包括惯性导航的高度综合的传感器系统,通过多传感器数据融合得到更高质量的目标数据,既提高了驾驶员的判断和决策能力,也大大延伸了驾驶员的视野和对环境的感知能力。

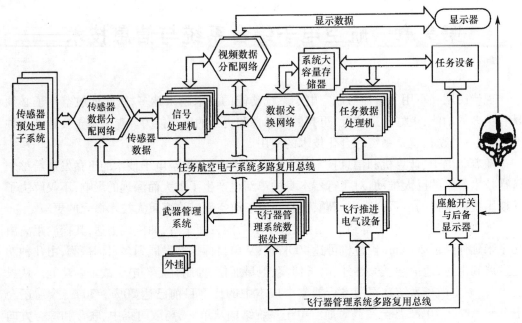

图 9.1.1　数字式综合航空电子系统

（4）自动飞行控制系统和电传操纵系统。

（5）先进的光电观察/瞄准系统,如头盔瞄准具、夜视镜、多通道光电瞄准具和全天候工作的空空与空地模式雷达。

（6）能提供飞机机内通信与机外通信的抗干扰通信系统。

（7）机载的地面任务计划系统,其功能包括准备飞行数据、目标与威胁信息、数字地图数据,以及由便携式记录器记录的数据和供事后审查的数据。

（8）综合高效的电子战系统,具有全向雷达告警能力,识别能力,威胁感知和攻击目标定位支持能力等。

（9）高度可靠的飞机管理系统,如燃油管理系统、电源控制和液压控制系统等。

9.1.2　先进飞行管理系统

现代飞行管理系统是综合式航空电子系统的一部分,通常专指保障飞行器飞行和飞行安全的管理系统。飞行管理系统是协助驾驶员完成从起飞到着陆各项任务的电子系统设备。它将导航、推力控制等分系统与飞行控制综合,控制飞行器自动地实现最佳飞行性能和轨迹,以最小运行成本完成飞行任务。它集导航、制导、控制及座舱显示于一体,将飞机的自动化水平推到一个崭新的阶段。

早期的飞行管理系统只是利用机载数字计算机、控显装置,给驾驶员和自动驾驶仪提供用于水平和垂直导航的制导信息,使飞行航线更直接。把按照手册的最优推力调节、巡航高度和空速的查表形式提供开环制导变为利用计算机控制飞机按预定的垂直剖面飞行,但驾驶员仍保留导航责任和爬升/下降起始段的操作。

128

目前的飞行管理系统已由三维制导的基础上,引入由时间控制的四维导引管理,可很好地减少空中耽搁时间,节省燃油消耗,可使飞机按规定时间精确地到达目的地。

1. 飞行管理系统的功能

(1)导航管理。通常把惯性导航、无线电导航、卫星导航、着陆导引系统等数据综合在一起,提供综合导航功能。根据导航设备测得的原始数据,计算飞机当前的位置、飞行速度、高度以及风速等,包括位置、速度、高度的数据滤波。

(2)性能管理。性能管理主要是计算与管理飞行垂直剖面的参数。它可根据飞行计划,以及飞机自身的性能限制范围,对飞机的垂直轴(高度)和速度/推力轴的全部飞行剖面图(包括爬升、巡航和下降)予以管理。根据空中交通管制和飞行计划的限定,计算按成本指标最小的各飞行阶段的最佳高度、最佳飞行速度或推力大小,提供相应的空速/推力指令和推力限制,为生成垂直飞行轨迹提供依据,并可作相应的预测,为性能咨询提供数据。

(3)制导管理。主要包括飞行计划、横向制导指令和纵向制导指令的数据与计算。即根据飞行器的实际位置与计划位置比较,产生对飞行器的操纵指令(包括舵机和发动机油门),实现对飞行的纵、横剖面的自动控制,并达到最低成本指数。

(4)飞行管理数据库。飞行管理数据库包括导航数据库和性能数据库。

导航数据库包含导航设备数据、机场数据、航路数据等,用于导航计算。

性能数据库包含该飞行器的空气动力特性模型和发动机数据模型,用于飞行垂直剖面的性能计算。

此外,还有咨询/报警显示,驾驶员可通过控制与显示装置,获得许多有用的性能咨询。此外,当系统、发动机等出现故障或异常,或遇到恶劣气候,或收到 ATC 发出警告和地面接近等信息时,飞行管理系统具有向驾驶员自动报警的能力,确保飞行的安全。

2. 飞行管理系统的组成

飞行管理系统是一个大系统,相关功能通常都由四个子系统构成(图 9.1.2)。

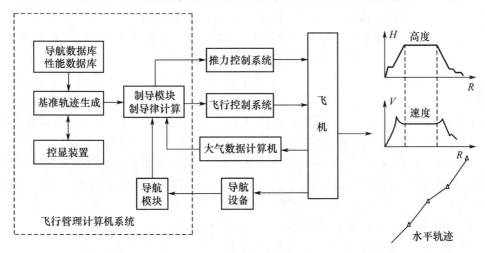

图 9.1.2　飞行管理系统的原理

(1)飞行管理计算机系统。包括飞行管理计算机和控显装置等部分。

（2）控制系统。包括飞行控制计算机系统、推力控制计算机系统,有的还包括飞行增稳计算机系统。

（3）显示系统。包括电子飞行仪表系统、发动机仪表与中央告警系统、航姿系统和磁航向系统等。

（4）传感器系统。包括惯性基准系统、大气数据系统、测距装置、高度表、甚高频全向信标、OMEGA 导航和仪表着陆系统等。

目前,飞行管理系统正在向智能化飞行任务管理方面发展,如增设话音指令系统、图像识别系统、多传感器数据智能融合系统和驾驶员辅助系统(如态势估计、任务规划、战术规划、认为管理等)等智能化系统。

9.1.3 航空电子系统网络化技术

几十年来,航空电子系统结构经历了离散式、联合式和综合式的演变过程。作为当前航空电子系统主要形式的综合式系统结构,仍处于发展和演变之中。从数据传输和任务处理的综合,正在向信息乃至信号之间更深层次的综合方向发展,即经历着从数据信息处理的综合、数据融合,到传感器综合的过程。

随着电子技术的发展和任务系统应用环境的日趋复杂,对航空电子系统综合程度的要求也越来越高。航空电子综合(集成)系统必须相应地再上一个新的台阶,才能满足新一代飞行器的要求。

航空电子系统深层综合化的趋势,使得光纤统一网络成为未来航空电子系统的必然选择。而可变规模互连接口(SCI)作为光纤统一网络的协议实现版本及关键技术,拥有较高的可靠性、实时性和容错能力,能满足（军用）航空电子系统发展的需求,将成为未来一代航空电子系统的首选协议标准。未来航空电子系统的要求是由多种数据总线构成的网络。但各类数据总线之间的交连需要各种各样的网关,这不仅增加了系统的复杂性而且大大降低了系统的可靠性和实时性。因此,从新的互连接口的速度和灵活性等特点考虑,力求采用一种统一网络来代替当前航空电子中的多种互连接口。

为了满足未来航空电子系统的上述要求,必须使用一个低成本的、灵活性的、模块化的和开放性的标准体系。该体系不仅可以满足未来航空电子系统高级处理能力的要求,还可满足其他方面的要求,例如,多传感器集成、数据融合、图像处理和自动目标识别(ATR)等方面。该体系有一个显著的优点:它可依据任务的实时程度,把处理器资源动态地分配给各种任务,而不是把资源静态地分配给特定任务。这将显著地减少闲置资源,提高容错能力,降低备用需求。图9.1.3为未来一代航电系统功能框图。

但是,要在先进航空电子系统中实施这种体系,就必须在所有的处理器资源之间使用高带宽、低延迟的互连接口;而且,还要求所有的资源拥有相同的连接特性。基于上述要求,光纤统一网络将是实现这种体系结构的最优选择。

（1）未来航空电子系统对这种统一网络有如下要求:

① 高实时性。特别是对于军用系统,要求有更为严格的实时性。

② 高可靠性。包括软、硬件可靠性,错误可恢复能力以及分布结构。

③ 高带宽。高信息吞吐以完成大量数据的交互。

④ 并行处理。用以支持高级并行处理器体系结构的实施。

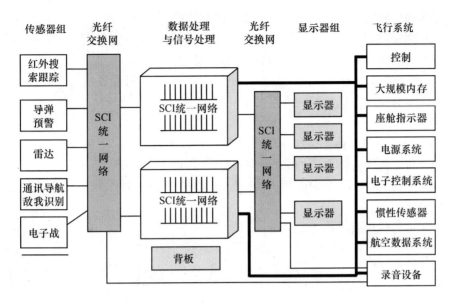

图 9.1.3　未来一代航电系统功能框图

⑤ 性能价格比具有商业可行性,可由 COTS 技术支持。

⑥ 开放的体系标准,技术透明应适应下一代处理器技术、下一代传输介质技术和先进 IC 技术。

(2) 光纤统一网络的优越性能表现在以下几个方面:

① 统一互连接口占用的板上空间和芯片管脚少,同时也不需专门的逻辑电路来判断多互连接口与应用间的对应问题,因此可相应地提高系统的可靠性。而多互连接口之间的数据传输需要经过专用的接口模块(网关或网桥),这将增加传输延迟,降低系统性能。

② 统一互连接口中采用的点对点连接,无论从电介质还是从光介质方面,都将大大简化与轻化背板。而多互连接口则需要对背板的电源层和地层进行精细的配置,以避免高频噪声的产生。

③ 统一互连接口支持并行处理,使得航空电子系统性能更强,而且在高性能的应用中,软件的设计更简单、更灵活。

④ 统一互连接口可支持共享内存体系结构,因而有非常低的延迟特性。

对于军用系统来说,统一网络还可满足苛刻的环境、实时性、可维护性及可测试性等方面的要求。它的灵活性表现在:与距离无关、G 级的带宽、支持并行和串行方式、支持电介质和光介质等方面。

(3) 支持光纤统一网络的关键技术——SCI。

可变规模互连接口(SCI)是一种较早推出的 IEEE 商用网络标准。新一代航空电子系统中采用 SCI 接口标准,可实现多种机载总线接口的统一。也就是说,它将采用"微小型一体化"的通用接口方法,取代 F-22 上高速光纤数据总线 (HSDB)等 6 ~ 7 种总线和网络,最终实现航空电子的综合(集成)并将大大简化电子系统结构,提高功能和降低费用。

SCI 是一种宽带光纤数据网络,由工业上现成技术和灵活的通路器硬件支持,具有支持底板互连和局域网互连的能力。在 SCI 网络结构中,节点以"小环网（Ringlet）"为单位串接,并经过"通路器(Switch)"互连成网络系统。根据网络功能与带宽的不同要求,可以组成各种不同的网格形式,提供相应的消息吞吐通道。

SCI 系统能自动进行节点间的路由处理,节点间的链路可配置成变化的拓扑结构,通路器也可配置为面向消息和面向连接的不同形式,以分别实现传输机制的并行互连和串行互连。

从(军用)航空电子体系结构和功能的角度来看,SCI 拥有以下性能:

① SCI 可替代现有体系中的命令/控制总线,以确保命令/控制消息的实时传输。

② SCI 可替代现有体系中的测试维护总线（TM‐bus）,以实现对模块和互连接口的测试与查错。

③ SCI 可替代现有体系中的数据流网络。

④ SCI 可部分替代现有体系中的高速数据总线(HSDB)。

⑤ SCI 通路器取代了传感器数据分配网络(SDDN)的定向连接,速率将由每根纤维的 400Mb/s 提高到 1000Mb/s。

⑥ SCI 网络取代了面向连接的视频数据分配网络(VDDN),使速率由每根纤维的 400Mb/s 提高到 1000Mb/s。

⑦ SCI 的灵活性可实现背板至 LAN,电介质至光介质和串行至并行的无缝连接。

⑧ 传输层功能——数据总线协议层之上的通信功能,SCI 已经提供了某种传输层服务,这是其他协议不具备的。

⑨ 98% 的分布型体系。

⑩ 开放的体系标准,有强大的支持环境。

SCI 的上述特点使之能胜任未来的航空电子应用,而构成一个光纤统一网络。这将代替目前航空电子体系的复杂构成,实现飞行器间的通用性,提高可维护性,降低备件成本,提供并行处理能力。称得上是下一代(军用)航空电子系统体系结构的核心技术和首选标准。

9.1.4　综合航空电子显示系统

传统飞机驾驶舱星罗棋布的仪表给驾驶员带来了繁重的负担。早期飞机为感知飞行高度、飞行速度,在飞机上安装了气压高度表和空速表;为防止驾驶员在云上飞行丧失姿态信息而发明了陀螺地平仪。飞机驾驶舱仪表曾经历了从机械式仪表到机电式仪表再到电子式仪表的漫长的发展过程。综合的电子飞行仪表系统的出现,帮助驾驶员综合信息,作出决策判断。因而可以称,当今的驾驶舱已经从分散信息显示步入多信息综合利用的新局面。图 9.1.4 所示为综合电子显示与三维图像显示。

1. 电子显示仪表

电子显示仪表(包括平视显示器和下视显示器)的出现标志着飞机仪表进入了新的时代,为座舱仪表的发展开辟了广阔的道路。电子显示仪表根据特定的飞行任务和飞行阶段,可具有若干典型的工作状态。每种工作状态仅仅显示当时驾驶员所需要的信息。各种工作状态显示的字符从内容到位置不尽相同,并可具有不同的显示格式。从信息显示的观点看,电子显示仪表的时分制的显示布局和机械显示仪表的空间分布制的显示布

图 9.1.4 综合电子显示与三维图像显示

局类似。但前者显示内容能随时切换,而后者则固定不变;前者仪表占用空间是复用的,而后者占用空间是排他的。

电子显示仪表的工作状态不仅可以自动或手动转换,而且有些字符也可根据驾驶员意图进行增减。使显示画面清晰、简洁,避免字符拥挤,分散注意力。归纳起来电子显示仪表有下述特点:

(1)多种功能。多用途显示仪或多功能显示仪,利用工作状态选择装置可以显示各种不同飞行阶段空勤人员所需的信息。除飞行参数综合显示仪和导航参数综合显示仪所有的各种工作状态外,还具有能量管理、发动机管理、综合试验和维护、数据传输、电子对抗、武器管理等工作状态。它能按不同工作状态分时显示大量信息、代替几种专用显示仪表,电子仪表能够一表多用,极大地减少了仪表的数量和占用仪表板的空间。

(2)按需显示。根据不同飞行任务需要,显示必要的信息,删繁就简,人机工效高。

(3)符号多样。通过符号发生器产生的备种显示符号,灵活多变。还可通过光栅扫描显示雷达、前视红外和微光电视的图像,并可叠加上各种指示符号。

正是由于电子仪表具有上述特点,于是首先在座舱狭小的战斗机和攻击机中被采用,并逐步在其他机种推广使用,成为现代飞机的主要显示仪表。传统的机械仪表逐渐退居次要位置。

阴极射线管(CRT)目前仍是电子显示器的主要器件。但近年来可靠性更高、体积更紧凑的各种固态显示器件正在奋起直追,到21世纪它们必将逐步取代CRT的垄断地位。美国 F-22 战斗机等现代先进飞机已经成功地采用了大量彩色液晶显示屏。

2. 驾驶舱图形、图像显示技术

近年来的事故调查表明,不论在恶劣气象条件下撞地坠毁还是进近着陆中失事,或者飞行中相撞,多数都是由于驾驶员缺乏对飞行环境和险情的空间察觉能力。在进一步增加信息源基础上,优化信息综合效果将是今后研究的发展重点。为此目的,近年来在民机上陆续增加了综合视景系统 (SVS)或增强视景系统(EVS),采用了平显(HUD),增加了近地警告系统(GPWS)或其增强系统(EGPWS),空中交通防撞系统(TCAS)及其驾驶舱交通信息显示器(CDTI)等,对增加信息源付出了极大的努力。虽然许多信息通过图像和字符可以重叠或拼合显示,还可配有音响或话音警告,以提高驾驶员的空间察觉能力,但在信息综合效果上仍然不十分理想。主要表现在,驾驶员面对信息不能分清轻重缓急,信息也不够简明直接。在紧急和危险情况下,留给驾驶员脑力综合判断的时间有限。

1) 驾驶舱图形、图像显示系统

为了使显示器上提供给驾驶员的综合信息一目了然,应避免采用过多符号,而充分利用人的直觉性视觉判断,于是大屏幕综合显示/控制系统成为目前驾驶舱的主要形式。人们正在发展各种新的综合信息显示系统。目前驾驶舱图形、图像显示系统可分成如下3类:

(1) 以陀螺和惯性器件构成的姿态系统和罗盘系统为主,综合其他信息组成姿态指引仪(ADI)和水平状态指示器(HSI),这种系统的图形和字符显示能够可靠地替代人的空间状态感知,是仪表飞行的主用仪表,有助于机动飞行和完成特技,避免人体感知器官的错觉。

(2) 突破人类视觉限度,在低能见度下采用前视探测器生成增强视景、多传感器综合视景,包括各频率窗口的雷达、红外及可见光摄像等。生成视景延伸了肉眼的视见距离,可透过雨雾和解决夜视问题。未来超声速大型客机有可能利用前视探测传感器阵列的数据,在驾驶员面前展开拼合的宽视野前方实景。

(3) 采用虚拟现实方法,将预先建立的地形数据库按空中当前位置下的视觉图像复现,成为人工视景,主要用于地形避撞,低飞和进近着陆。可降低对天气标准的要求,也包括新的利用合成孔径雷达和机场附近地面地形数据库配合工作的自主精密进近和着陆系统(APALS)。

目前图像显示一般是二维图像,三维图像(包括远景透视或全息体视式)正处在研制阶段。

虚拟驾驶舱优化计划(VCOP)涉及5项关键技术:彩色头盔显示器、三维音频、战术态势了解、话音识别和认知决策辅助。其目标就是要产生一个有"直觉"的驾驶舱,即把来自机内外的信息转化为驾驶员无需进一步思考和判断的一种"直觉"。

一种全彩的高分辨力、高亮度头盔显示器 VCOP 目前正在研制中(图 9.1.5)。它以虚视网膜显示器(VRD)技术为特征,即采用对眼安全的激光直接在驾驶员的视网膜上成像。它还能使系统显示三维活动地图,这将是虚拟驾驶舱环境的基础。

图 9.1.5　一种头盔显示器

微视景公司开发实用的视网膜头盔显示器（VCOPHMD）,目标是进一步提高分辨力,增大视场以及增强显示系统的强度并使之小型化。VCOPHMD 是一双目显示器,它具有 100% 的覆盖,水平 40°、垂直 33°的视场。

在某些二维或三维显示图像上增加上一段较短时间(如 10s、20s、30s、60s)的预测轨迹表达,称为四维图像,它有助于驾驶员知道"自己在什么位置,将去什么地方"。这种将时间作为第四维,在画面上用虚拟轨迹表示的方式,其视景仍为即时空间状态,能提高空间察觉能力。

2)立体三维图像的特点

根据双眼视见原理构成的双眼分帧体视式三维图像属于真正的立体图像,它对左眼只提供左眼视景,右眼只提供右眼视景。这种高保真体视式三维显示系统有双屏式和单屏式两种。双屏式容易实现,例如在军机上可以在头盔上实现体视式三维显示。单屏系统的硬件可用折射或反射式立体镜或直视屏,但必须结合电子或物理的时分制交替同步快门、不同极化或不同滤色目镜等方法,例如采用液晶的交替同步快门目镜配合时分双帧显示器的系统可用于投影式平显。

对立体三维图像的研究证明,体视式三维图像比远景透视式优越,能够判断深度(距离),但仍然不是真实(绝对)深度。从心理学角度上的研究证明,短时在立体和非立体视觉之间的转换将不受影响,但长时间使用立体图像的问题尚待研究。

人们期待着单屏三维立体图像的出现,但目前尚不理想。有些驾驶员感到头盔或护目镜式三维显示器戴在头上感到笨拙,但也能被民航界所接受,护目镜可能是容易在驾驶舱实现合成视景和三维图像的方法之一,关键问题是如何能使图像和外部世界对准位置,并始终稳定地重叠成一体。

与飞行安全攸关的课题是提高驾驶员对飞行环境中险情来临时的察觉能力,在视频显示领域将从下列诸方面着手:

(1)依靠精确完整的导航数据库发展电子航图,结合 GPS 提供的精确当前位置实现精密的活动地图显示。

(2)依靠精确、完整的地形数据库随时调用本地虚拟地形图,避免灾难性事故。在进近着陆中利用虚拟的机场周围地形,结合 GPS 提供的精确当前位置,有利于实现与视景匹配的进近着陆引导。

(3)发展各种前视探测传感器,提高驾驶员对外部世界的可视能力。

(4)发展平显,优化图像和数符的综合,保证内外视景显现时的重合程度。通过③和④两项保证复杂气象条件下驾驶员自主的人工进近着陆,即在 IFR 条件下实现犹如 VFR 等同能力的进近着陆。

(5)扩展数据链的应用,增强环境信息显示。它包括发展航空气象信息(AWIN)系统,由地面向驾驶舱传送航路上的实时气象数据和气象图,使驾驶员可以在驾驶舱屏幕上看到航路前方短期或长期的气象图表。发展 ADS-B,实现空—空互传飞机位置报告,使驾驶员可以在驾驶舱看到空中交通形势,估计与邻机的间隔,避免空中相撞。

(6)发展三维图像显示,提高直觉理解能力。

9.1.5　驾驶舱的智能化技术

驾驶舱在向综合显示/控制发展的同时,进一步向智能化发展。所谓智能化驾驶舱,就是不但提供驾驶员有关飞行器的状态、使用时的飞行性能、外部环境、火控目标等信息,而且提供驾驶员利用信息资源编制自动控制、导航、执行任务、攻击等程序。驾驶舱的智能化技术的发展目前倍受关注,现以正在开发的美国"旋翼机驾驶员助手(RPA)"系统来探讨智能化技术发展的趋势。图9.1.6为驾驶员辅助系统功能模块。

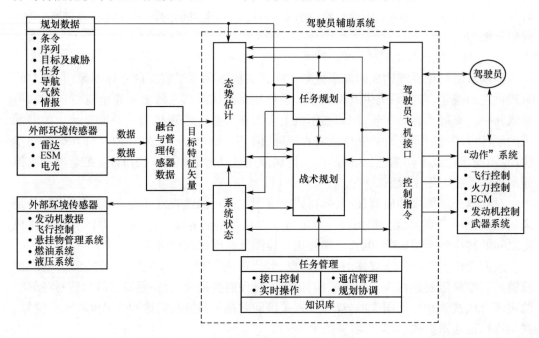

图9.1.6　驾驶员辅助系统功能模块

（1）RPA信息传感器包括: 雷达目标定位信息,红外瞄准与截获系统(TAS),由改进型数据调制解调器(IDM)和联合战术信息分配系统(JTIDS)获得的通报信息、射频干扰仪(RFI)测得的目标方位信息及人工输入的信息,目标类型信息,本机定位信息,"数据融合/战场评估"软件对各传感器提供的信息进行处理、组合。

（2）这种智能化电子系统RPA还能提供一系列计划编制器。

① 航线计划编制器。驾驶员可以修改航线计划编制器的费用分析功能,使之能编制出高风险、高速度的航线或低风险、隐蔽、低速度的航线。

② 攻击计划编制器。它能依据目标的类型与距离、可动用的武器类型、太阳位置、目标背景及阴影、对比度及其他因素的影响,确定合理的攻击战术;能对目标进行威胁等级排序,确定武器使用方案。

③ 侦察计划编制器。它的算法与攻击编制器类似,用于确定最佳观测侦察点,对监视目标实施全范围跟踪。

④ 生存性计划编制器。它能识别威胁源,启用相应的干扰手段和自卫武器手段,重新制定航线,生成遇敌情况报告。

⑤ 传感器计划编制器。它能依据预知的地形地貌,管理雷达和TAS的扫描区域,并且避免本机和僚机对同一区域的二次扫描。

⑥ 通信计划编制器。它能依据地形分区情况,确定何时使用何种无线电通信方式将信息发送出去。

尽管 RPA 具有多方面的辅助飞行决策能力,但决定权仍掌握在驾驶员手里。驾驶员可以接受、拒绝、修改或超越 RPA 的建议。

(3) RPA 信息的显示。

① RPA 信息通过头盔显示器。头盔显示器为双目镜式,视场为 50°×30°,能显示出隐蔽和攻击最佳的位置。头盔还可发出三维告警音响,提示威胁来向或飞机故障情况。

② 3 个 20cm×25cm 高分辨力彩色多功能显示器(MPD)。MPD 采用触摸屏技术,四周还有许多按钮,一个拇指控制钮可以控制屏幕上的光标位置。中央屏幕一般作为主视屏,显示彩色地图;左右两个屏幕显示系统功能信息。可以将弹出的显示窗口从一个屏幕拖到另一个屏幕。起飞之后,MPD 显示出计划航线。

随着直升机进入预定的侦察空城,数字地图中相应区域的显示变为浅蓝色,表明 RPA 依据当前高度和数字地图数据,确定该区域就是"长弓"雷达的监视区。雷达工作在 RPA 自动扫描方式,对浅蓝色区域以 90°扇区为间隔进行扫描。扫描过的区域,地图上的浅蓝色变为灰色。TAS 自动地指向雷达所发现的目标,以便驾驶员目视目标。RPA 不会使雷达指向已经扫描过的区域或障碍物,从而最低限度地减少雷达辐射时间,降低被敌发现的可能性。

RPA 分析出威胁的探测能力,寻找就近的可隐蔽区,并把隐蔽区以栅格的形式显示在头盔显示器上。RPA 依据目标的距离和类型,自动地选择雷达制导弹,并负责导引头的制导。"长弓"雷达能自动地询问任何一种目标的敌我识别器。RPA 地图自动地跟随目标移动并放大目标图像,使之能以最佳的方式显示直升机与目标之间的相对关系。RPA 能产生目标情况报告,通信计划编制器将选择最佳的通信链路和时机将报告发送出去。

RPA 完成上述威胁反应动作仅需 3.5s,远远快于机组人员。在随后的 5s 内,RPA 自动地编制出到达下一个航路点的隐蔽航线。

RPA 计划将移植到机载有人/无人驾驶系统技术项目中。

图 9.1.7 给出了美国 F-35 战斗机的座舱大屏幕综合显示器。

图 9.1.7 F-35 战斗机的座舱及综合显示器

F-35 的显示系统不是简单地将各种机载传感器数据不加处理地传递给驾驶员,而是传递给驾驶员是经过机载综合核心处理器过滤后的最有效信息,以求大幅度降低驾驶员的工作负担。F-35 战斗机座舱人机界面的设计目的是确保驾驶员把精力集中在战术运用上,而不是繁琐的机载系统操作上。该座舱采用深浅度不同的颜色来显示不同的目标、地图,飞机各个子系统的工作状态和信息,空中目标和地面目标并以不同的造型或者符号在显示器上出现,以便于驾驶员观察和掌握战场态势。系统还具有用语音控制系统来完成那些不需要驾驶员瞬间做出决断的任务,达到大幅度减少座舱内按钮和开关的数量的目的。在瞬息万变的战场上,选择用手指触摸平板显示器的控制模式来完成那些需要驾驶员瞬间做出决断的任务,例如操纵飞机的武器系统打击敌方目标等任务。

F-35战斗机还配备有先进头盔综合显示器(HMD)(图9.1.8)。它可以将机载设备管理计算机和综合显示管理计算机处理后的图像和信息直接显示到HMD的面罩上,新研制的头盔显示系统所显示的信息更新速率非常快,已经基本上达到了和飞机机动保持同步,从而解决了头盔显示系统存在时间滞后的问题。有了HMD上虚拟的平显,F-35的驾驶员无论将视线转向何方,都可以读取战术和飞行信息,这样驾驶员对于瞬息万变的战场态势的感知能力将大幅度提高。驾驶舱的智能化技术的提出与发展给驾驶员更自如地在空中飞行和执行任务提供了非常诱人的前景。

图9.1.8   F-35战斗机驾驶员的头盔显示瞄准系统

航空电子的发展一方面对飞机作战效能的提高起着重要作用;另一方面也带来一系列问题,诸如,作战环境越来越复杂,要求越来越高,价格呈直线上升以至达到用户难以承受的地步;常规的研制周期赶不上元器件的更新换代。以下是21世纪航空电子面临的主要挑战内容。突破"信息障"四大挑战。综合化技术、开放式、先进的武器火控技术、电子战向纵深发展需要解决的关键技术。即将服役的EF-2000、F-22飞机,其航空电子的成本占飞机总成本的30%~40%。在硬件成本增加的同时,软件费用也呈上升趋势。最终导致飞机成本急剧上升。仅仅"买得起"还不行,还必须能"用得起"。要把性能、价格、可靠性、维修性同时纳入指标体系。为了降低全寿命成本必须全面采取措施,如在系统结构上采用开放式,便于更改和扩充;减少模块种类,使用公用标准模块;实现RF综合和信息融合,减小体积、质量,提高信息质量;改变软件的开发方式,推荐采用螺旋式或周期式寿命模型;减少软件开发费用;可靠性、维修性的合理设计可减少维修人力、设备供应以及保障设备和器材,进而降低飞机的使用保障费用。

9.2   航空通信、电子对抗与信息战

航空通信系统是现代飞行器的重要组成部分。常规的飞行器通信系统用于飞行器与

地面电台之间、飞行器与其他飞行器之间的通信联络,目前,民航飞机装备的通信系统有甚高频通信(VHF,又称超短波)、高频通信(HF,也称短波)、选择呼叫(SELCAL)和音频系统四类。军用通信比起民用通信,它在抗干扰、抗毁、机动、灵活及保密等方面有更高的要求。随着现代作战武器和作战模式的发展,军事通信的这些特点更加突出,逐步形成一个专门的技术领域和学科。

21世纪的战争将是数字化、信息化的战争。这样的战争已没有前线概念,只要有侦察、通信手段和精确制导武器,想打哪里就打哪里。几十年来,"超高速,大机动"一直是飞机设计师追求的目标。而今天,交战双方在很远就能发现对方,用远程精确制导武器在很远的地方就能击落对方,"超高速,大机动"的迫切性将让位于"尽早获取信息"、"突破信息障"这个最迫切的问题。电子技术、信息技术的发展,把现代战场扩延到几乎无边无际的程度。太空有卫星,海底有潜艇,弹道式导弹能打到地球任何地方,看不见的电磁空间里正进行着电子战。作战地域的宽度、纵深和高度随着人类的想象力和掌握技术的程度直逼极限。我们无法把电磁空间视作原来意义上的战场空间,有人称其为"人造空间"或"技术空间",因为电磁信号不占据任何常理空间,同时又能充盈并控制这一空间。n 网络空间"是由电子和信息技术再加上专门设计的独特联结方式而形成的"技术空间。信息掌握能力的大小将是今后空战制胜的关键,战时采用各种手段以最快的方式了解空间的态势是头等大事,作为这一网络空间的一个节点——航空电子系统,肩负着航空武器平台"突破信息障"的重任,负责所有的信息收集、处理、传输和应用,成为名副其实的飞机耳、目、大脑和神经。

9.2.1 数据链

现代战争不仅要防飞机,而且要防导弹,还要防无人飞行器,这就对战场的范围、自动化指挥系统的数据通信速率、容量等都提出了更高的要求,因此先进军事装备都建立了包括卫星通信、飞机通信、地面通信及其他远距离传输信道,形成一体化数据链系统。

现代高技术战争是包含海、陆、空、天、电磁的多维战争,具有作战规模大、环境复杂等特点,需要把战场信息、高精度地、实时地、准确地汇集起来,向各级指挥所和作战单位提供实时的敌我态势,并向各作战单位准确地传达指挥与控制命令,所以一个大容量、高速率、抗干扰、抗摧毁、安全保密的实时数据链系统是必不可少的。

图9.2.1所示为美国军用一体化数据链系统体系结构组成。

1. 卫星通信

卫星通信从航天研究初期就受到各国高度重视。现在,世界各军事大国均已拥有自己的军事卫星通信系统。各国之所以如此重视军用卫星通信,是因为卫星通信在军事和民用领域内已日益显示出其广泛的用途和强大的生命力。卫星通信的特点主要表现在:

(1)通信距离远,覆盖面积大,不受地理条件限制。

(2)以广播方式工作,便于实现多方向、多地址的多址连接通信。

(3)通信容量大,能传送的业务种类多。由于卫星通信大多采用微波波段,因此可供使用的频带很宽,传输的业务种类越来越多样化,如电话、数据和电视图像等。

(4)信道稳,通信质量好。与其他无线电通信手段相比,卫星通信电波主要在宇宙空间传播,受地面地理和环境条件影响小,因而相对来说信道稳定、可靠、通信质量高。

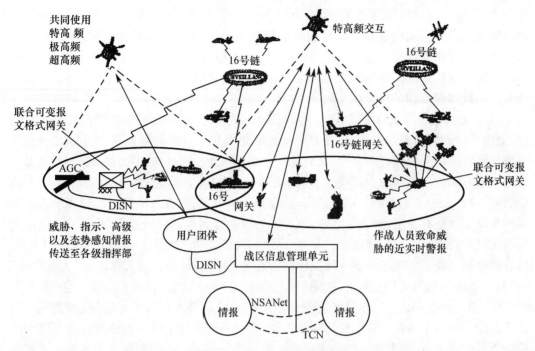

图 9.2.1 美国军用一体化数据链系统体系结构组成

（5）机动性好。卫星通信不仅可以作为大型地球站间干线通信,还可以提供车载、船载、地面小型机动终端以及个人终端形式进行通信。

（6）可以自发、自收进行监测,便于监视本站的工作情况。

尽管卫星通信具有很多优点,但也存在个重大的弱点,就是通信卫星的暴露性及广播型的通信方式使卫星通信信号易受敌方的截获、干扰甚至摧毁。卫星是整个通信网络的关键节点,一旦出现问题,整个通信系统将陷于瘫痪。

图 9.2.2 所示为卫星通信的主要对象。

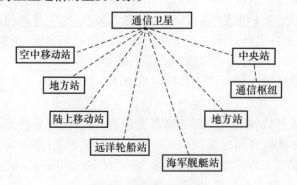

图 9.2.2 卫星通信的主要对象

2. 航空通信数据链

所谓数据链就是为了发送和接收数据而把两点用无线信息传输"连接"起来的方法。具体来说,数据链包括两部数据终端和由链路协议控制下存在于网络中的数据链路,以保证数据可以从信源传输到信宿。飞机机载数据通信大约始于 20 世纪 50 年代。随着飞机性能的不断提高,战场敌我态势瞬息万变,战机稍纵即逝,话音通信方式已不能满足实时掌提战场态势的要求,特别是雷达、各种传感器高速发展,大量的情报再也无法用话音来传送了,机载数据链路应运而生。战术数据链指的是通过数据链进行面向比特的战术数字信息的交换,是直接为作战服务的,其主要特点是:①专用通信设备;②专用的数据链路协议;③专用的格式化的消息标准。

数据链路的基本作用是保证飞机编队内各个单元之间、飞机与地面迅速交换情报资料,实时监视战场态势,提高相互协同能力和作战效能。飞机机载数据链路,由通信系统、显示系统和控制系统组成。

机载数据链路可分为:常规通信数据链路、情报共享数据链路和综合型机载数据链路等类型。

飞机与卫星通信的运用,是在同步卫星出现后发展起来的。由于同步卫星位于36000 km高空的同步轨道,在地球上接收到的信号非常微弱。飞机高速飞行,用一般的通信手段也难于与卫星链接。高频段卫星通信的开发使机载卫星通信设备的体积、重量不再是问题。开环跟踪实质上是引导跟踪,即是借助外部设备的数据将天线指向引导到卫星所在的位置。飞机与卫星通信还必须解决多普勒频移的问题,目前常用导频法或利用机载惯导设备的数据,计算出飞机的速度,并由此对机载站的收发频率进行多普勒频率校正。卫星通信为远程飞机的指挥引导提供了可靠优质的通信保障。目前主要在预警机、空中加油机、远程运输机、战略轰炸机、空中指挥机和大型侦察机等上使用。

3. 无人机数据链

无人机数据链的基本组成(图9.2.3)如下:

(1) 一条带宽为几千赫的上行链路(也叫指挥链路),用于地面站对无人飞行器以及机上设备的控制。无论何时地面站请求发指令,上行链路都必须保证能随时启用。在飞机执行自动驾驶仪的期间也可以保持静默。

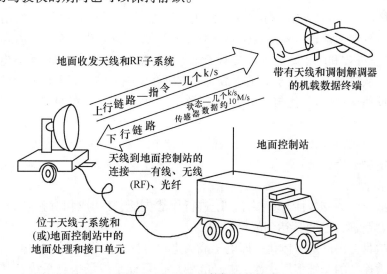

图9.2.3 无人机数据链的组成

(2) 一条下行链路提供两个通道(可以合并为单一的数据流)一条状态通道(也称遥测通道)用于向地面站传递当前的飞行速度、发动机转速以及机上设备状态(如指向角)等信息。第二条通道用于向地面站传递传感器数据。它需要足够的带宽以传送大量的传感器数据,其带宽范围一般为 300Hz～10MHz。

数据链路也可用于测量地面天线相对于飞行器的距离和方位。这些数据也可用于对飞行器的遥控指令导航,提高机载传感器对目标位置的测量精度。

无人机系统数据链的机载部分包括:机载数据终端(ADT)和天线。机载数据终端包括 RF 接收机、发射机以及用于连接接收机和发射机到系统其余部分的调制解调器。有些机载数据终端为了满足下行链路的带宽限制,还提供压缩数据的处理器。天线通常采用全向天线,有时也要求采用具有增益的有向天线。

无人机系统数据链的地面部分也称地面数据终端(GDT)。该终端包括一副或几副天线、RF 接收机和发射机以及调制解调器。若传感器数据在传送前经过压缩,则地面数据终端还需采用处理器对数据进行重建。地面数据终端通常包括:一辆天线车、一条连接地面天线和地面控制站的本地数据连线,以及地面控制站中的若干处理器和接口。

为了提高数据信息传输距离、传输功能和抗干扰能力,通常要进行增大发射功率、天线增益、跳频通信、天线跟踪和数字信号传输等改进设计。

视频数据的传输常是无人机的功能和任务。动态视频数据实际上是一帧帧系列静止图像数据。对于高分辨率的视频传输,其数据量是很大的。如 640×480 像素的灰色视频图像,单帧图像有 307200 个像素。如果每个像素的灰度值按 8bit(或 6bit)信号计算,30 帧/s 的视频数据的传输率则约为 75Mb/s。如果是彩色视频,数据还要增大 3 倍。如此巨大的数据要实时数字式传输,目前还是有困难的。采取的措施,除了减少每秒传输的帧数(如下降为 15 帧/s)外,必须进行视频数据的压缩。压缩的方法有多种,目前方法有减少背景图像重复传输、图像运动补偿等。

9.2.2　航空电子对抗技术

电子战(又称为电子对抗)是指为削弱、破坏敌方电子设备和系统的使用效能,保护己方的电子设备和系统正常发挥效能而采取的各种措施和行动。其基本内容包括:电子对抗侦察、电子进攻和电子防御等。按电子设备的类型,分为雷达对抗、无线电通信对抗、光电对抗等。从技术上讲,电子战是指敌对双方争夺电磁频谱使用和控制权的斗争,包括电子侦察与反侦察、电子干扰与反干扰、电子欺骗与反欺骗、电子隐身与反隐身、电子摧毁与反摧毁等。

图 9.2.4 为 EA－18G 型电子战飞机的电子干扰外挂,图 9.2.5 为 EA－18G 型电子战飞机进行电磁干扰试验。

1. 电子战的特点

(1)作战目的的支援性与直接性。既进行作战支援,又构成相对独立的夺取制信息权的战役(或战役阶段)直接达到战役目的。

(2)作战目标的网络一体化。即电子战的进攻目标是网络一体化的电子信息系统。

(3)作战途径的全维多层次性。电子战的攻击目标是战场信息系统及其载体体系,而这些目标分布的多层次性也就决定了电子战作战途径的全维多层次性。

(4)作战空间的全维渗透性。即电子战的作战空间扩展到陆、海、空、天的电子信息空间。

图 9.2.4　EA – 18G 型电子战飞机的电子干扰外挂

图 9.2.5　EA – 18G 型电子战飞机进行电磁干扰试验

（5）作战时间上的全程性与阶段性。即电子战的使用贯穿于战役的全过程,并呈现出一定的阶段性。

（6）作战力量的多层次性和进攻性。即电子战力量发展到进攻性的战略、战役、战术的综合系统。

（7）作战指挥的高层次与一体化。即电子战指挥层次最终与联合作战指挥体系融为一体。

（8）作战行动方法的综合性。即表现在综合运用多种电子战力量和手段,对敌实施"结构瘫痪战"。

2. 电子对抗系统技术

要实现上述电子战的特殊作用,电子战系统技术应作相应发展,主要在以下几方面:

（1）研制机载先进综合电子战系统,采用先进的计算机,把侦察、告警和干扰各部分有机地组合起来,适应未来的高密度和异常复杂的射频电磁环境。

（2）开发一体化电子战 C^3I（指挥、控制、通信和情报）系统。信息技术正面临以平台为核心向以网络为核心的过渡期,各种参战飞机将作为协同式信息化作战装备的重要组成部分。飞机平台将成为信息网上的一个节点。只有把参战飞机纳人海、陆、空、天一体化网络，才能形成一个高效的空战系统。

（3）发展更先进的电子战天线技术。这种电子战天线应发射频率更宽、角度覆盖范围更广并具有多波束功能。新的发展重点将是相控阵和测向多径抑制以及高性能相控阵模块、固体微波元件和快速跳频传输等技术。

（4）发展更先进的电子战信息处理技术。这包括频率捷变与滤波技术、识别与分类射频技术、自适应阵列处理与频率快速综合技术、数据处理与融合技术、图像处理技术以及专家系统与人工智能技术等，改进对截获信号直接检测和瞬时测频的性能。

提高生存率保护自己和打击敌人是一个问题的两个方面，要想打击敌人，必须善于保存自己。在复杂环境下，提高飞机生存率，成为一个十分重要的问题。提高生存率的首要措施是减小飞机平台及其上设备的可探测性。现代飞机设计师非常重视飞机设计的隐身问题，采用各种隐身的外形、材料和涂层力求最大限度地降低飞机的雷达反射截面（RCS）。现代飞机必须降低在雷达、红外、光等各个波段的可探测性。对于飞机隐身还有一个不可忽略的问题是装在其上的电子设备必须具有低截获概率（LPI）。机载雷达是一个很强的微波反射源和辐射源，发射出去的大功率微波信号也很容易被对方电子支援（ESM）系统探测到，为此天线的波瓣及旁瓣，发射的波型及频率和功率管理必须有完善的设计和严格的控制。扩充新频段，采用新体制，开发新无源传感器是一个方向，红外等光电被动传感器越来越受到人们重视。

由电子监视护（ESM）、电子防护（ED）和电子攻击（EA）构成的机载电子战是提高军用飞机生存率的重要手段，具有电子支援能力的雷达告警接收机（RWR）、导弹接近告警装置（MWS）是机载电子侦察的主要设备；根据电子侦察提供的威胁信号实施有源或无源干扰是飞机自卫的主要手段，抗击敌人的干扰，实施电子防护也能提高飞机的生存率。提高传感器的探测距离，增大导弹的射程，提高导引头的精度，在对方的防区以外发射导弹将敌人或目标击毁，这种把敌人拒于国门之外的防区外发射的导弹也是提高飞机生存率的有效手段。

图 9.2.6 所示为电子干扰作战环境。

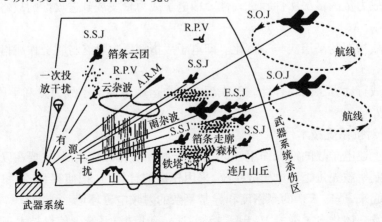

图 9.2.6　电子干扰作战环境

144

9.2.3　航空信息战技术

信息战概念是 20 世纪 80 年代中期分别由美、苏、中三国军事理论界几乎同时提出的，早期研究属于信息战理论研究的范畴。"信息战"这一军事术语最早出现在 1985 年 3 月美国《电子防御》杂志(Journal of Electronic Defense)上发表的"电子战与信息战"(EW and the Information War)一文："现在，电子战是一个更大概念的基本组成部分之一，而不只是一种信号战斗。""这个更大范畴也包括阻止敌方攻击我方决策能力。这种斗争可公认为是'信息战'"。90 年代信息战的概念通常认为：就是为夺取和保持制信息权而进行的斗争，亦指战场上敌对双方为争取信息的获取权、控制权和使用权，通过利用、破坏敌方和保护己方的信息系统而展开的一系列作战活动。

信息优势作为核心作战能力将是真正实现作战空间所有其他联合作战能力的关键，是夺取全面军事优势的根本保障。而信息战手段作为夺取信息优势的重要支柱之一，将成为 21 世纪作战体系中不可或缺的组成部分，发挥重大军事战略作用。目前，信息战已成为举世关注的焦点，被认为是国家安全战略、军事战略的重点。不少国家出于军事和国家安全的需要，都在研究信息战，考虑制定信息战计划。

1. 信息战的特点

信息作战的实质是以信息能为主要作战手段，以信息流控制能量流和物质流，剥夺敌方的信息优势，保持己方的信息优势，进而掌握战场的主动权，在一定程度上达成"不战而屈人之兵"或"少战而屈人之兵"的作战效果。

与其他武器作战相比，信息战的主要特点是：

(1) 作战目标不同。信息战把控制信息流、打击对方的指挥控制系统、信息网络和夺取信息优势作为主要任务和打击的重心。而以火力打击为主的战争，主要把摧毁和歼灭对方的飞机、坦克、大炮和舰艇等有生力量作为主要作战目的。

(2) 作战力量不同。信息战是并不需要野战部队来执行。一个懂信息、网络的人都可以成为信息战战场上的一名斗士。而机械化战争，作战力量主要是以钢铁武器和火力武装的空军、导弹和其他军种的作战部队。

(3) 作战环境不同。信息战的战场空间除传统意义的陆、海、空、天外，还包括电磁、网络和心理空间，战场是无疆态。

(4) 作战的本质不同。信息战是以攻击敌认知能力为本质特征的作战，最终影响敌方人员特别是指挥决策者的思想，使其放弃对抗，停止作战。而机械化战争的本质是消灭对方的有生力量，夺占对方的领土和阵地。

2. 航空信息战系统技术

1) 建立指挥信息自动化系统

在武器信息化战场上，单一武器的决胜作用逐渐弱化，体系与体系的对抗已成为高技术的航空信息战的重要特点。通过指挥自动化，信息战条件下航空电子战系统才能更有效地成为配合密切、运转灵活的兵力倍增器。

指挥自动化系统，又称为 C^4ISR(指挥、控制、通信、计算机与情报、监视、侦察)系统，它采用电子计算机为核心的技术与指挥人员相结合，通过对系统进行综合集成，实现信息共享，增强各军种之间的协同作战能力，解决对空中、地面目标的探测和跟踪问题，提高情报信息的及时性和准确性。

2）利用卫星导航与信息的空间传输

空军必须具有处理现代战争中联合作战力量所需的大量数据的能力，能提供快速变化的战场态势，提供空中、空间、地/海面力量的部署情况及战况，阻止敌人获得有关信息，破坏并影响敌人对战区状况的了解。利用太空传感器发现目标的图像，识别其坐标并将数据发送到攻击飞机，飞机可以采用卫星导航至目标上空并将目标摧毁。

3）保证信息网络和信息系统的安全性

现代空军也越来越依赖信息网络和信息系统，安全、及时而准确的信息传播是取得未来战争胜利不可缺少的条件。

目前信息密码、通信和欺骗均已进一步成熟起来，成为现代战争的重要组成部分。例如，敌人不是用战斗机向对方发射灵巧导弹，而是发起数字攻击，用计算机病毒或所谓的"逻辑炸弹"使对方设备失效。信息武器包括各种软件病毒和用于破坏敌方计算机和通信系统的逻辑炸弹。把错误的数据泄露给敌人，或者伪造一些敌人的信息中心，使其相互发送信息，也能像一种病毒或炸弹一样，起到破坏作用。

为保护军用计算机网络，如发展的一种创新的软件程序，能用一种不可消除的鉴别号码标出一个可疑的入侵者，以挫败为避免检测而不断改变用户口令和名字的黑客。

4）将传统的电子战与信息作战相结合，提高空军能力

某些高技术兵器的使用，不会从本质上反映出高技术战争的基本特征和内在联系，只有当战场上的信息要素在作战中全面地同电子战措施有机结合，才能使高技术兵器的作战效能成十倍、百倍地提高。通过将传统的电子战与信息作战相结合，就可大大提高电子对抗能力。

信息战（IW）仅仅是信息作战的两个重要组成部分之一。信息作战（IO）的另一重要组成部分是战争中的信息，如情报、侦察和监视，气象，精确导航和定位，以及使用信息系统来支援战斗机。信息战用以攻击对手使用信息系统的能力和同时保护己方能力，包括进攻性信息对抗心理战、电子战欺骗、实体攻击、信息攻击、电子保护和欺骗对抗。信息攻击不仅仅是计算机网络攻击、数据库破坏或计算机病毒，它还包括假目标、欺骗干扰和诱饵，这些都是传统的电子战行为。

通过吊舱、干扰机、一次性投放物、微型空中诱饵等系统，航空电子战系统为信息攻击提供了一整套工具。反辐射导弹进行致命性压制和用硬杀伤武器瞄准辐射源进行攻击都证明，电子战已成为进攻性信息对抗最坚实的支柱。

第10章　先进大型飞机设计技术

从第二次世界大战起大型飞机就受到军用和民用广泛关注,这是因为大型飞机的重型装备和人员运输能力、救灾能力和民用交通的日益发展需求。大型飞机并不是一个严格概念上的名词,所谓大型飞机,实际指的是载重量大、航程远的飞机,如目前常指起飞总质量超过100t类的飞机。对于民用飞机,通常指150座以上的干线客机或跨洲运行的客机,国际航运体系也有把300座以上的客机称作"大型客机"。对于军用飞机,通常指的是重型或远程运输机、轰炸机和预警机。大型飞机的设计技术从原理上与其他飞机是相同的,这里主要阐述就大型飞机的特殊要求而引起的相应关键设计技术。

10.1　大型飞机的总体特点

10.1.1　现代大型飞机的设计要求

大型飞机主要用于运输,设计什么样的飞机才能适应21世纪民用和军用航空运输的需求,是飞机设计师必须综合考虑的问题。

1. 21世纪航空运输的需求与设计要求

首先我们分析民用飞机的交通特点,人们需要的是"快捷,远距离,方便,舒适"。由于飞机成为人们的交通工具,它给人类生活带来极大的变化。今天,民用运输机已经成为人类日常生活中不可缺少的交通工具,尤其是远距离或跨洋旅行。1953年,国际航空运输协会(IATA)发布公告,全年空运人数首次超过5000万人次;1958年,乘飞机飞越北大西洋的人数第一次超过乘坐越洋轮船的人数;1987年,全球搭乘飞机的旅客首次超过10亿人次;2007年达到20多亿人次。

21世纪初期,空运的特点是逐步改进性能和降低成本,综合民用飞机设计的主要问题在于如何提高飞行品质,确保良好的经济性和安全性。

大型民用飞机近期发展的主要技术需求,分析主要有:

(1) 树立以旅客为中心的飞机设计思想。

① 低票价,使更多的人能坐上飞机旅行。

② 拥有洲际不着陆航程,几小时就能达到目的地。

③ 低噪声。

④ 具有海平面高度的客舱气压,保证每个座位都获得100%的新鲜空气。

⑤ 有多个通道,座位更宽敞些(如每两个一组,没有任何旅客被夹在中间)。

⑥ 确保行李摆放方便安全,存贮箱容易取放。

⑦ 通道多、舱门多、舷梯多,旅客能迅速上下。

⑧ 确保任何情况下的安全。

（2）全电系统，这有利于低成本、经济飞行。

（3）开发燃烧更充分、噪声更低、耗油更少、推力更大、质量更轻的发动机。

（4）修改飞机的设计和使用规章，以符合全社会提出的"少一点噪声、少一点污染"的需求。

（5）飞机的设计要充分考虑货运需求，因为货运业务将一直稳步发展。

2. 超声速运输机

到目前为止，比较成功的超声速客机就是 1969 年研制、1976 年投入商业运行的"协和"号飞机，它的最大飞行速度可达 $Ma = 2.04$，巡航高度 18000m。尽管"协和"号超声速飞机由于耗油率过高、航程较短、噪声污染严重和设计的缺陷等技术问题已停飞，但因越来越多的人希望在更短的时间内到达遥远的目的地，超声速和超大型运输机将会继续发展。21 世纪中期，超声速运输机将使旅客能在几小时内到达遥远的目的港。

要实现超声速民用运输业的发展，必须要解决超声速飞机存在耗油量大、噪声、安全性和废气污染等问题，目前的超声速民用飞机远远不能满足客运和货运的要求。

实现超声速巡航气动设计的一个主要问题就是如何减小超声速激波引起的"波阻"和摩擦阻力。除了激波引起的前后压力差波阻外，激波引起的附面层分离也会大大增加阻力。首先在飞机总体外形设计上要适应设计超声速飞行（如增大长细比）；其次要改进超声速翼型和运用附面层控制技术，有关研究试验显示，超声速层流控制可减小阻力达 30%；还有改进进气道设计和采用新型发动机技术也十分重要。

3. 超大型运输机

提高经济效益一直是商业航空公司追求的目标，其途径之一就是运行超大容量的客机和货运机。大重量的运输机也是军用航空的需求，如运载坦克等重型装备。

目前已研制出的空中客车 A380（图 10.1.1）和已运行很长时间的波音 747 - 400 就是突出的例子。波音 747 - 400 最大载客量有 416 人。而新研制的空客 A380 最大载客量可达 500 ~ 850 人，它是目前世界上唯一采用全机身长度双层客舱、4 通道的民航客机。美国波音正与 NASA 合作开发的"高速民用运输机"波音 787（图 10.1.2）走的是另外一条路，尽管该机最大只可载客 300 人，但强调的特点是：大量采用复合材料，低燃料消耗、高巡航速度、高效益及舒适的客舱环境，可以 $Ma = 0.85$ 的高亚声速巡航速度实现较远的点对点不经停直飞航线，比目前同类飞机节省 20% 的燃油消耗，并采用全球化生产网络。

图 10.1.1　空中客车 A380 客机

图 10.1.2　波音 787 客机

大型军用运输机因现代战争对军事空运能力的需求而发展较早。为了减少军费开支,一些国家的军事航空运输力量建设采取了军民航空运输双管齐下的策略。军用运输飞机的主要对象有武器装备和人员(如士兵、伞兵、后勤、医务人员)两大类。武器装备必须由军用运输机运送,而其他人员、物资则可由民用客机或货机来完成运输。在海湾战争期间,美国出动的大、中型运输机达1000多架,与出动的战斗机数量相差无几。

美国的大型军用运输机C-17(图10.1.3)被称为"空中霸王",最大承载货物重量有150t,最大航程11000km,可以装载重型坦克。从总体上看,C-17是以战略运输为主,兼有战术运输特点的一种大型战略/战术运输机。

俄罗斯和乌克兰研制的新型安-70军用运输机是以战术运输为主,兼具战略运输能力的一种战术/战略运输机。安-70飞机的货舱尺寸宽大,其容积是安-12和C-130的3倍左右,能运载独联体各国和北约国家大多数武器装备。

欧盟七国新研制的A400M(图10.1.4)军用运输机与安-70飞机在性能、吨位上几乎完全一致,是作为欧盟七国新型战略/战术运输机而研制的新一代军用运输机。

图10.1.3 C-17装载重型坦克　　　　图10.1.4 A400M军用运输机

4. 空间旅游和亚轨道飞行器

为了将高价值货物能在数小时内送达地球任何一处,还需要一种亚轨道飞行器。专家预测,2025年内,将旅客和货物在大气层外运送并进入地球轨道将成为空间运输业的新业务。

早在20世纪80年代,美、俄等国就提出研制 $Ma=4.0\sim7.0$ 的高超声速运输机。这种"空天飞机"或"天地往返运载器",可以从地面水平起飞,不同于目前的航天飞机需要外储油箱和助推火箭,可以进入轨道航行,再从轨道进入大气层目标区或返回。最近英国 Reaction Engines 公司宣布将在未来25年内研发一种新型的超声速客机A2。该飞机的总设计师称:"如果该飞机研制成功,将大大缩短长途航空的旅行时间。从欧洲到澳大利亚的航行时间只要4h。"

高超声速飞行器的设计面临着与常规超声速飞机不同的一系列特殊技术问题,如高超声速气动力设计问题、气动加热下的结构设计问题和适于高超声速飞行的动力推进系统。

10.1.2 发动机的设置

目前大型飞机一般采用推力较大的高涵道比涡轮风扇发动机,有些中型运输机也有采用涡轮螺桨发动机。

波音宣布波音787客机使用的新型发动机有两个选择,分别为通用电气公司的GEnx(图10.1.5)及罗尔斯－罗伊斯公司的Trent1000涡轮风扇发动机。这两种发动机是目前世界上最大推力的涡轮风扇发动机。罗尔斯－罗伊斯公司新研制的Trent900(图10.1.6)涡轮风扇发动机具有356kN,将用于A380飞机(每架装4台Trent900),可满足最大起飞重量为615t的A380型号。

图10.1.5　GEnx涡轮风扇发动机　　　　图10.1.6　A380及其Trent900发动机

大型飞机发动机安装位置一般都是机身外置,其中多数是机翼吊挂。目前大型客机多半还是采用2~4台发动机设置。2台发动机则为机翼左右对称各吊挂1台(或4台左右各2台)。3台发动机的设置,其中一台发动机安装在机身尾上部,如MD－11飞机。也有的飞机将左右两台发动安装在机身后部两侧,如MD－82飞机(图10.1.7)。

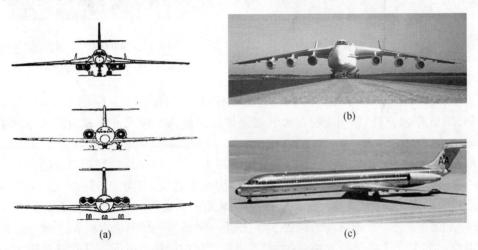

(a)　　　　　　　　　　(c)

图10.1.7　大型飞机的发动机位置

重型飞机也有装更多发动机的,如安－225运输机装有6台涡扇发动机。B－52轰炸机装有8台涡喷发动机,目前在改装涡扇发动机。

发动机安装在机身或机翼处各有什么优缺点? 发动机安装在机身上的好处是:发动机紧靠机身可减少振动;避免安装在两侧机翼的发动机当一侧发生故障时引起的严重不平衡推力;同时保证机翼周围干净,气动力稳定。那么为什么大型飞机大部分发动机安装在机翼下呢? 发动机安装在机身侧后部,对平尾影响很大,以至不得不采用高平尾,这就需要加强垂尾的结构和平尾控制机构,增加了质量。此外,发动机安装在机身不如悬吊在机翼下便于更换。目前,机翼吊装短舱发动机与机翼的气动干扰问题,通过短舱外形设计和与机翼相对位置的调整已减少到可忽略的程度。机翼吊舱的另一不为人们注意的好处是,当飞机做升力过载机动时,吊舱的惯性力对机翼起卸载作用,从而减小了翼根的弯矩。

波音 767-200 和波音 787 飞机上正在试验装有对开式反向推力装置的短舱发动机,这对大型飞机缩短着陆距离有很大的好处。

10.1.3 起落架布置

大型飞机的起落架是关系到飞机起落安全的关键部件,承受的载荷远大于一般飞机。

现代大型飞机的起落架多半设计为前三点式,即一个前起落架和两个后主起落架。前三点式在着陆滑跑时具有较好的航向稳定性。根据机翼上下位置则起落架布置也有不同形式变化。

对于下单翼飞机,由于机翼离地面近,通常两个主起落架设置在左右翼两边,前起落架位于前机身下部(图 10.1.8(a))。而上单翼大型飞机如果起落架设置机翼下则起落架支柱会太高,因此通常设计机身两侧安装有凸出部,起落架可以收放在翼身连接处的凸包内(图 10.1.8(b)、(c))。还有的重型飞机的起落架安置形式为机身四轮式(如 B-52 飞机,图 10.1.8(d)),机身前后安装四对起落架。对于某些有下反角上单翼的大型飞机,为了防止飞机起落时机翼翼尖碰地,左右翼梢部还各设置一个辅助起落架,以保证着陆时左右平衡。

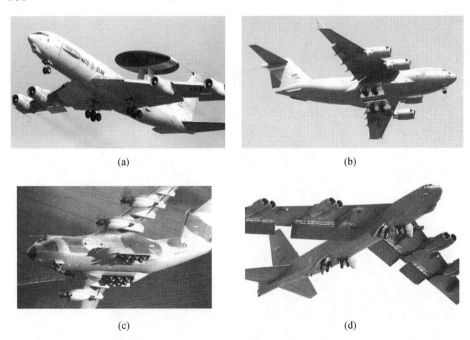

(a) (b)

(c) (d)

图 10.1.8 大型飞机的起落架位置形式
(a) E-3 预警机(前三点式);(b) C-17 运输机及其起落架位置;
(c) A400M 运输机(六轮式);(d) B-52 轰炸机(机身四轮式)。

关于大型飞机总体设计特征,可参看附录 7"国外典型大飞机布局基本特征"。

10.2 大型飞机的先进气动布局设计

飞机外形布局形式的创新设计,是飞机的不断革新的基础。一架飞机的性能很大程度上取决于气动布局的形式。航空技术的快速发展集中反映在飞机新布局形式的不断出现及其新思想的实现。往往一种新布局能使飞机的性能产生更新换代的飞跃,甚至是划时代的变化。

研究大型、远航程、多功能飞机的新概念布局,开发性能优越的新构形飞机技术是占领航空运输业未来发展的方向制高点、争取领先地位的必要条件,同时也是提高飞机营运经济效率、降低使用成本和提高作战空运能力的有效途径。

10.2.1 常规布局

目前的大型飞机是以"大展弦比机翼、后平尾、单垂尾"的常规布局为主,这是因为飞机大承载和远航程的技术要求所决定的,同时这种布局具有较好的纵向和横向飞行稳定性。其中客机大多数设计为下单翼、上反角机翼,这种设计除了考虑到旅客的安全之外,还考虑到可以将主起落架设置在机翼内,这样可以留出机身更多的空间,同时起落架放下时离地面较近。下单翼机翼对翼下发动机还起到一定的隔噪作用,对于客机减噪有好处。我国研制的"运十"客机就是这种大型客机早期的典型布局(图10.2.1)。

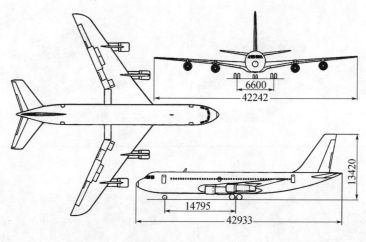

图 10.2.1 "运十"飞机

大载重的运输机多半采用上单翼机翼设置,这是因为该类飞机主要用来装载货物或军事装备,货舱地板设计离地面较低便于装卸。如 C-17 运输机,装甲车可以直接从地面开入飞机机舱(图 10.1.3 和图 10.2.2)。大载重飞机的发动机较多,机翼如果再装起落架的话,则承载太大;同时起落架支柱会太高,而不利于结构强度。至于挂吊涡轮螺旋桨推力装置的飞机机翼,尽管有的载重不太大,但由于桨盘高度要求,也只能设计为上单翼了。

以上为目前高亚声速运输机的常规布局形式。超声速运输机,即使采用常规布局,其

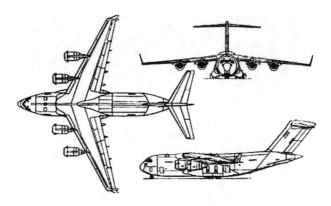

图 10.2.2 C-17 运输机

外形结构形式也有较大的不同。如增大长细比,机翼为小展弦比等。

美国 Aerion 公司尚在研制中的一种超音速商用喷气机(图 10.2.3)。它的最大速度将超过 1600km/h。借助这一速度,从芝加哥到伦敦的飞行时间将缩短至 5h25min,相比之下,普通喷气式飞机则需要 9h 才能完成这一旅程。不过这只是一架较小的客机。

图 10.2.3 Aerion 超声速喷气式客机设计效果图

10.2.2 特殊布局

1. 无尾布局和鸭式布局

由于接近声速飞行时的强激波作用,大展弦比小后掠角机翼的亚声速常规布局运输飞机已不能适应声速和超声速飞行了。要实现超声速飞行的运输机,必须克服声障,减小激波强度,因此必须采用小展弦比大后掠角机翼设计。

单纯加大机翼后掠会使刚度变小,结构重量增大,横向流动加剧导致翼尖气流分离。尽管发展出了三角翼布局可增大机翼刚度和面积,但是常规布局的平尾离机翼较近,尾力臂小,必须增大平尾偏角以配平或拉起,增大了配平阻力。而无尾布局的舵面配平偏角较小(襟翼也起升降舵作用),总体上无尾布局的配平和诱导阻力要明显小于常规有尾布局,在超声速飞行时无尾布局的升阻比更大。

为此第一代超声速客机(如"协和"号客机和图-144 客机)都采用了无尾布局形式。气动专家屈西曼等人还创造性地设计了 S 形的大后掠机翼前缘,能形成稳定的脱体前缘涡而产生很大的非线性升力,大大改进了低速、大迎角时升力特性。"协和号"客机驾驶舱下机身两侧有一对很小的舵面(图 10.2.4),主要为了控制机头的摆动,还算不上鸭翼能起前平尾作用。

153

图 10.2.4 "协和"号客机

大型超声速飞机也有采用鸭式布局设计的,尤其是大型高超声速飞机更长细,而且机翼比较小,如果仍用无尾布局,难于控制纵向稳定。有的高超声速飞机采用升力体＋后部小机翼形式,但目前见到的还是较小的 X – 43 无人机和 X – 33 小比例的空天飞机试验机。

图 10.2.5 给出的是欧洲航天总署负责研制计划所初步设计的 A2 超声速客机方案,飞行速度可达到 2.5~5.0 倍声速。该飞机机身长 143m,是目前最大的客机 A380 机身长度的 2 倍,像"铅笔"状的机身可容纳 300 名乘客。机身中后部安置有后掠角约 45°的小展弦比梯形机翼。机头设计有大后掠角的三角形鸭翼。机身尾部设计有一个大后掠角的上垂尾。该布局设计比较适合 5 倍以下声速飞行的飞机。

图 10.2.5 A2 超声速客机方案

2. 变后掠翼布局

对于飞行速度范围要求较广的大型飞机,如某些既能适应超声速飞行,又要适应亚声速飞行的轰炸机,有的就设计为"变后掠翼"形式。例如,美国的 B – 1 轰炸机(图 10.2.6),俄罗斯的图 –22M(逆火)和图 –160(海盗旗)轰炸机(图 10.2.7)都是"变后掠翼"布局。

变后掠翼通常设计有较大的与机身固联的大后掠内翼。内翼既是后掠翼的结构支撑与转角机构装载重要部分,也是产生升力的重要的部分,并与机身成融合体(图 10.2.7)。变后掠翼飞机与固定细长三角翼或直机翼飞机相比,纵向操纵实现存在大跨度,因此布局不可能像"协和号"那样无尾式设计,必须有平尾作配平和控制。其平尾及升降舵(或全动平尾)的大小和位置设计也比固定翼飞机要求更苛刻。

图 10.2.6　B-1B 轰炸机

图 10.2.7　图-160 轰炸机

3. 飞翼式布局

飞翼式布局是正在发展、也是未来大型飞机的重要形式。

1989 年研制成功的 B-2 轰炸机就是为提高飞行效率和隐身需要设计的一种特殊的飞翼式布局(图 2.2.2),也是世界上第一个成功的大型飞翼式飞机。其布局为无平尾、无垂尾。机前缘设计有前缘缝翼;机翼前后缘为多段"锯齿"形,布置了多段襟翼和副翼。这些襟副翼不但起增升作用,而且是飞翼式飞机纵横向控制的关键部件。

波音公司于 1994—1997 年在 NASA 的资助下,提供一个 800 座位、航程 12971km、巡航速度 $Ma=0.85$ 的飞翼式(又称"翼身融合体"(Blended Wing Body Aircraft, BWB)先进客机的设计方案。随后又以最小起飞重量为设计目标设计出了第二代 BWB 的外形(图 10.2.8),它的翼展 85.3m,机翼面积 450m^2。为了稳定和控制该 BWB 客机设计有前缘缝翼和作为升降舵的后缘简单式襟翼,外翼的副翼作为升降舵是俯仰和滚转的主要控制,带有方向舵的翼梢小翼主要提供方向稳定性和控制。

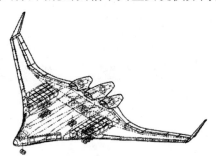

图 10.2.8　波音 BWB 客机设计方案

波音公司研究的翼身融合体与按同样设计要求的常规布局的性能作比较,显示 BWB 的最大起飞质量要比常规的低 15%,巡航的升阻比也从常规的 19 增大到 23,需求推力比常规的减小 1/3,因此每英里的耗油率会降低 27%。

该 BWB 方案机翼尾部上方安装 3 台发动机。在 NASA 资助的研究下提出了边界层吞吸的概念,运用发动机和机体一体化多学科设计方法,使发动机进气道在风扇前安置专门的涡流发生器可提供在风扇处合适的均匀来流和可接受的压强恢复,不仅减少了冲压阻力,且提高了推进效率。研究结果表明进气道吸吞来流边界层而非排除方法可使发动机降低燃油消耗。

10.2.3　机翼形状

对于大型飞机,飞机的经济性是一个重要指标,尤其是客机。飞机的承载能力、巡航速度、运行成本和起降性能是十分重要的。而这些指标都与机翼的设计有很大关系。

1. 常规布局的大展弦比机翼设计

现代大型运输机(包括客机)越来越要求有较大的巡航速度,亚声速大型运输机的巡航速度现在已达到900～1000km/h,在这种接近(或已进入)跨声速的高速飞行速度,选择适当的翼型和机翼形状就显得很重要了。

自从发明了在高亚声速、跨声速时可以大大延缓或减弱激波的超临界翼型以来,大型亚声速飞机多半采用超临界翼型。超临界翼型除了可以减小激波外,还有增大机翼容积的作用。超临界机翼等技术的发展使另一个衡量气动效率的参数——最大升阻比显著提高了约30%以上。大型亚声速飞机机翼多数采用多段不同翼型,机翼根部翼型与梢部翼型有较大差别。

机翼平面形状设计,为了使亚声速大型飞机有较大的升阻比,一般都设计为大展弦比。传统的飞机机翼展弦比为7左右。新一代大型客机的展弦比增大到9～10左右。对于高亚声速飞机机翼,既要保证一定的大展弦比又要减小激波,则机翼后掠角不能太大,也不能太小。据我们统计,大型客机的机翼1/4弦线后掠角,约在30°～38°附近。通过气动计算可以发现,在这样的后掠角下,对减弱跨声速时激波还是起了重要作用的,同时还能有较大的展弦比而保证有较大的升阻比。机翼后掠角的另一作用是,能增加飞行的横向稳定性。这是因为侧向速度对左右机翼会产生不同升力,从而对飞机侧滑具有自动恢复稳定的功能。仔细观察还会发现,亚声速大型飞机机翼前缘多半为直线,而后缘为多段折线型。直前缘一方面能从来流获得稳定升力,另一方面也便于机翼内部直梁结构的设计。而大型运输机机翼的后缘一般设计为多段型,有的为4段,根部后缘后掠角小(甚至为零),逐段增大。这种设计有如下几种作用:① 增加内翼段的升力;② 便于设计更有效的襟翼,提高起降性能;③ 根部机翼还承担起落架收放机构;④ 更有利于吊舱发动机的机翼支撑承力结构的设计(图10.2.9(a))。

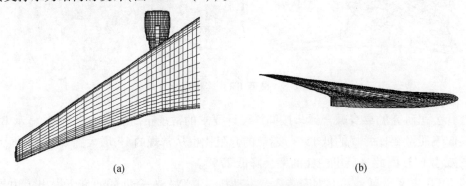

(a)　　　　　　　　　　　　　　(b)

图10.2.9　亚声速大型运输机机翼

在对飞机三维外形重建的研究中还发现,大型飞机机翼多半设计为弯扭形状。这里弯曲通常仅为上反角的设计。如下单翼多半设计为具有约6°左右的上反角,而重型飞机的上单翼多半设计为0°或2°~5°的下反角。而扭转设计相对复杂些,如不少大型飞机根部机翼段设计有3°多的安装角,而逐渐光顺变换到0°安装角。因此根部机翼段是变翼型的。根部正安装角将对提高巡航时升力起作用。而机翼梢部段通常设计有负安装角(约3°~4°左右),因此翼梢段也是变翼型的(图10.2.9(b))。翼梢负安装角的设计对于大迎角时减小翼梢处气流分离是有重要作用的。

波音787的流线型机翼设计是对常规布局机翼设计的一个创新(图10.2.10)。波音787的机翼平面形状的后缘流线光顺,常规布局机翼的后缘通常为多段折线型,再经过弯扭三维优化设计,有良好的气动特性。其鲨鱼鳍式翼尖设计也较独特。波音787机翼的升阻比要高于常规的客机约5%。

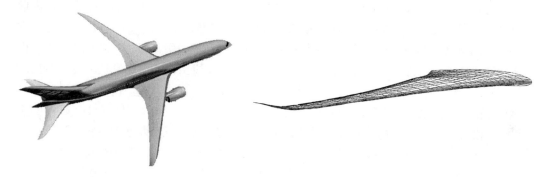

图10.2.10 波音787的流线型机翼

2. 机翼的翼尖设计

机翼的翼尖设计也有多种形式,有的翼尖设计向外后斜置的切削型。还有的设计有翼梢小翼。这两种翼尖设计都能对减弱翼尖涡起到作用。翼梢小翼也有上斜置小翼和上下小翼两类(图10.2.11)。

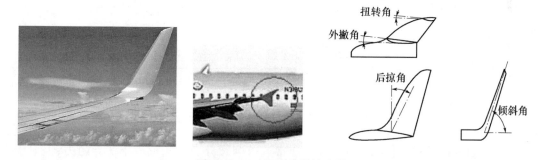

图10.2.11 机翼的翼梢小翼

尤其是翼梢小翼可以明显减小因翼尖尾涡引起的诱导阻力。翼梢小翼有不同的后掠角、扭转角、外偏角和倾斜角多种参数设计,有的翼梢小翼设计可以达到减阻1%的作用。翼尖小翼的载荷增加了机翼根部的弯矩;反过来,机翼梢部的弯曲与扭转也严重影响翼尖小翼在流场中的实际形状,这是小翼设计所必须考虑的。翼梢小翼的后掠角、扭转角、外偏角和倾斜角的设计要以在机翼的不同迎角和变形下减少小翼的气流分离为基本原则。

3. 翼身融合机翼的设计

大型翼身融合型飞机目前还很少,除了 B-2 飞机之外,目前研究中的主要是美国波音公司的"科幻"BWB大型客机和空中客车公司的BWB客机。减阻是大型运输机改进设计的主要目的之一。根据一架亚声速常规布局客机在马赫数0.8、升力系数0.48巡航状态的阻力分析可知,飞机各部件的摩擦阻力占总阻力的约51%,压差阻力约19%,诱导阻力约27%和废阻约3%。这是因为巡航状态下飞机迎角小,摩擦阻力则占主要成分。可见为提高给定升力系数下巡航飞行的升阻比,必须尽可能地减小阻力,尤其是减少摩擦阻力。而摩擦阻力主要取决于飞机的浸润表面积。因此如何满足要求容积下减少浸润表面积,实现摩擦阻力的减小,便成为翼身融合体设计概念的出发点。研究表明,翼身组合体民机外形与传统的常规布局民机外形比较,可减少浸润面积达1/3之多。

要全面提高升阻比、减少包括跨声速飞行的波阻和非线性压力阻力,同时考虑减少结构根部弯矩和结构质量,还必须对翼身融合体的三维外形作平面形状、弯扭形状及翼尖形状进行综合优化设计。波音BWB大型客机的设计方案就采用了多学科设计优化方法——WingMDO对450座的BWB外形进行了优化设计(图10.2.12)。该方法运用了根据所需气动特性和压力分布来反求机翼外形的方法。即飞机由初始平面形状出发和沿翼展用反方法,在几个飞行条件平衡下,满足设计要求和所有约束的最小起飞重量的目标函数,优化设计由一系列已知气动特性的翼型所构成的三维外形机翼。通过WingMDO软件的多学科优化设计,对BWB翼的展长和沿展向几个位置翼型弦长、后掠、厚度和扭转等设计变量完成了平面形状、厚度和扭转的优化,还优化了蒙皮厚度、燃油的分布、翼梢的位置和控制面的偏角,在优化中满足对航程、平衡、结构设计、最大升力、稳定性、控制效率和平衡等的约束。

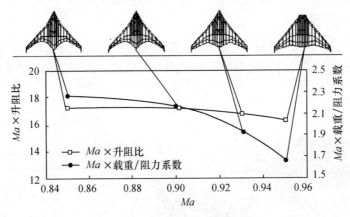

图10.2.12　不同形状BWB机翼的升阻比和载重/阻力比的比较

相关研究还发现。传统设计中人们通常追求椭圆分布以实现最小诱导阻力,但对于BWB外形,它不再是最小阻力的最佳分布。欧盟支持的BWB项目的机翼扭转反设计的研究表明,三角/椭圆的平均载荷分布具有最小总阻力。优化同时使俯仰力矩的值减小为原来的1/18,可见三维优化中以平衡约束非常重要,它不仅提高了升阻比,且满足纵向力矩几乎接近于零的结果,这将大大减小平衡阻力。优化设计的BWB机翼还具有较小的翼载,如波音BWB仅为488kg/m²,远小于同规格的常规客机的翼载732kg/m²。

4. 超声速机翼

超声速大飞机的机翼的后掠角较大,如"协和"号机翼后掠为57°,同时由于前缘为S形,机翼前段是类似于更大后掠角的76°的边条翼,这对减弱激波和增加大迎角时的涡升力有很大作用。而变后掠翼的超声速大型飞机的机翼有两个不同速度段的后掠角,如图 -22M 轰炸机机翼的后掠角分别有 20°和 65°。

5. 机翼的增升装置

机翼的高效增升装置对大型飞机也是十分重要的。通常不但有后缘襟翼,而且有前缘襟(缝)翼。后缘襟翼也多半设计为双缝或三缝多段型,以提高起降(尤其是着陆)时的升力。现代大型飞机不少设计有对后缘襟翼的吹气装置,这可明显提高大迎角或襟翼大偏角时的增升作用。利用二元多段翼型分析和优化设计技术、三元多段机翼分析和优化设计技术、动力增升技术,高升力装置风洞试验技术可以设计出高效的增升装置。

总之,大型飞机的减阻技术研究包括:超临界机翼设计,层流机翼设计技术,发散后缘技术,先进翼梢设计技术,一体化/融合体技术,采用涡流片技术提高增升装置效率,变弯度机翼,动力效应模拟和滑、喷流影响研究等。

10.2.4　尾翼布局的设计

这里,我们把安装在机身尾部两侧的平尾 + 机身上部单垂尾的布局称为常规式尾翼布局。国外大型飞机的尾翼设计多半为"常规式"。大型飞机的常规式尾翼布局设计有以下几个特点:①通常平尾的后掠角略大于机翼的后掠角,这可以适当减小高速的配平阻力;②平尾的上反角等于或略大于机翼的上反角,以增加横向稳定性;③平尾的位置高于机翼,这是为了减少机翼尾流对平尾的干扰影响,也有因发动机安装在机身上部,设计高平尾以防止喷流的干扰。

此外,可以发现上单翼布局的大型飞机,其平尾多半设计为高平尾形式(甚至为 T 形尾),这是为避免机翼尾流干扰的缘故。垂尾通常设计为有较大后掠角的单垂尾。少数设计有多垂尾,如安 -225 这个目前承载重量最大的飞机,其设计为双垂尾(图 10.1.7)。

亚声速大型飞机的平尾都设计为水平安定面 + 升降舵的形式,而不是像战斗机常见的全动平尾。水平尾翼的面积及其与机翼距离设计取决于平尾"尾容量"的大小,而尾容量关系到飞机的焦点位置及纵向稳定性与操纵性(图 10.2.13)。

长航时大型无人机"全球鹰"的尾翼设计为 V 形尾(图 10.2.14),这种设计不但可以减少雷达散射截面积,而且可以起到遮挡发动机尾喷流的红外辐射的作用。

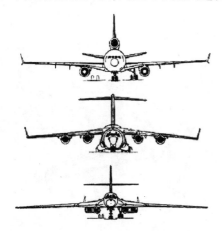

图 10.2.13　水平尾翼布置形式

图 10.2.14　无人机"全球鹰"的 V 形尾

有趣的是,波音 BWB 客机的翼梢小翼同时也是垂尾和方向舵,可提供飞机方向的稳定性和控制。

10.2.5　总体布局优化设计

在激烈的市场竞争环境中,需要不断创新设计开发满足用户需要的新型飞机,做好总体布局的顶层优化设计是十分重要的。随着计算机技术的发展和计算流体动力学(CFD)数值方法的迅速发展,为大型飞机的总体布局的优化设计提供了良好的工具。目前,CFD计算技术在飞机初始设计阶段,几乎可以完全代替昂贵而费时的风洞试验(因为每修改一次外形,就需要重新制造新的风洞试验模型)。结合 MDO 多学科优化设计方法(见第 8 章),还可以满足更多范围设计要求(如动力、飞行性能、结构、效率等)的综合设计。

要进行以求解三维 N-S 方程流场数值计算方法为基础的气动外形的优化设计,首先需建立详细的飞机曲面几何模型,包括运用适当的网格生成和数值方法。

运用 CFD 方法进行飞机总体布局的优化设计,可以进行大量的基本构形和局部形状的反复修改设计,使设计方案在综合平衡技术要求下达到最佳选择,而且可以大大缩短设计周期。

图 10.2.15 为某大型客机外形的基本几何模型,图 10.2.16 为其 CFD 网格的局部,图 10.2.17 为气动压力分布计算结果图。

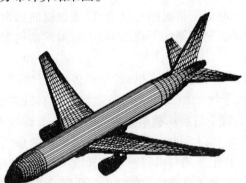

图 10.2.15　某大型客机外形的基本几何模型

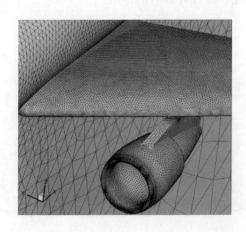

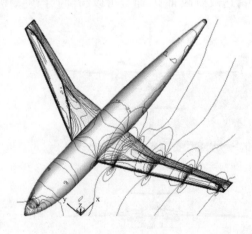

图 10.2.16　某大型客机 CFD 网格的局部　　图 10.2.17　某大型飞机的气动压力分布计算结果

160

10.3　大型飞机的先进材料与结构设计

10.3.1　先进材料在大型飞机上的应用

　　一百多年来,材料与飞机一直在相互推动下不断发展,飞机的先进性在很大程度上又依赖于材料的先进性。长期以来以铝、钢材料为主的飞机结构正在向以复合材料、铝、钛、钢材料为主的飞机结构方向发展。总的趋势是复合材料和钛合金的用量在飞机结构中不断增多。如 C—17 军用运输机钛用量占全机材料质量的 10.3%(钛零件总重 6.8t),复合材料用量 8.1%,铝合金用量 69.3%,钢用量 12.3%;欧洲新型军用运输机 A400M 复合材料用量增加到 35% ~ 40%;空中客车超大型 A380 的铝合金用量 61%,复合材料用量 22%,钛合金用量 10%;波音 787 复合材料用量高达 50%,铝合金用量 20%,钛用量 15%,钢用量 10%;空中客车 A350 复合材料用量 52%,铝锂合金用量 23%,铝合金用量 11%,钛合金用量 9%,钢用量 14%,其他材料用量 6%。

　　由于复合材料比刚度和比强度高和各向异性等非比寻常的物理特性,以及近年来的技术进步大大降低了复合材料的生产成本,从而也大大加速了飞行器结构选材从金属材料向复合材料转变的进程。

　　初期复合材料在飞机上的应用,主要是一些非承力或次承力结构件,如雷达罩、机身整流罩、内装饰结构、控制面等。复合材料的应用具有可使结构减重 10% ~ 40%、结构设计成本降低 15% ~ 30% 的优势。面对较高的燃油价格和越来越严格的污染物排放标准,复合材料能使飞机减重的优点显得尤为重要。因此复合材料在飞机上的应用,也从非承力结构件向主非承力结构件发展。如波音 787 使用复合材料制造整体机身段;A380 率先在中央翼盒上大量改用复合材料(原为全金属结构);波音 787 则进一步发展出全复合材料翼盒段直至全复合材料机翼。A380 中央翼盒重 8.8t,其中复合材料 5.3t,减重 1.5t,其效益十分明显。波音 787 运用了复合材料整体机身制备技术。由于采用了液态复合成形(LCM)技术,因此具有成本低、周期短、质量高、工作环境好和有利于结构整体化等优点。目前民用飞机结构并不都是采用目前军机上常用的碳纤维复合材料,A380 和波音 787 分别选用了新型的层间混杂复合材料(纤维金属层板)GLARE 和钛/石墨化合物复合材料 TiGr。如 GLARE 与金属基叠层板复合材料(AR—ALL)相比,GLARE 的密度较高且模量较低,但其成本显著降低,而且显著提高了疲劳性能、拉伸强度、压缩性能、冲击性能和阻尼性能。波音 787 仅运用复合材料就降低燃油消耗量 3%。复合材料不但可用在机体结构上,而且可用于发动机部件,如复合材料风扇叶片在 GE90 发动机上使用近十年来未出现问题。新型的 GEnx 发动机选用带钛前缘的复合材料风扇叶片。当然复合材料也有明显的不足,如压缩强度低,需要采用无损检测设备和相对较高的制造成本等。

　　图 10.3.1 所示为新结构材料在 A380 上的应用。

　　由于高速飞机的气动加热使结构材料的性能下降,而可能导致结构破坏。另外发动机及其附件结构、支撑结构也是受高温影响的部件。钛合金具有良好的抗蚀性、韧性和耐热性,可解决飞机提高受热件的结构强度和克服热障的问题。高速大型飞机现在广泛采用钛合金来制造飞机结构的隔框、蒙皮、翼梁,航空发动机的风扇叶片和盘等,提高了大型飞机的结构性能。

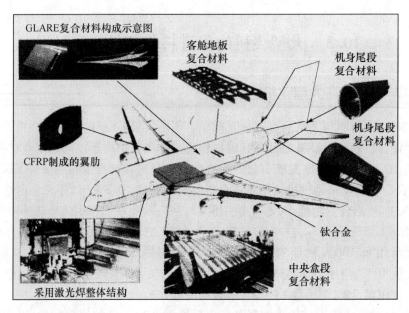

图 10.3.1　新结构材料在 A380 上的应用

10.3.2　大型民用飞机的结构形式

大型飞机的结构强度问题与其他飞机基本一样,因此不在这里叙述。这里仅就大型飞机因运输需求的一些特殊结构形式问题予以简述。

大型客机的结构设计主要目标是如何达到商业公司对客机的两方面要求:提高飞机的经济性和安全性;提高乘客和机组人员使用的舒适性。

提高飞机的经济性和安全性,主要与结构的材料、结构强度、结构可靠性设计和先进制造工艺等有关,如减轻结构质量,抗腐蚀,提高飞机的使用寿命,可维修性好等。

舒适性是民用客机重要的技术指标之一。如在机舱结构及其内饰方面,要为乘客营造一个优雅、舒适的客舱生活环境,以迎得广大乘客的喜欢。

目前,大型飞机机舱多设计为前后三级(或两级)布局,有的有上、下两层,截面形状有圆形,竖立近似椭圆形,横置近似椭圆形,竖立双近似圆弧形等。根据运载对象不同,又分为客舱、货舱、客货两用舱。

图 10.3.2 给出了大型民用飞机机舱的横截面形状, 图 10.3.3 给出了最常见的客舱

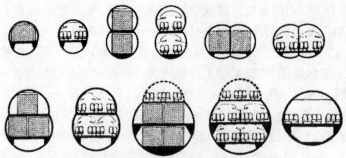

图 10.3.2　大型民用飞机机舱的横截面形状

与地板结构形式,左为单层双排四座客舱,右为双层、三排十座和三排八座客舱。客舱地板下部还可以用做行李舱和货舱。

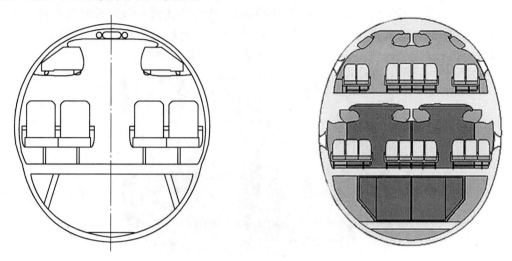

图 10.3.3 大型民用飞机客舱的结构形式

飞翼式布局客机的客舱设计是个新问题,至今尚无实物。波音公司提出的 BWB 客机给出了有关客舱设计方案,图 10.3.4 是其中的一种布置,客舱宽大,如会议厅,但中间的乘客在紧急情况下如何能迅速辙离出舱还是个问题,因为舱门在两侧。

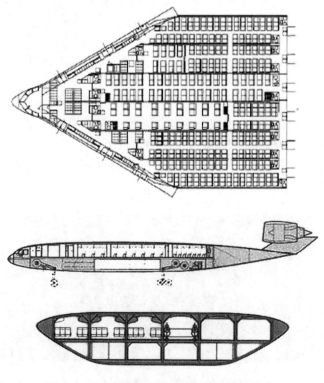

图 10.3.4 飞翼型民用飞机客舱的结构形式

波音787的客舱设计比其他中型飞机都要宽敞,如图10.3.5所示。由于客舱加宽度增加了乘客的舒适感受,波音787的客舱在乘客坐下后其平视位置比一般机型宽38cm,提供了业内最宽大的经济舱座椅——宽达47cm,每个座位比波音最接近的竞争对手至少宽4cm。经济舱走道宽55cm,这一宽度使乘客可以很容易绕过正在供餐的餐车。该宽度比典型的双通道飞机经济舱通道还宽6cm,因此为每位乘客创造出更大的个人空间。

图10.3.5 波音787客舱的结构布置

波音787的舷窗是目前所有飞机中最大的(高47cm,宽28cm),比一般机型的舷窗大65%。无论坐在飞机的什么位置,乘客都能欣赏地平线上的景致,这使他们的飞行体验更加精彩。配以新颖的照明灯光,营造出头顶即是天空的感觉,拱形的飞机舱顶由发光二极管照明可以变换不同的色彩和亮度模拟着黎明或者黄昏等一天不同的时刻,使乘客强烈感受到他们进入了一个新的空间。天空特色的舱顶一直贯穿着整个客舱,一些区域采用了弧形设计,使客舱实现了比例适当的房间式分区。

空中客车A350客舱在为乘客服务设计方面也颇有创新(图10.3.6),制定了客舱舒适性的新标准。走进A350的客舱,头顶是虚拟的蓝天白云,周围是心旷神怡的全彩色照明,高高的天花板给乘客以宽敞的头顶空间,乘客在中央行李箱和两侧行李箱下都可以站立。A350采用了比现代客机舷窗放大8%的大舷窗,窗外视野更为宽广。A350新客舱还创新设计了一机组人员休息区和乘务人员空中休息区。

还有人设想,采用置于机外摄像头在舱内顶部与每名旅客前的屏幕上反映外部真实的天空图像。

图10.3.6 空客A350客舱的结构布置

10.3.3 大型军用运输机的结构形式

为了能够装载较大尺寸的车辆、直升机和坦克等武器装备等,以及运转较多的带有空降装备的人员,需要大容量和重承载能力的大型军用运输机。这是提高快速反应作战能力的后勤支援重要手段。

大型军用运输机结构上的特点是:货舱容积大,舱门大,地板低,后机身尾部高,因为通常都是设计重型装备从后舱门开进。现在也有从侧舱门运进装备的运输机设计,通常所承载的装备体积不大,否则大侧舱门开口设计对纵向承力结构设计有困难。

现代运输机货舱大都选用宽机身直通设计,C-17运输机货舱宽度为5.49m,长26.82m,高4.11m。吉普车可3辆并列开进,可装运3架AH-64武装直升机,可承载美国陆军62t的新型M1A2主战坦克,也可装载和空降102名伞兵。为此,货舱地板纵梁进行了加强改进设计。地板上布置有系留环、导轨、滚珠、滚棒系统等设施,这些设施延伸到可在飞行中放下的货桥上,货桥上有货物降落伞拽出装置。当装卸质量超过29.5t时,要用液压操纵的稳定器的两个撑杆支撑着飞机。图10.3.7为C-130J-30运输机货舱结构示意图。

图10.3.7　C-130J-30运输机货舱结构示意图

用波音787改装的运输机如图10.3.8所示,其从机身尾段断开装载货物的做法也很有特色,主要机身段不需重新设计,仅重新改造尾部,机身形状也可不变。

图10.3.8　波音787运输机装货情况及尾部结构

俄罗斯研制的安-70军用运输飞机,是世界上最早采用桨扇发动机于大型运输机达到实用的飞机。目前,俄罗斯与乌克兰正在合作改进。新的安-70军用运输飞机如图10.3.9所示,其货舱宽度为4m,长19.1m,高4.1m,货舱容积400m³,比伊尔-76运输机的货舱大1/3。

165

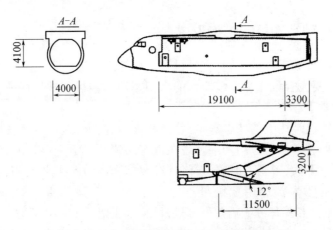

图 10.3.9　安－70 运输机货舱结构总体尺寸图

10.4　大型飞机的降噪设计

20 世纪 90 年代后期以来,航空界提出了"绿色"航空的概念。所谓"绿色"航空,是指在飞机整个寿命运行周期内对生态环境与人类的健康和安全都产生最小影响的航空技术,其中最主要的是设计开发航空发动机更先进的降低噪声与降低排放技术。

高速大型飞机噪声的影响有两方面:一是对机场附近人群的严重骚扰;另一方面飞机外部噪声通过舱壁结构传入机舱内部,形成内部噪声而影响乘员和乘客的旅行环境。目前,飞机噪声仍然是侵扰居民生活环境和飞机乘客十分注重的问题。降噪效果如何,是衡量现代大型客机先进性的重要指标。环保对今后的空中交通和飞机设计的重要性和要求日益提高,降噪技术已是民用大型飞机研究和设计的关键问题之一。

10.4.1　大型飞机的噪声源分析

大型民机主要噪声源还是来自动力系统,包括发动机部件和喷流产生的噪声。非动力噪声,在特定的飞行阶段也是影响不小的,如大型飞机起落阶段的起落架收放,襟、副翼和阻力板的打开,以及气流干扰等产生的噪声。

1. 动力系统噪声源

1) 发动机风扇噪声

当大气紊流或不均匀轴向气流进入发动机风扇叶片时,不均匀流引起叶片上的不稳定载荷。前面的风扇叶片尾迹撞击下游叶片组产生的非定常压力脉动,则是风扇噪声的主要原因。

2) 发动机喷流噪声

发动机喷流噪声来源于两类,一类是飞机发动机喷出脉动的湍流与环境大气的边界层湍流的相互作用产生喷流噪声,这种噪声在飞机降落时占喷流噪声的主要部分;另一类喷流噪声主要来源于发动机产生喷流的部件,属低频噪声范围,多半发生在低喷流速度(小于 300m/s)时,如燃烧的非定常压力、燃烧室气流与涡轮相互作用产生的速度和温度脉动、涡轮排气支柱与下游湍流作用产生的噪声、喷嘴唇口振动产生的噪声等。

3）涡轮噪声

这里主要指涡轮叶片高频通过的振动频率噪声,此外叶片通过频率处与涡轮声相关的脉动压力、排气喷流与环境大气湍流的相互作用产生的噪声包括在喷流噪声中。

2. 非动力噪声

非动力噪声主要的噪声源来自:起落架的打开,起落架舱门和盖板绕流,襟翼,副翼和阻力板绕流的展开,机翼和机身的尾流与发动机,机身的相互干扰,机翼湍流尾迹与机翼表面的相互作用,大气湍流与飞机的相互作用等。

10.4.2　大型飞机的降噪技术途径

世界航空发动机专家提出了"绿色"发动机概念,主要指设计与制造具有更先进的降低噪声与降低排放技术的航空发动机。降噪的技术途径,一是发动机本身的改进设计与制造技术的改进,第二是针对噪声源采取减振、降噪措施。

1. 发动机先进循环设计

改变发动机循环参数,如增大涵道比、减慢发动机的排气速度等,是降低大涵道比涡扇发动机噪声的可靠方法。增大涵道比,将降低风扇的压比与转速,如何能保持低压压气机与低压涡轮的效率?其中办法之一就是开发大推力级的齿轮驱动涡扇发动机。

2. 发动机风扇降噪设计

在部件的降噪方面,风扇降噪是主要对象之一。目前,主要的降噪技术有:设计低噪声的风扇叶片,采用弯掠宽弦风扇叶片,优化处理进气风扇机匣,加大风扇与进口导流叶片的间距;采用三维叶型(包括掠形转子叶片和变掠静子叶片)技术可以控制风扇和压气机的流量,以使噪声减小;采用风扇转子叶片后缘吹气均匀尾迹流场等。如采用弯掠导流叶片能够使风扇的噪声降低 3dB。

经过多年的研究和验证,先进的部件降低噪声技术,在 GE90、PW4084、遄达 800 等现役民用大涵道比涡扇发动机上收到了较好的降低噪声效果。

图 10.4.1 为普惠发动机弯掠宽弦风扇叶片的降噪设计。

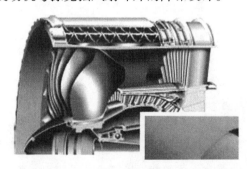

图 10.4.1　普惠发动机弯掠宽弦风扇叶片的降噪设计

3. 发动机其他部件的降噪设计

目前其他部件的降噪技术主要有:采用风扇/核心机混合器(如波瓣式混合器),用于起飞和着陆状态的外部气流混合器/引射器,可变面积风扇喷管,改进短舱和喷口的几何设计,改进短舱/安装技术,采用小突片喷管,使流场结构便于在喷气剪切层混合,从而降低低频噪声等。此外,降低涡轮机械噪声和术喷管吸振,也是重要的降噪措施。

4. 降噪控制技术

降低噪声控制方法有被动控制和主动控制。

被动控制,如结构修改和吸声处理(吸声衬垫减振)。

主动控制,如消除外部和内部的声学耦合;智能噪声控制,利用压电陶瓷元件和/或声学传感器作为结构振动激励系统,在噪声源处降低噪声。

5. 舱内隔声技术

减小舱外噪声对舱内的传播,可采用隔声层结构设计,如采用超细玻璃棉毡等。噪声在进入机舱前被削弱优于在后期传播路径上处理,它可产生全局降噪效果,导致更低的噪声传向机舱。

此外,应减小机舱内部噪声和振动。

6. 降低排放技术

降低大型飞机废气对环境的污染已是世界共同关注的环保问题,为此在这里与降噪技术一起提到,这主要在于改进发动机燃烧系统的设计。2000 年,欧盟发起了高效环保航空发动机计划。目标是 5 年时间使二氧化碳排放减少 12% ~ 20%、氮氧化物排放减少 60% ~ 80%、发动机成本降低 30%、可靠性提高 60%。

10.4.3 "静音"飞机设计的研究探索

能否研制出这样一种客机,使得地面上的人几乎听不到现有飞机所产生令人烦恼的噪声呢?

据报道,一个由学术机构和航空航天界的研究人员组成的美英联合研究小组认为,未来的客机不仅可以节省燃料,而且几乎没有噪声。这个长期研究投资项目叫做"静音飞机计划",研究小组的负责人于 2006 年 11 月 6 日公布一种飞机的概念设计方案(图 10.4.2)。

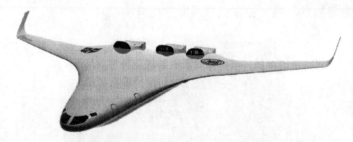

图 10.4.2　美英两国专家设计的一种"静音"飞机模型图

从外形上看,这是一种翼身融体飞机,由于可以能获得很好升力和升阻比,"静音飞机"可降低其在着陆进场和起飞离场时的速度,从而减少了机场的噪声。

该飞机降噪设计的措施之一是摒弃机翼尾部可以偏转的襟翼,从而消除飞机起飞和降落时一个主要的部件噪声来源。

为降低引擎传到地面的噪音,该飞机的发动机将装置在机身内,而不是像传统飞机那样装置在机翼部位。此外,这种喷气式飞机将装备一部大小可以调节的发动机尾喷管,以便允许飞机在起飞和降落时减缓喷气推进,并允许飞机以更高的速度高效率地巡航飞行。这种飞机计划可搭载 215 名乘客,燃油效率为每加仑燃油可支持飞机搭载 124 名乘客飞行 1 英里(1 英里 = 1609m),优于波音公司计划 2008 年交付的波音 787 型客机(据波音公司发言人阿达姆·摩根称,波音 787 型客机的燃油效率是每加仑燃油支持搭载 100 名乘客飞行 1 英里)。

麻省理工学院航空学教授埃德华·格雷泽称,"这种'静音'飞机可帮助解决噪声问题,同时可以满足日益提高的乘客对空中旅行的要求。"该项计划由英国剑桥大学和美国麻省理工学院的多名研究人员共同提出,引起了多家企业的兴趣。据这两所大学称,全球有 30 多家航空公司,包括飞机制造商波音公司和引擎制造商罗尔斯·罗依斯公司都参与了设计工作。

大型客机"静音"技术计划始于 10 年前由美国 NASA 领导的"静音技术验证"计划,就是要尽可能多地降低新一代飞机的噪声水平。具体要实现的目标是:以 1997 年的飞机噪声水平为基准,在未来 10 年内,将可感觉得到的飞机噪声降低 50%,在未来 25 年中降低 75%。应该说,第一阶段降噪计划已部分在波音 787 飞机得到实现。

10.5 大型飞机的安全性与适航性设计

安全性、经济性、舒适性和环保性是大型飞机、尤其是大型民用客机设计的主要问题和难点。

10.5.1 适航标准

飞机与其他交通工具(火车、汽车、轮船)最大的区别在于:车、船可以停顿,而飞机不能容许在空中"抛锚"。"抛锚"的英语单词是"STALL",航空汉语名词叫"失速"。尽管现代战斗机已可以实现短暂的机动"过失速"动作,但飞机(不包括旋翼飞行器)仍然不能在空中"停留"。大型客机也不容许出现"过失速"机动动作。虽然汽车事故率已大大超过航空,但由于大型客机一次性载客多,如果发生"抛锚"事故其死亡率高,所以"安全性"始终是飞机头等重要的大事。随着民用飞机的加大,如果把目前航空公司的尚不高的事故率用到运载 1000 名旅客和机组人员的飞机上,那么一次机毁人亡的事故所引起的广泛影响将是深不可测的。

民用飞机的"适航条例",正是为了使民用飞机的设计、制造与使用确保飞机飞行的安全性而制定的规则。民用飞机要走向国际市场,就必须申请获得国际公认的"型号合格证"和"生产许可证"(如美国联邦适航局(FAA)和欧洲联合适航局(JAA)颁发的适航证)才可以。我国也参照国外条例,制定了中国民用飞机的适航标准。各国的适航标准,根据实际情况都在不断地修改和补充,如 FAA 从 1956—2006 年对适航标准就修改了 117次。航空适航标准的技术要求"具体"而"繁琐",不能把它看着对研制飞机部门的限制。它是多少年飞机研制与使用的经验和许多血的教训的总结。大型民用客机要达到这些标准是要下很大功夫和有很大困难的,但把适航标准作为"最低"要求设计,同时也是提高民用飞机研制水平的必要条件。优秀的飞机设计部门还会根据市场要求自己定出更高的标准。

安全性设计包括内容很广,涉及飞机设计的各个方面:总体、发动机、结构、系统、电器、电子、控制、人机工程、特殊环境影响、非正常着陆、应急撤离等。图10.5.1 所示为A380 客机在做应急撤离试验。适航标准仅仅是最基本的通用要求,一种飞机的设计,必须清楚本飞机安全问题可能存在的地方, 确保设计与制造可靠。另一方面,一旦发现安全问题或潜在可能发生的安全问题,立即修订原来的设计要求和规定。

图 10.5.1　A380 客机在做应急撤离试验

10.5.2　可靠性设计

安全性设计落实在飞机一个具体的部件或系统的设计方面,主要反映在可靠性上。除了保证安全,可靠性还有质量可靠性、使用可靠性、环境适应性等含义。

所谓可靠性,则是指产品在规定的时间内和给定的条件下,完成规定功能的能力。它不但直接反映产品各组成部件的质量,而且还影响到整个产品系统的质量性能的优劣。可靠性设计则是通过设计实现产品可靠性指标的方法。

可靠性的度量指标一般有可靠度、无故障率、失效率。

可靠性设计是整个产品设计工作中的一个重要组成部分,其主要任务就是通过可靠性预测、分析、试验和改进等可靠性活动,把可靠性要求通过设计及其制造,成为产品的内在可靠性。

可靠性设计包括产品零部件的可靠性设计和产品系统的可靠性设计。对大型飞机来说,包括结构、推力装置系统、操纵系统、自动控制系统、起落装置系统、航电系统、环境控制系统、生命保障系统、服务系统零部件的可靠性设计和飞机整个系统的可靠性设计。

每一类部件又有自己的可靠性设计特殊要求和内容。以飞行器结构可靠性设计为例来说,就包括抗疲劳断裂设计、安全寿命设计、损伤容限耐久性设计、抗腐蚀设计、抗冲击和振动设计、抗坠毁设计(主要对直升机)、防气动弹性发散设计等。

对飞机系统来说,可靠性设计包括:根据功能、成本和时间限制决定飞机系统可靠性要求,确定飞机系统的工作环境条件,制订飞机系统可靠性规范,确定对飞机使用面可靠性要求,确定飞机系统的维修性及安全性方面的要求等;对飞机本身作为产品系统制造完成方面,还有编制飞机生产制造过程中可靠性控制计划,飞机部件协调和装配的可靠性要求,飞机飞行试验的可靠性要求等。

10.5.3 维修性设计

飞机维修性的优劣不但关系到航空公司的经济效益,而且也是飞机安全运行的保障。飞机的维修成本已是用户在是否购买飞机的决定性因素之一。维修性已作为现代飞机在设计时的一个重要指标。

维修是一项伴随着飞机整个生命周期的工作。飞机维修思想经历了从预防性维修到可靠性维修的转变过程。可靠性维修思想的核心就是保持飞机固有的安全性、可靠性和经济性三者的平衡。

维修性设计又叫面向维修的设计(Design For Maintenance,DFM)。它是指在产品设计时,以满足用户需求为前提,通过分析和研究产品寿命周期中各阶段的维修特性、并进行综合评价和权衡,提高产品的维修性及综合考虑维修成本的设计原则和技术。

"可靠性为中心"的维修思想逐渐发展成为今天飞机维修的主流。可靠性维修主要是建立在全寿命维修、从航空产品实际出发进行维修、对航空装备实行全面的可靠性控制和只进行必要的维修工作等维修思想的基础上。在新的维修思想指导下,有必要对过去的维修体系、维修大纲、维修规程、维修方式和维修手段等方面的设计进行全面革新。

从技术方面改革,现代飞机的维修性设计,应努力通过使用新材料、新设备、新的制造技术、新的状态监控技术、新的故障诊断手段来提高大型飞机的维修性。

空中客车公司在 A400M 运输机的维修性设计思想方面就进行了大胆地改革和创新。空客对 A400M 运输机提出 15 天的免维修使用和 150 天的部署周期内,飞机不需要做定检,其维护工作可由受过培训的人员利用机载的工具和零备件来完成的新维修程序。这是对传统维修思想的一个重大挑战,无疑将会显著降低维修成本。当然这一做法是以先进的维修性设计为支撑的。

为了满足客户对维修性的要求,空中客车军机公司从现有的民机项目引用了许多先进的系统和材料。

(1) 采用先进的飞机综合监控和诊断系统(AIMDS),它具备如下功能:

① 使得每架飞机都有由中央控制的自检设备(BITE)。

② 提供清晰的英语故障信息进行故障诊断。

③ 收集、记录和提交发动机、APU 和关键系统的数据进行趋势分析和维修计划的制定,确保免维修周期。

④ 记录飞机的结构载荷、跟踪飞机的使用情况和相应的疲劳周期等。

(2) 配备便携式多功能查询终端(PMAT),还允许地勤人员通过飞机内外插件查询 AIMDS。PMAT 适用于更深层的故障查询,在为排故和改正提供电子文档查询的同时,还具备了飞机与地面支援人员之间的实时数据传递功能。

(3) 为飞机提供地面支援系统(GSS),并与飞机用户一起进行了项目界定。这套系统将在类似的民用系统的基础上增加军机的相应功能以满足要求。除了任务计划和详细的分析功能,还包括维修监控、工作分配、维修数据记录、飞机状态和发动机状态监控以及结构监控等功能。

（4）除了新研制的设备之外，尽可能使用目前最先进的的支援系统和设备。此外，空客为 A400M 运输机还制订了一整套服役后的支援方案和发动机零部件支援方案。

将安全、可靠、经济的维修思想引入飞机设计的目的就是以最低的费用，保持飞机固有的安全性和可靠性水平，并为改进设计提供信息。

大型飞机设计涉及的技术很多，如先进发动机设计、智能和自适应飞行控制技术、先进的通信与导航技术、先进的航电系统和环境控制技术等，部分内容在其他章节有所介绍，这里不再重述。

随着人们对最快速的交通工具——飞机的日益增加的需求，随着航空技术的飞速发展，更好、更快、更安全的大型飞机必将不断地被创造出来。

第11章 其他先进设计技术简介

11.1 飞行/推进/火力控制一体化设计技术

11.1.1 飞行/推进综合控制设计技术

综合飞行/推进控制系统在未来先进战术飞机上的应用不仅使飞机作战效能大大提高,而且可以减轻驾驶员的工作负担。特别是对具有低空突防能力的战斗机、轰炸机更为重要。

1. 飞行/推进综合控制系统的功能类型

图11.1.1为综合飞行/推进控制原理图。综合飞行/推进控制系统,系统功能综合按不同的综合要求可进行如下分类。

(1)按综合模式可分为速度裕度控制模式、快速推力调节模式、格斗模式、推力矢量模式、自动油门模式和效能寻优模式等。

(2)按飞机使用要求和效能要求不同的任务段可分为短距起降、巡航、地形跟随/威胁回避/障碍叫避、空中格斗和对地攻击等。

(3)按子系统综合可分为进气道/发动机、机体/进气道、飞行/发动机和飞行/矢量喷管等综合控制。

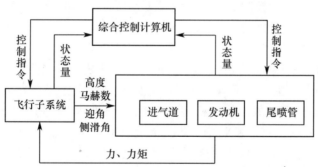

图11.1.1 综合飞行/推进控制原理框图

当飞机控制计算机收到机载传感器测出的飞行状态参数(如姿态角、迎角、速度、加速度、马赫数、高度等)和发动机参数(如进气道压力比、进气整流锥位置等)经过飞/推控制律计算之后,一方面向飞机飞行控制系统发出操纵信号,操纵飞机的相应操纵面,使飞机按预期的姿态和航向飞行。另一方面计算机又向发动机系统发出控制信号,控制进气整流锥位置伺服装置和油门,按需要控制发动机的推力。这样就把飞行控制和推进控制融为一体达到飞机综合控制的目的。

2. 飞行/推进综合控制的应用效益

综合飞行/推进控制的效益体现在下述几方面:

1）地形跟随

采用综合飞行/推进控制系统,在地形跟随过程中,地形跟随系统首先预测对油门的要求,具有缓慢而较小的油门偏差。这种系统使发动机燃油效率得到提高,延长发动机使用寿命并使驾驶员工作负担减轻,从而把主要精力集中于对地攻击。

2）能量管理

综合飞行/推进控制系统的能量管理是针对不同飞行任务阶段,对有关参数实施自动控制,从而使能量达到最大效率。例如,当一架飞机从飞行包线的一点飞到另一点时,就存在最佳过渡轨迹问题。各种航迹的不同是由最佳化参数决定的,可采用最少燃油消耗、最短飞行时间或最短距离这三种不同的方案。研究结果表明,采用综合飞行/推力控制的能量管理方法的最短时间轨迹飞行是最有效的。

例如:在飞机爬升或平飞加速时采用最大推力模式,可使发动机推力增加 10% 以上;在飞机巡航时采用最小油耗模式,在保持推力不变的前提下,亚声速巡航可减少单位油耗率 1% ~ 2%,超声速巡航可减少单位油耗率 9%;在起飞阶段,涡轮温度高,发动机转子寿命主要消耗在以起飞为代表的高温工况,这时采用最低涡轮温度模式,在保持推力不变的前提下,可降低涡轮温度 50℃,以增加发动机寿命;在进入作战区时,采用最小可识别特征模式以提高隐身能力;在超声速飞行进行空——空格斗时,采用最快减速模式,可缩短减速时间 30%,显著提高飞机的敏捷性,提高飞机作战能力。此外,在低空突防,地形跟随,空战中进行最优拦截等,飞/推综合控制都能发挥作用,其效益十分突出。

3）具有推力矢量的飞行/推进综合控制

传统的布局设计基本上把气动/机体与发动机推进作为独立的但互补的因素来处理。由于推力矢量、推力反向和推进(动力)升力等技术的发展,气动与推进技术的结合将会大大增加;另一方面,主动控制等技术的发展又为气动与推进的综合提供了技术上的可行性。飞机的姿态和飞行轨迹的控制将综合推力矢量与各种舵面的共同作用,甚至由推力矢量来代替舵面操纵。因此,气动与推进的综合将会有很大发展。

20 世纪 80 年代初期,美国在 F-15 和 F/A-18 飞机上试飞验证了综合飞行/推进技术及其可行性,90 年代完成的 F/A-18 综合系统验证试飞已经把光传操纵同综合飞行/推进控制结合起来。先进战术战斗机（ATF）将综合飞行/推进控制技术与推力矢量控制、多模态变循环发动机结合起来,使飞机性能达到最优,并且提高了生存性。

从 F-22 飞机试验中证实,使用推力矢量系统对飞机飞行性能的影响是很大的。这种推力提供了大约 2 倍的只用气动操纵面产生的有效迎角,迎角大于 70°。可以较轻松地完成“眼镜蛇”等非常规机动动作。在低速大迎角飞行状态下,几乎比 F-16 的俯仰速率高 5 倍。而且飞机显示了大迎角下可靠的操纵品质,当迎角 60° 时,以前飞机俯仰姿态精度都需保持在 0.5° 以内。利用推力转向后,由于控制俯仰发散能力增加,允许滚转操纵面偏转到最大位置,因而与无推力转向情况相比,滚转速度有很大的增加,滚转速率也达到每秒 20° ~ 30°。

11.1.2　飞行/火力综合控制设计技术

1. 飞行/火力综合控制系统

航空机载武器用以攻击目标与地面武器最大的区别是,无论目标是静止的还是运动的,发射武器的载体是位于空中的高速运动平台,因此航空火力控制要复杂得多。所谓航空火控技术,是"航空火力控制技术"的简称,就是指完成从运动的飞机(载机)上向目标准确发射弹(炮弹、导弹或炸弹),准确命中目标的半自动或自动地进行瞄准射击的技术手段,包括进行目标探测、识别、跟踪、瞄准和攻击,使投射的武器能命中目标的整个过程。火控系统是作战飞机重要的组成部分。

航空火力控制系统(也称机载火控系统),则是指实现航空火控技术的全部机载设备系统,它对目标进行探测、识别、跟踪、瞄准,控制武器弹体投射方向、时间、密度和持续时间。一般由目标参数测量装置、机载参数测量装置、火力控制计算机、瞄准显示装置、操纵控制部件和外挂物管理系统等组成。

飞行/火力综合控制系统,是将原来相对独立的飞控系统和火控系统视为整体控制对象,进行优化设计,将原来孤立的两大子系统及其他有关模块组合成具有特定作用的整体,共同完成作战任务。常见的是通过飞/火耦合控制器把目控系统与火控系统综合为一个闭环的自动化的武器投放、攻击系统。该系统用火控系统输出的瞄准偏差自动或半自动地(代替或辅助驾驶员)实施飞行操纵,从而控制载机的姿态与航迹,这不但能实施精确的控制,而且能把驾驶员从繁重的飞行操纵中解放出来,以提高攻击机的战斗力和生存力。

飞行/火力综合控制系统的心脏是具有程序飞行控制和火力控制调节规律的数字计算机。驾驶员选择某种飞行状态,通过机载传感器测出飞机的飞行状态(Ma 数、高度和姿态),以及目标运动参数(距离、速度、加速度和方位)与驾驶员的输入指令一起综合计算,形成射击指令。该指令一方面送到驾驶员的平视显示器上,驾驶员根据显示器上的武器投放符号使用驾驶舱的控制器进行相应操纵,另一方面送入飞行/火力控制交联装置形成自动操纵信号,送入电传飞行控制系统进行操纵。图 11.1.2 为飞行/火力综合控制原理框图。

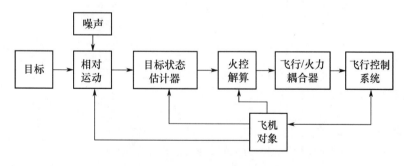

图 11.1.2　飞行/火力综合控制原理框图

先进的火控系统,具有多普勒雷达和红外激光等光电传感器组成的目标探测系统,惯导和大气数据计算机、无线电高度表等组成的引导和载机信息传感系统,平显、下显、握杆操纵组成的任务显示控制系统,管理武器投射的外挂系统以及任务计算机、数据传输系统、视频记录系统等,以总线联网方式组成综合火力控制系统。

2. 飞行/火力综合控制系统的效益

新型飞行/火力综合控制系统能实现如下一种或几种功能:

(1)多功能攻击:空对空、空对地、远距攻击、近距格斗、跟射、拦射、离轴发射、全向攻击等。

（2）多目标攻击：对多个目标进行探测、鉴别、跟踪、选择、决策。

（3）多武器作战：具有常规武器和制导武器的作战能力，要求系统的精度更高、生存力更强、自动化程度更高。

飞行/火力综合控制系统使飞机的空对空射击模态扩大了作战范围，在空战中能自动的抢先占位，自动抢先攻击，达到先敌发现，先敌消灭对方，可以使整个空战过程实现高度自动化，减轻驾驶员的负担。飞机可以从任意方向接近目标。而使用传统的前置计算光学瞄准系统，飞机只能从目标机尾后 ±40° 角的圆锥范围内攻击目标。使用综合飞行/火力控制系统可以实现全方位（360°）攻击，这样可使飞机获得首次射击机会的时间缩短50%；射击次数和射击持续时间增加 3 倍；期望的命中率提高 2 倍。MPTI/F – 16 空对空射击模拟结果表明，这种系统可以大大提高目标跟踪能力。从接战到获得精确射击信息所需要的时间只有 2～3s，而且在瞄准目标的大部分时间内（从 28%～58.8%）使前置角误差保持下降到 0.5° 角以下。随着跟踪精度提高，响应时间缩短，前置误差下降，使杀伤概率提高，这是综合飞行/火力控制系统引人注目的优点之一。

在空对地攻击中，不仅使攻击机的生存力有所改进，而且还提高了武器投放精度。模拟结果表明，攻击按瞄准线指挥的防空武器的生存力提高 9 倍。机身俯仰瞄准在空对地机炮扫射时，飞机可围绕目标"盘旋"射击，并且可以提高最低攻击高度。

如图 11.1.3 所示，图中把具有精确跟踪传感器和指挥仪型火控系统，与解耦操纵的专家飞控系统，通过专家火/飞耦合一个自动的武器投射攻击系统。其中 e_1 为空间瞄准误差信号，e_2 为直升机姿态角偏差信号。利用专家综合火/飞系统，对目标实施火力攻击时，专家火/飞耦合器根据空间瞄准误差，迅速准确地给出直升机姿态操纵信号，从而使直升机迅速消除姿态误差 e_2，达到准确攻击目标的目的。

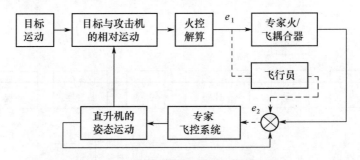

图 11.1.3　一种直升机的专家综合火/飞控制系统的结构

11.1.3　飞行/推进/火力控制一体化设计技术

飞行/推进/火力控制一体化设计技术是采用 ACT 的飞机飞行控制系统的重要飞跃，它是以数字计算机为核心，将飞行控制系统、火力控制系统、推进控制系统有机地综合起来，进行协调控制。利用人工智能和智能控制的理论和方法分析、设计火控系统、飞控系统和推力系统，并将三者用智能控制的方法综合成一个统一的飞行和武器发射最优闭环大系统。综合飞行/推进/火力控制，更加集中地体现了综合控制技术发展水平和发展方向。其原理框图如图 11.1.4 所示。

176

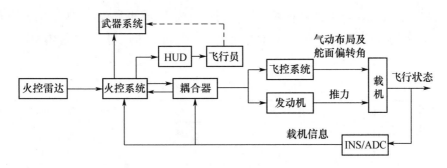

图 11.1.4　一种飞行/推进/火力控制系统的原理结构

综合控制系统还可以把电子对抗、飞行控制及发动机控制系统综合起来,使飞机具有最佳逃避机动能力,攻击导弹由于加速度饱和来不及机动与跟踪飞机,这样便减少了飞机被导弹击中的概率,提高了面对导弹和其他威胁的生存力。

11.2　先进结构材料

11.2.1　目前飞机常用的材料

飞机用的材料和一般的机械用的材料相比有很大的不同。据国外统计分析,大型民航客机每年用的材料并不多。但它的附加值很高。一架现代民航客机的机体的价格大约相当于与机体同等质量的银的价格,大约是汽车上用材料价格的 100 倍。而航天器的价格大约是与航天器同等质量的金的价格。由此可见材料在飞行器结构中的重要作用。

飞机材料繁多,基本上可以分为两大类,一类是结构材料,另一类是功能材料。功能材料是近十年来才出现的名词,尽管它在航空器上早已得到应用。功能材料主要是指一些具有特殊物理学、化学和生物学特性的材料,它们主要用来制造一些具有信息传导、储存或记录、能量转化或变换的功能元器件,这些材料广泛用于飞机的电子、飞行控制、遥测和导航仪表中。

航空产品各种零部件的工作环境、受力条件、功能的不同,对所用材料的要求是各式各样的。材料还可以按其他的标准进行分类。如按应用部位或材料的化学成分分为飞机材料、发动机材料,金属材料、有机高分子材料、无机非金属材料及复合材料等。高性能金属材料、先进复合材料、某些功能材料和材料检测技术是当前航空材料技术发展很重要的领域。为了满足未来飞行器的要求,各国发展航空新材料的主要动向是:为减轻飞机结构质量,大力发展和采用高比强度、高比模量的结构材料;为大幅度提高发动机推重比,大力发展新型高温材料;为满足未来飞机的隐身和自适应智能控制技术要求,积极开发应用新型雷达吸波材料和智能结构材料;为提高航空产品的可靠性和耐久性,大力开展新材料应用研究和加强无损检测、损伤容限、疲劳寿命和寿命评估等。

由于结构在飞机减重中的重要作用,对现代飞机结构材料来说,最主要的通用要求是在各种工作环境（高低温、腐蚀等）下的比强度和比刚度要高,也就是说材料要不易断裂、不易变形而且密度要低。

总的看来,现代飞机的结构材料仍以金属材料为主,有机复合材料应用不断增加。以美国近 25 年来设计的战斗机及干线客机的用材为例,可以明显看出这种趋势(表11.2.1)。

表 11.2.1   几种飞机用材料的结构

	名 称	设计年代	铝合金	钛合金	钢	复合材料	其他
战斗机	F-14	1969	39	24	17	1	19
	F-15	1972	36	27	6	2	29
	F-16	1976	64	3	3	2	28
	F-18	1978	49	13	17	10	11
	F-22	1989	16	39	6	24	15
干线客机	波音747	1965	81	4	13	1	1
	波音757/767	1972	78	6	12	3	1
	波音777	1989	70	7	11	11	1

从表中可以看出,总的趋势是铝合金用量减少,钛合金增加,复合材料明显增加,钢的变化不大。

11.2.2   钛合金

现代飞机的高速度和高强度的要求,以及发动机推重比的要求,使得具有质量轻、体积小、耐高温和抗腐蚀等特点的钛合金,在现代飞机上的使用用量呈逐步上升趋势。

目前在飞机上应用最多的是 α + β 型钛合金和 β 型钛合金。α + β 型钛合金其中最著名的是 Ti-6A1-4V,它的密度小,中等强度,所以应用广,在 F-22 上应用的钛合金中占 7/8。但它的缺点是强度不够高、加工困难、韧性不高。β 型钛合金(如 Ti-1OV-2Fe-3AL,β-21S)具有高强度、高韧性、易成形等特点。β-21S 钛合金还有很好的抗氧化及抗腐蚀性能,在 590℃ 以上有良好的热稳定性,现已用到波音 777 上,用作它的发动机短舱及发动机的尾喷管上的尾锥材料。目前,人们比较关心的问题之一是提高钛合金的使用温度、使它冲破 600℃ 的极限。在这方面,最有前途的是钛铝化合物和钛基复合材料。

F-22 的原型机中,钛结构质量比是 24%,生产型准备增至 39%,主要是在机翼上的梁由复合材料改成钛合金,以增强抗口径 30mm 机炮射击的能力,提高飞机的生存力。

11.2.3   复合材料

由于先进的复合材料具有突出特点是比刚度和比强度高,所以逐渐发展成为重要的航空结构材料。复合材料的各向异性、性能可设计性和复杂形状可加工性,使飞机部件设计获得了空前的灵活性,设计者可根据结构的工作条件,选择适当组分材料和调整增强材料方向,使产品质量轻、安全可靠、整体制造和经济合理。复合材料用于飞机结构一般可减重 25% 左右,因此它在飞机上应用的部位和用量已成为衡量飞机结构先进性的重要标志之一。

1. 复合材料常见种类

当今的复合材料分为树脂基复合材料、金属基复合材料、陶瓷复合材料和碳—碳复合材料以及它们相互混合构成的复合材料等。

1) 树脂基复合材料

树脂基复合材料是目前国际上用得最多的复合材料。它的基体是热固性或热塑性聚合物,增强材料主要为编织和/或非编织的碳(或石墨)、芳纶和硼纤维。与传统的金属材料相比,树脂基复合材料的突出优点是比强度和比模量高,但只能耐中等工作温度,是气动表面的理想材料。树脂基复合材料制的部件,耐环境腐蚀和疲劳、使用寿命长,维修工作少,能使总寿命成本下降。研究表明,复合材料飞机部件的使用和维修成本比相应金属部件低16%~25%。目前,飞机上应用最广的是碳纤维增强环氧树脂复合材料。

目前,树脂基复合材料已获得广泛研究和应用,技术已基本成熟,进入了高速应用发展期。在军机上的应用已进入主承力件(如机翼、机身部件);在民机上的应用比军机稍后,目前主要限于尾翼部件、操纵舵面和舱内结构,准备向主承力结构应用。发动机上的应用目前仅限于冷端部件,正从静子件(如短舱、包容机匣、导向叶片、涵道等)向转子承力件(如风扇叶片等)过渡。

树脂基复合材料能用于主承力结构,主要是归于它的原材料性能有了重大提高。碳纤维的强度、弹性模量和断裂延伸率分别提高了100%、50%和100%以上。各种性能的碳纤维都实现了工业化生产,为大量应用复合材料提供了条件。热固性树脂的韧性得到大大改善,耐温性也有很大提高。环氧树脂的耐温性从150℃提高到170℃、耐200℃的新型高温环氧树脂也已出现。新的韧性耐高温树脂的出现,使复合材料的应用范围扩大到了更高的温度区域。热塑性树脂复合材料在性能、工艺成形上有许多优点:韧性高、耐腐蚀、可焊接、可反复成形、易修理等,对降低批生产制造成本,用于更为恶劣的工作环境具有很大潜力,成为复合材料的热门发展领域。尽管高温成型正在得到解决,抗冲、防火等高级别的可再成型的半成品片材以及碳纤维和聚合物纤维混合纱制品已出现。

2) 金属基复合材料

金属基复合材料(MMC)是增强材料裹于金属基体组成的。增强材料多为颗粒、晶须和连续纤维状的高温材料,如碳化硅、二硼化铁或氧化铝等。基体材料可以是铝、钛、镁和钛铝化合物等。MMC的比强度和比刚度、耐温性和结构稳定性均优于传统金属材料,是飞机中能抗一定高温结构(如航空发动机中温区段)很有希望的用材,已引起航空材料界的普遍关注。当前,研究和开发工作主要集中在碳化硅增强的铝基、钛基和钛铝化合物基复合材料上。

铝基复合材料的强度比铝材高3~10倍,是非常引人注目的航空航天材料之一。其中,碳化硅颗粒增强铝的研究最广泛。铝合金被增强后,模量和强度提高,疲劳裂纹不易产生,但断裂韧性下降,抗裂纹扩展性差。用旋转雾化、沉积及热挤压法制造的新材料,其抗拉强度要比铸造法制造的高25%。机械合金化方法明显优于简单合金化,材料中颗粒分布均匀,与基体结合牢固,刚度也提高。应用目标是飞机机翼蒙皮、导弹壳体和发动机涵道等。现在,颗粒增强铝基复合材料已在电子仪表及陀螺上进入实用阶段,优点是热膨胀系数小、散热快,使重量减轻75%。连续纤维铝基复合材料有代表性的应用是F-22的垂直安定面。

目前,钛基复合材料大都使用碳化硅长纤维,它能显著提高铁合金的刚度和强度,并在816℃下保持强度和刚度不变。基体使用最多的是 Ti－6－4。钛基复合材料工业化应用的主要技术问题是抗蚀性、工艺成形性及高温蠕变强度不佳。

钛铝化合物基复合材料弥补了钛铝化合物的室温韧性、塑性以及高温强度的不足,对减轻复杂形状叶片、无盘转子、隔环等的质量有较大潜力。

MMC 现仅在少数发动机和空天飞机上少量试用,要使它在关键构件上获得广泛应用,必须解决以下几个问题:首先要在工艺上有所突破,研究经济、简便的工艺;其次是解决基体和增强材料间的界面问题,如热膨胀系数不匹配,组分在使用温度下相互扩散和作用,使力学性能急速下降;再就是使延展性和韧性达到实用水平。

3)陶瓷基复合材料

陶瓷基复合材料(CMC)发展较晚,它是采用高强度纤维、晶须或颗粒材料,如氧化铝、碳化硅和氮化硅等增强陶瓷基体。被增强的陶瓷保留了纯陶瓷的优点,克服了单一陶瓷性脆的缺点。CMC 比高温合金轻、极耐高温、热膨胀系数小、抗腐蚀性好,是高性能涡轮发动机高温区的极好材料。

4)碳—碳复合材料

碳—碳复合材料是晶体碳增强无定形碳。其特点是密度小、耐温极高、抗热振性好,但性脆。目前主要在机轮、航天器和导弹上应用,有可能用于先进涡轮发动机的高温部件。主要技术关键是改善其在大气或燃气中的高温抗氧化性和制造可重复性。通过施涂抗氧化涂层可改善抗氧化性。

5)层板复合材料

层板复合材料是金属薄板—纤维增强树脂基层间混杂复合材料。金属薄板一般为铝、钛或铝基、钛基复合材料。常用的纤维是芳纶或玻璃纤维。这种层板复合材料能发挥各组分的最佳性能优势,综合性能好,特别是抗冲击损伤,对长裂纹不敏感,疲劳寿命长,密度也较小,不引起金属电化学腐蚀。

在飞机上试用,显示出 20% ~40% 的明显减重效果。

2. 飞机复合材料结构设计特点与应用

飞机设计一直与采用性能优异的材料密切相关。以碳纤维为增强体的先进复合材料在 20 世纪 60 年代中期问世,70 年代初即开始应用于飞机结构上。先进复合材料具有比强度高、比刚度高的独特优点,将其用于飞机结构上可相应减重 20% ~30% ,这是其他先进航空技术难于达到的减重效果。此外,复合材料还具有可设计性强、疲劳性能好、耐腐蚀、便于大面积整体成形等优点,在航空航天领域的应用日益广泛。继铝、钢、钛之后,复合材料已迅速发展成四大航空结构材料之一。

复合材料应用的初期以各种军用飞机为主,用量大、进展快。随后,各种民用飞机也很快进入了应用的行列,有明显增长的趋势。大型民机复合材料应用概况在先进复合材料问世之初,大约是 20 世纪 70 年代初。以大型飞机始应用的情况而言,大致可分为 4 个阶段。

第一阶段,20 世纪 70 年代初在受力很小的构件如前缘、整流罩和口盖上开始试用,典型的构件有洛克希德飞机公司的运输机 C－141 的机翼前缘、后机身货舱,波音飞机公司波音 707 的翼面前缘,波音 737 的翼上扰流板等。70 年代中期,洛克希德飞机公司在

L－1011飞机的操纵面后缘和各种整流罩上共试用了1134kg的凯英拉复合材料,减重366kg。

第二阶段,1975年NASA开始执行飞机节能（ACEE）计划,复合材料的发展应用是其重要内容之一,目的在于减轻结构质量,增加商用载荷,节省燃油。波音、麦道和洛克希德飞机公司各自选择了相应的受力不大的部件进行发展研究。这一阶段大约于20世纪80年代初结束。

这些小型部件的设计、制造、试验以至最后通过FAA的审定,为各大飞机公司进一步扩大应用复合材料积累了经验,打下了较好的技术基础。

第三阶段,仍然是在NASA的ACEE计划下,各大飞机公司开始研制受力较大的尾翼级的部件,该阶段是民机应用复合材料具有变革性的一步,大约于1985年前后相继完成。

第四阶段,在生产型飞机上正式设计应用复合材料。美国近年来设计的几个大型客机是L－1011、DC－10、波音757和波音767,前两者设计较早,真正从设计一开始就正式应用复合材料的主要是波音757和波音767。

近来,一些在已设计生产的飞机上用复合材料取代部分金属制件,如波音737垂直安定面的后盒壁板、方向舵、水平安全面的后盒壁板、升降舵以及各种整流罩等。波音747的情况也大致如此。随后又进行了复合材料机身主承力结构、复合材料编织和缝纫预成形的机翼盒段等研究。复合材料在受力较小部件上的研究应用情况如表11.2.2所列,其在受力较大部件上的研究应用情况如表11.2.3所列。如波音747－400又扩大应用至机翼后盒的部分壁板。先进复合材料在新研制的大型民机波音777上得到了进一步应用。其典型应用部位有垂尾、平尾、后气密框、客舱地板梁、襟翼、副翼、发动机整流罩和各种舱门等,共用复合材料9.9t,占结构总重的11%。

表11.2.2 复合材料在受力较小部件上的研究应用情况

部件名称	公司	尺寸/cm	质量/kg	减重/%	生产/架	飞行/架	审定时间
波音727升降舵	波音	104,530	44	25	11	101	1980年
DC－10上方向舵	麦道	93,402	30	26	20	13	1976年
L－101副翼	洛克希德	128,235	49	23	12	10	1991年

表11.2.3 复合材料在受力较大部件上的研究应用情况

部件名称	公司	尺寸/cm	质量/kg	减重/%	生产/架	飞行/架
波音737平尾	波音	131	509	93	22	10
DC－10垂尾	麦道	207	695	378	11	3
L－1011垂尾	洛克希德	271	762	282	25	3

空客于20世纪70年代中期开始复合材料的发展研究工作,1983年生产了A300和A310飞机以碳/环氧树脂为面板的蜂窝夹层结构的复合材料方向舵,实现减重20t。于1978年开始研制A310、A320飞机的垂直安定面,并于1985年年底完成了全部的研制试验工作并通过了适航审定,该安定面长8.3m,主翼盒为整体加筋板结构,前缘为蜂窝夹层结构,减重20t,零件数减少1/2,研制成功后在批生产的A320飞机上正式采用,成为大型

民机上第一个正式批生产的复合材料垂尾。A320 复合材料垂尾的研制成功,使空客积累了经验,增强了信心,在 A330/A340 等飞机上均正式应用了复合材料,用量可达结构总重的 15% 左右,这一比例明显高于美国的应用情况。A340 飞机上用了复合材料 11t,占结构总重的 13%。A340 - 500/600 飞机上则首次大规模使用了热塑性复合材料机翼前缘,蒙皮热压罐成形、肋压机成形,装配则采用了新颖的焊接技术,整体成形,实现减重 20%。空中客车公司正在研制的 A380 飞机上计划采用复合材料的主要部位有中央翼盒,部分外翼、机身上蒙皮壁板、地板梁、后承压框、垂尾、平尾以及前缘、整流罩和舱门等。A380 飞机因是超大型客机,两个机翼的表面积超过 800m^2,1 个平尾的大小相当于 A310 飞机的机翼,垂尾的大小则相当于 A320 飞机的机翼,由此可见复合材料在 A380 飞机上的应用规模已远远超过了波音 777 飞机的水平,将开创大型民机上大量使用复合材料的先河。如图 11.2.1 所示。特别应指出的是其机身上壁板将大量使用一种名为 Glare 的玻纤增强铝合金层板,与以前发展的 ARALL(芳纶增强铝合金层板)相比除成本较低外,还具有极好的双轴向承载和适于机身应用的疲劳性能。目前他们正在进行大量的技术可行性研究和预先技术评估作全面的技术准备。军机强调质量的下降和作战性能的提高,而民机则更重视成本的下降和经济效益的提高。此外民机更加重视安全性、可靠性、耐久性和寿命问题,还有适航审定等特殊问题,所以应用中更为小心谨慎。

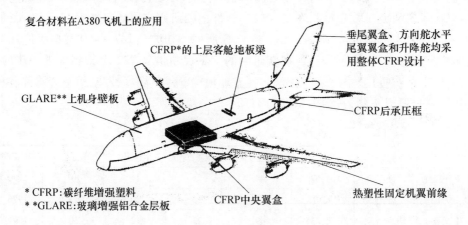

图 11.2.1　A380 飞机上使用复合材料的情况

中小型民机上复合材料应用情况比较活跃,如轻型飞机目前多数由复合材料制成,有的甚至全部采用复合材料,称全复合材料飞机。很多轻型飞机过去多以玻璃钢为主制成,国内如南京航空航天大学研制的 AD100、AD200 等系列轻型飞机,采用了国产 HS2 高强度玻璃布及蜂窝夹层结构制成。

尽管复合材料的优点很突出,但其在飞机结构上的应用仍受到很多因素的限制,因此发展速度仍不尽人意。这是由于它的设计、分析、制造、检测和维修等一系列技术仍处在发展中。针对存在的问题,为加速扩大复合材料的应用,应积极开展复合材料结构的长寿命和耐久性问题的研究。其中包括:

(1) 无损评估技术。由于复合材料的许多损伤发生在结构内部,肉眼不能发现,加之复合材料有多种损伤模式,给无损评估造成困难。总之,与金属材料相比,复合材料的无损评估技术没有得到充分发展。没有定量的无损评估技术的明显提高,要评定复合材料结构的剩余强度是困难的。

（2）破坏机理。复合材料损伤模式的多样性，不允许用简单的分析方法来评定各种可能损伤状态的影响。损伤力学的发展是有前途的，但目前只能分析应力/应变场，而不能预估剩余强度和剩余寿命。对复合材料的破坏机理缺乏了解，阻碍了损伤力学的发展。

（3）修理技术。复合材料军用飞机的结构修理技术得到了发展，但民用飞机的经济修理能力还需发展、提高，应建立从现场修理到基地永久性修理的程序。

（4）寿命管理。要用分析或试验方法确定检查间隔，实现对结构应力及损伤扩展的监控，并相应地评定剩余强度。在制造过程中使用直接埋人应变传感器智能系统，可在飞机的整个使用期内监控载荷和损伤扩展。

（5）试验技术。复合材料的试验技术继续沿着能反映长期暴露影响的真实模拟试验发展，纤维与基体间热膨胀的不协调，常常可能限制复合材料的应用，这要通过环境模拟试验估计其对寿命的影响。应继续推动复合材料结构试验技术的标准化。

（6）耐久性和损伤容限。耐久性为飞机在整个使用寿命期间抵抗复合材料结构开裂、腐蚀、热退化、脱层、磨损和外来物损伤影响的能力。耐久性控制的目的是保证飞机经济寿命大于所要求的设计使用寿命，并保证不需要昂贵的维护和修理。

11.2.4　功能材料

功能材料主要是指那些能将各种物理性能（如光、磁、声、热、压力、位移、速度等）转换为电信号，或将各种形式的能量相互转换，从而实现对能量和信号的传感、转换或储存的材料。现代航空中的计算机、信息、激光、红外、隐身和传感等技术均离不开功能材料。

1. 隐身吸波材料（见第 2 章）

2. 智能材料

智能材料是指对环境状态因素（如力、热、声和电磁波等）能感知，并能自动做出反应和适应环境的材料。用这些材料制的传感元件和作动元件埋于飞机复合材料结构中，就构成智能结构。

智能材料及其结构可以有以下作用：制件生产线上的工艺过程监测、制件的无损检测、飞行器结构完好性监测、飞行状态控制以及损伤抑制、自愈合等。

正在研究和开发应用的智能材料主要是光纤、压电材料、形状记忆合金、电流变液和电致磁致伸缩材料。

光纤是传感元件材料，它能对温度和压力等作出响应。实际上，玻璃纤维光纤很适于复合材料结构。它细小，能编织或夹于石墨纤维中，又能经受树脂固化温度，而且具有很好的电绝缘性能，不产生电磁干扰，与导电石墨纤维接触不会短路，雷击时不会烧毁。在复合才料固化时，能进行工艺监控，就像网络神经，布于结构件中。它埋于蒙皮中构成机敏蒙皮，能感测应变、温度、压力等，也能探测裂纹。它能同各种作动元件一起构成一个传感和作动系统。

压电材料中有固体压电陶瓷和压电膜。固体压电陶瓷将是近年来的新冶金材料，它既有快的条件反射速度，又有执行大脑指令动作前的分析能力，在电场中能伸长，受载时能产生电压。特别适于闭路振动阻尼系统，有传感元件和作动元件双重功能。能用于空间监测系统、天线、干扰器和激光器等的振动控制以及精确定向、形状控制和快速重新瞄准等。现已出现居里温度达 360℃ 的压电陶瓷产品。

与固体压电陶瓷不同,压电膜有柔性,与飞机结构外形曲面贴敷性好,不易撞裂。一种金属化 Kynar 聚偏二氟乙烯为基的膜,拉伸能极化,只要很小的载荷就能产生与固体压电陶瓷相当的电压,是探测结构中小裂纹的良好传感元件材料。它还具有热电性能。由于模量低,不能做有效的作动器。压电膜的最高使用温度仅 100℃。美国一公司正在对使用压电膜的飞机飞行除冰系统进行试验。压电膜有可能使用于振动阻尼系统、机身噪声振动控制等。

形状记忆合金(SMA)升温时,能改变形状,冷却时形状回复,能产生很大的力,是作动元件材料,可用于振动阻尼和形状控制。SMA 中研究较多的是镍—钛和铜—镍为基的合金。有公司打算用 SMA 作动元件来改变直升机复合材料旋翼叶片的气动外形,以适应飞行条件的变化。也有的公司试图用 SMA 改变直升机旋翼叶片刚性而达到阻振目的。利用 SMA 的收缩,还能愈合复合材料裂纹和给机翼前缘除冰。

电流变液(ER)是一种悬浮在介电液中的可极化的高介电常数颗粒的组合体。处于电场时,能瞬间从液态变为半固态,其黏度、阻尼能力、剪切强度增加,是作动元件材料。利用 ER 的性能,可改变直升机旋翼叶片的刚性,达到阻尼振动目的。此外,也可用于愈合损伤等。

电致、磁致伸缩材料包括电致伸缩陶瓷和磁致伸缩合金。它们在电场或磁场作用下能变形,变形程度随电场或磁场强度变化。电致伸缩陶瓷如同压电陶瓷,在电场下能变形,受载时产生电压。压电陶瓷的诱导应变与电场强度成正比,有正位移或负位移。而电致伸缩陶瓷的应变与电场强度平方成正比,只有单向位移,做功时总是受压,避免了陶瓷拉伸弱的缺陷。ES 陶瓷回复时残留位移比压电陶瓷小得多,适于极精确的位移控制,其回复速度也极快,以微秒计。磁致伸缩合金,在磁场下膨胀,在载荷下产生磁场。它是很好的作动元件材料。同形状记忆合金相比,它的伸缩强度高,模量也大,作出反应的时间快。它能像结构合金那样作肋和杆的承载构件。虽然 SMA 作动元件能产生足够大的力,但反应太慢。磁致伸缩合金另一个优点是激化磁场低。做功能力为压电陶瓷的 10 倍。

航空发展史表明,材料科学每一次新的技术突破,都给航空技术带来巨大影响,飞行器性能得到大幅度提高;有时,材料技术的滞后发展,会对航空技术的发展起制约作用,使它失去良好的物质保证。为了使机体结构、发动机和机载设备的性能达到先进水平,必须发展先进的航空材料技术,使航空材料满足强度、刚度、质量、耐温性、耐腐蚀性、特殊功能、使用寿命和经济性等高标准的要求。

11.3 高可靠性与高生存力设计技术

飞机在所要求条件下运行的可靠性、生存力和寿命取决于诸多因素,尤其是在作战环境中的军用飞机所涉及的因素更多,如飞机设计的结构、系统布置、机载装备、武器系统、飞行人员的技能和经验、飞机所采用的战术等。当然,飞机的可靠性和生存力的综合评估和设计要求是应在可接受的费用、飞机质量和飞行性能等条件下考虑的。现代飞机设计,在新机设计和研制初期就必须将可靠性和生存力作为飞机设计的重要技术指标。

11.3.1　可靠性设计

可靠性是指产品在规定的条件下和规定的时间内,完成规定功能的能力。这里所谓规定条件,指的是产品或系统所处的环境条件与使用维修条件等,它们对系统可靠性有很大影响。环境条件(如温度、湿度)不同,系统的可靠程度也不同。所谓规定的功能,就是它应该具备的技术指标,如飞机的载荷谱等。图11.3.1为飞机系统可靠性设计的主要部分。

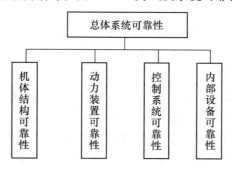

图 11.3.1　飞机系统可靠性设计主要部分

如何来评价产品的可靠性? 通常是用可靠度来衡量。所谓可靠度,是指产品在规定条件下和规定时间内,完成规定功能的概率。显见,可靠度是可靠性的定量表示。

可靠性研究最早出现在电子、电气和控制系统等方面,并逐步形成了可靠性研究的科学理论。本节主要介绍的是结构可靠性设计。结构可靠性的研究则稍后于电子和自动控制系统可靠性的研究,现代飞机结构的设计不仅是考虑结构的强度和刚度,从设计的开始就要考虑如何实现高可靠性、长寿命和低维修成本。因此,结构可靠性设计技术就提到了重要地位。

产品的可靠性(即有效性)不仅与产品的内在品质(固有可靠性)、维修性有关,还与使用和环境等因素有关。

1. 结构可靠性的基础概念

现实世界中几乎所有设计变量都带有一定的随机性,结构可靠性理论的建立应能合理地处理结构工程设计中的不确定性,包括物理性不确定性(如载荷、材料性能、几何尺寸等)、统计性不确定性(样本容量有限而产生)和模型性不确定性(同一实际问题按力学原理或经验可以建立不同的模型)。

研究可靠性的定量描述方法主要依赖于概率论、数理统计、随机过程等数学基础理论。

由于产品在规定条件下和规定时间内能否完成规定功能是随机事件,要受到许多偶然性因素的影响,因此需要从概率的角度来分析其发生的可能性的大小。

2. 飞机结构抗疲劳断裂设计

随着结构疲劳问题暴露,人们逐渐认识到,对飞机结构仅仅进行静强度设计是不够的。为了保证飞机结构在规定使用期内的安全性和经济性,人们先后发展了安全寿命设计、经济寿命/损伤容限设计和结构可靠性分析与设计的理论方法。

1) 安全寿命设计

为了防止飞机结构在使用期内发生疲劳破坏,人们发展了安全寿命设计思想,其要点

是：飞机结构的安全使用寿命是以试验、使用和分析得到的结构疲劳寿命数据为基础来确定的，设计准则为

$$飞机结构的设计寿命 N_0 \geqslant 安全寿命或使用寿命 N_s \geqslant \frac{疲劳试验寿命 N_{EX}}{分散系数 n_f}$$

在安全寿命设计中，合理选取分散系数的数值是一个重要的问题。研应反映试验条件与真实使用条件的差异和试验疲劳寿命的分散特性。通常取 $n_f = 4$。

为了提高飞机结构的安全寿命，应在结构设计中采用抗疲劳设计方法，如：按疲劳的观点选材，注重细节设计，改善结构的疲劳品质；采用局部强化工艺等。

2）经济寿命/损伤容限设计

安全寿命设计思想以结构投入使用前完整为前提，以疲劳力学为基础，以确定无裂纹寿命为目标。但实践表明，安全寿命设计思想的前提难以实现。在发生了一系列空难事件后，人们发展了经济寿命/损伤容限的设计思想。损伤容限为飞机抵抗由于缺陷、裂纹或其他损伤存在而引起破坏的能力。它以结构中存在较小的初始缺陷为前提，以断裂力学为其理论基础，以确定经济寿命为目标，又称为"耐久性设计"。其设计准则为

$$飞机结构的设计寿命 N_0 \geqslant 飞机结构的经济寿命 N_{EC} \geqslant \frac{耐久性验寿命 N_{EX}}{分散系数 n}$$

分散系数通常取为2。

经济寿命/损伤容限设计中的耐久性控制目的是保证飞机经济寿命大于所要求的设计使用寿命，并保证不需要昂贵的维护和修理。

损伤容限控制的目的是保证可能存在于飞行安全结构中的缺陷在设计使用期间不会扩展到能引起结构毁灭性破坏的临界尺寸，并保证在设计使用期间剩余强度保持规定的水平。

经济寿命/损伤容限的结构设计中要为降低结构易损性，应尽量采用下列措施：

（1）按照规定的威胁进行结构损伤模式和影响分析，进而列出关键件、重要件清单，并对这些关键件、重要件的断裂扩展等特性进行分析。因为它们因裂纹扩展而破坏，就会引起飞机失效或危及飞机和人员安全。

（2）正确地选择和控制结构材料，这是损伤容限设计中最重要的工作之一。必须同时在静强度和断裂韧性、裂纹扩展特性这两方面对材料进行评估和选择，如采用高断裂韧性材料的蒙皮和桁条，可获得较高的弹伤承受性（如裂纹扩展）和抗二次危害。

（3）通过使用多途径传力（多重载荷路径）结构来达到破损安全要求，并使战斗损伤导致的结构损伤减至最小，如：机翼、尾翼的主受力构件采用生存力强的多梁式或多墙式结构；在可能发生灾难性损伤的区域，薄蒙皮和桁条结构使用黏合"双重"高强度应力皮板，或采用多条蒙皮，并适当布置加强件、梁和肋等，尽量避免采用单一的大承载构件。

在蒙皮上粘薄层玻璃纤维，可使抗裂纹扩展的能力得到提高。

3）可靠性设计

现实世界中几乎所有的变量都是随机变量；而影响飞机结构经济性和安全性的一些主要因素具有明显的随机性，所以应该用随机设计变量代替原来的定值设计变量，由此形成了可靠性设计的思想。其设计准则为

$$结构体系的可靠度 R_s \geqslant 结构的可靠性指标 R_s^*$$

3. 结构体系的可靠性分析与设计

以上介绍了结构元件的可靠性分析与设计。通过概率分析,对元件的可靠性可作出定量的描述,或按所给元件的可靠度要求,设计出相应的元件。然而与包含众多元件的结构体系相比,结构体系的安全可靠就更具重要意义。通常情况下,结构体系可靠度在很大程度上依赖于组成该结构体系的元件的可靠度,但两者并不等同。结构体系可靠度还与结构的布局等因素有关。简要介绍结构体系可靠性问题的基本概念、分析方法及可靠性设计要点。

一般工程系统的可靠性分析与设计已比较成熟,尽管有不少工程系统可靠性的理论和方法可用于结构体系的可靠性分析,但结构体系有其自身的特点,结构体系的可靠性分析与设计尚有许多问题待解决。如:

(1)工程结构体系多为高度静不定系统,静不定系统的承载能力与结构的破坏模式有关,而大型结构的破坏模式众多,要分析其可靠度必须枚举出所有的主要破坏模式。

(2)尽管单个破坏模式相应的破坏概率比较容易求出,且各个破坏模式之间可视作串联,但各破坏模式是相关的,在计算结构体系可靠度时必需考虑各破坏模式之间的相关性。

(3)组成结构体系的元件的材料通常是弹塑性的,这造成了在加载过程中结构体系内各元件之间内力分配在变化,计算结构体系的强度可靠性时必须考虑弹塑性效应等。

大型复杂结构的可靠性分析主要包括下述3项内容:

(1)枚举结构体系的主要失效模式。

(2)列出各主要失效模式的安全裕量方程,并计算其相应的失效概率。

(3)由各主要失效模式的失效概率综合计算结构体系的失效概率和可靠度。

对绝大多数结构而言,结构体系的失效与结构体系的疲劳断裂破坏有关,所以结构体系的疲劳和断裂可靠性分析具有十分重要的意义。

目前,整体式结构正被应用于高强度需求的飞机部件设计与加工上,它在抗疲劳和抗失稳方面都明显高于铆接结构。如先进战斗机的机翼,国内外都有采用整体式结构的(包括壁板、肋、梁),但其成本高,加工较困难。

图 11.3.2 为飞机结构损伤容限设计的几个例子。

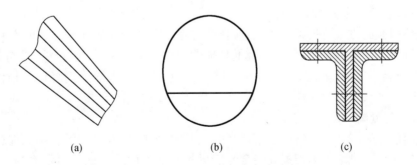

(a)   (b)   (c)

图 11.3.2 飞机结构损伤容限设计的几个例子
(a) 机翼壁板分成 5 条;(b) 加强框静不定;(c) 轴力杆三重结构。

11.3.2 高生存力设计

提高飞机的生存力是指敌我双方战争环境中提高飞机的生存概率,保证飞机在遭受破坏时,尽量不降低完成预定任务的能力,或在战伤后能带伤返回基地。常规武器威胁环境中,首先取决于对预期威胁的判断准确性,另外还取决于飞机结构和各系统设计中的高生存力技术的使用情况。当然,飞机的生存力是要在可接受的费用、质量和飞行性能等方面的综合评估。

现代飞机设计,在新机设计初期、研制和生产阶段、使用阶段以及整个寿命期都必须贯穿生存力设计和评估。

1. 生存力的基本概念

(1) 生存力,指飞机在不削弱其完成指定任务能力的前提下,躲避和承受人为敌对环境的能力。

(2) 易损性,指系统在非自然(人为)敌对环境下,由于受到某种程度的影响,导致其功能一定程度降低(不能完成指定任务)的特性。

(3) 威胁,指通过使飞机遭受破坏作用,强迫其进行非预期的机动或降低系统效能,设计出来用以降低飞机完成任务能力的人为环境要素。

(4) 减少发现,指使用降低目标飞机特征(如红外特征、雷达特征、目视特征等)的技术。这些特征是威胁系统搜索、跟踪目标飞机以及战斗部制导/自动寻的所需要的。

(5) 减少易损性,指为减少飞机在遭受威胁机理时的易损性而改进飞机设计的任何一种技术。

(6) 提高生存力,指在人为敌对环境下执行任务时,为增加飞机生存概率所采用的任何战术、技术、生存力装置或其各种组合。

(7) 威胁机理,指用于损坏(即降低其功能或破坏)目标部件或目标本身,体现在威胁中或作为威胁使用的各种机理。

(8) 武器,包括非常规武器和常规武器。非常规武器包括核作用、生物因素或除燃烧和曳光材料以外的化学因素的任何破坏机理的武器。常规武器通常指代表非核威胁的所有种类和形式的武器,如小型武器、防空火炮、携带爆破战斗部和破片战斗部的面对空和空对空制导导弹,还有高能激光武器等。

2. 提高生存力的总体设计要求

在飞机研制的方案论证设计阶段,应在综合考虑飞机战术技术要求,可靠性、安全性及维修性等因素的条件下,尽量采用降低易损性的通用设计要求,当这些要求与其他要求(如重量及维修性等)矛盾时,应综合权衡进行折中,力求最大限度地降低易损性和故障自修复。

1) 余度与分离

通过提供完全一样的或备份子系统来完成基本功能,战斗中的潜在损失能得到实质性降低。这个原则也常常用于提高安全性和可靠性。然而为了战斗生存力的目的,只有通过允分分离余度子系统,才能使余度的有效性最佳。分离距离应足够大,以便预防威胁机理对多个互为余度的子系统的破坏。对于每个分离措施应审慎评估,为进一步提高战斗生存力,应该利用结构件或较次要部件提供自然遮挡。图 11.3.3 为典型的四余度电传

188

控制系统。

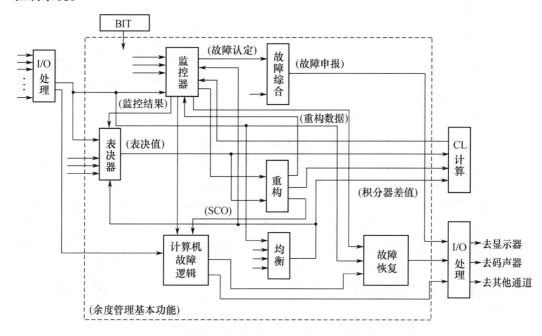

图 11.3.3　典型的四余度电传控制系统

如以下一些典型的飞机总体余度与分离的例子:

(1) 采用双座(串列或并列)布局的战斗机或战斗轰炸机,这不仅有利于在越来越复杂的机载火控、电子战环境下提高作战效能,减轻驾驶员负担,且易于培训驾驶员,不需另研制专门的教练型飞机,当然也有利于提高飞机的生存力。

(2) 发动机数量的选择与布置。在方案论证中尽可能采用双发或多发发动机,因为发动机是飞机的心脏,也是飞机其他系统设备、动力源(电源、液压源)的原动力。两台发动机在机身内或机身外(类似 Su-27,F-14 等飞机的布置形式)的布置应保持一定的距离,其距离应从总体、气动、隐身、生存力等方面综合权衡,并应保证在单发停车时产生的偏航力矩下,能进行单发着陆与复飞。

(3) 在气动布局上采用多重操纵面,特别是俯仰操纵面要考虑在某个操纵面损坏或卡死不能操纵时,能用剩余的舵面重构继续操纵飞机执行任务或安全返航着陆,如:采用正常有尾布局时,能使用单侧平尾(在另一侧平尾损坏或操纵失效时)安全返航着陆;采用无尾布局时,应将升降副翼分为若干块,分别控制;采用鸭式布局,可利用升降副翼与可动鸭翼共同进行俯仰控制;横侧操纵可采用襟副翼(或副翼)与差动平尾的多重操纵面;双垂尾双方向舵等布局。

(4) 飞行控制系统与发动机操纵系统的设计要求。飞行控制系统和发动机操纵系统是涉及飞机安全的最关键系统,对它们的可靠性与生存性应予以高度重视。

如采用机械操纵系统时,对平尾操纵的双套传动系统应左、右分开布置。

双发的发动机操纵系统也应从左、右分开布置,通至各自的发动机。

2) 隔离

关键子系统应从那些由于威胁机理作用而很容易产生潜在危险的区域隔离出来。然

189

而更切实可行的是将危险物质,如燃油、冷却剂、液压油、有毒物质。高温或高压部件从关键子系统中隔离出来。

如采用的一些隔离设计措施:

(1)燃油箱或输油管应与点火源或高温气体区域隔离,也就是应将燃料安装在那些因弹伤而泄漏或释放出的蒸气不会或不易蔓延到高温区域、点火源或充氧舱的区域。燃油箱不应布置在发动机燃烧室、涡轮、加力燃烧室及尾喷口等高温区域。

(2)发动机引气:对用于座舱、电子设备环境控制、防冰除雨、油箱增压等系统从发动机压气机引气的管路外表面温度超过37℃时,引气管应采用隔热层。高温、高压气体管路或空气管路的敷设应避开潜在的着火危害区域。发动机滑油箱位置应尽量减少发动机吸入渗漏滑油的危险。必须布置在发动机附近的高温区域的设备,应采取加隔热罩及隔热层等保护措施隔离开。

(3)在液压系统中应将蓄压器等高压部件隔离开,将液压管路与氧气管路、电缆等应隔离开布置。液压系统中应采用油箱油位传感器(RLS)、液压断流器或优先活门等逻辑元件,用以监控、检测并隔离发生泄漏的油路,并保证重要系统(如飞行控制系统)的供压。在高温区域或那些潜在着火区域的液压供压和回油管路,应使用钢或其他耐火耐热材料隔离。

(4)冷气瓶、氮气瓶、氧气瓶(或液氧瓶)等高压容器应与飞机其他系统的关键设备隔开,并且这些高压部件应抗爆炸碎裂,以防万一被击中或爆炸时不会破坏飞机结构和其他关键部件。

(5)电气线路的敷设应远离危险区域或可能产生危险的区域。

3)损伤容限和抗损

损伤容限或抗损伤是一个降低易损性原则。机体结构的设计、制造和所用材料的选择等都应考虑到损伤的影响。损伤包括结构件由于材料或制造质量造成的损伤(暇疵、裂纹、缺陷等)、使用中造成的损伤(如腐蚀、超载等)以及战斗损伤等。损伤容限就是在规定的未经维修的使用寿命内,飞机结构抵抗这些损伤导致破坏的能力。

4)故障自修复

应使系统具有故障自修复安全特性,以便由于威胁破坏机理导致子系统失灵时,子系统能从高损失状态向低损失状态转变。像余度和分离一样,虽然这些特性并不一定能降低子系统失效发生概率,但确能改变损失的性质或程度。

如以下的故障自修复安全特性设计的例子:

(1)进气道自动调节系统按规定的调节规律进行控制,以保证进气道与发动机的共同工作处于最佳状态。当自动调节系统出现故障时,应能由驾驶员转为应急手动控制状态,以保证飞机能安全返航着陆。

(2)当发动机油门操纵系统(机械式或电调)被切断时,该系统应能使发动机燃油控制自动转换到预定的功率状态位置,使飞机能在该状态下安全返航着陆或进行其他应急处理。

(3)当主飞行操纵系统为机械操纵系统时,与其交联的自动驾驶仪或自动增稳系统如果没有余度,应采用小权限的,以保证在这些自动飞行控制系统出故障时不会影响主飞行操纵系统的正常工作,并能人工切断自动控制系统。当自动控制系统出故障时,其舵机应能自动回中。

（4）飞控系统应具有自动可重新构形的能力，以改变飞行控制律，这样，当主飞控系统的某些运动传感器或主操纵面受损引起功能损失时，足以维持飞机安全返航着陆。

5）布置和遮挡

关键部件组布置时应减少整个子系统的易损面积和击中概率。在这个部件组中，较次要的关键部件应布置在可能接近威胁破坏机理的方位以遮挡更重要的关键部件，这种部件组应利用任何自然遮挡的有利条件。集中或紧凑布置的部件组应考虑有方便的维护通道。如以下一些典型的布置和遮挡的例子：

（1）装甲遮挡形式，为防备特殊的威胁，尽量使装甲的设置提供最大的作用范围和相对最小的重量代价。集中布置有助于减少对装甲的需要。相对较小的双重液压作动器伺服机构在受到威胁机理打击时，主液压飞控子系统和副液压飞控子系统可能单点失效，为此，使用装甲可能最有效。

（2）布置燃油油箱时应尽量减少主要威胁方向上的暴露面积，尽量利用结构和较次要的部件来遮挡、保护油箱和油管。油箱布置应尽量减少油管的长度，将关键的燃油附件布置在油箱内。燃油消耗顺序管理系统的设计应考虑首先使用最易损坏的油箱中的燃油（如机翼油箱，副油箱等）。

（3）对电气系统，应根据飞机任务设计要求，在飞机低易损性区域布置重要电源部件、汇流条和重要的配电系统；布置重要部件时应利用不太重要的部件提供自然遮挡，应尽可能使用最短的线路，以便尽量减少电路暴露于常规武器威胁效应中的面积。电缆布置时应将重要的导线敷入导线束的深处，以利用不重要导线的遮挡效应；电气线路布置时在不能避开危险区域的地方，应提供屏蔽（如隔热层等）及选用特殊导线（如耐油导线、耐高温导线等），以保护电缆；如果某个电气系统对战斗任务是关键的且无余度，那么，该系统电缆线路应尽可能接近重要承力结构，以获得对武器效应的自然遮挡和碱少破坏结构变形的可能性。

3. 提高生存力的系统设计要求

主要对燃油系统、动力装置、飞行控制系统、液压与气压系统、环境控制系统、电气与电子系统、武器系统的结构和零件进行设计与布置，尽量降低其易损性。

4. 提高结构易损性的设计要求

飞机结构组件的生存力是由对攻击造成伤害的承受能力或抵抗能力来决定的。飞机结构由敌方武器攻击可引起一次或二次的损伤机理而破坏。在结构设计中为提高结构易损性的设计要求，常有如下一些措施：

对于外部冲击，采用载荷分布设计来避免部件承受集中载荷，以使该部件失效时不造成控制和性能方面的重大损失。使用多个受剪接头用于连接主要附件和构件，以使支承面吸收爆炸能量。应避免在遭受冲击波时重要结构部位断裂的设计，反之，在该情况下设计应保证可生存性。

由高爆炸力弹头在机内爆炸，或由飞机内腔混合气体爆炸引起的内部冲击效应构成对结构主要威胁时，高脉冲压力的产生能引起飞机的突然破坏。为了减少损坏，应设计内部隔舱并保证内部隔舱不能聚集来自其他能源（如汽油、液压油）的混合易爆气体，这样做也保证了易爆气体舱有足够大空间，使气体充分膨胀而减少压力，同时也减少了平面反射冲击波的数量。应尽可能消除干燥的舱体内腔,因为这些内腔可能产生来自油腔损坏、液压管道或油箱损坏等的易爆气体。应考虑使用硬泡沫塑料或某些其他设备填充不能取消的空腔,以降低爆炸的危险。应特别注意那些装有液体的隔舱(如油料、液压油和水)。

对于炮弹碎片或高爆炸力的小型弹头击穿机体而引起的破坏,使用分散传递载荷的结构设计可避免由于机体被击中造成控制和性能的重大损失。使用裂纹延滞技术可防止由于飞机的工作负载而引发的击穿损坏部位的扩展。

在选择飞机结构材料时,使用那些高质量的韧性材料以防止或减轻裂纹扩展是十分重要的。复合材料代替金属材料可以节约重量和成本,并改善对弹道武器攻击的承受能力。

使用高韧性抗断裂的锻造材料时,蒙皮和桁条结构比其他形式的结构更能承受弹道武器的攻击。在飞机受到损坏时,使用多路传输载荷的结构更能满足"破损—安全"的要求。应优先使用宽大的桁条、隔框和纵梁结构,而少用多段分离的形式,因为后者在遭受敌方武器击中时将丧失大部分受载能力。传输大载荷的构件应设计成有足够的强度,以便飞机在机动飞行时受到弹道武器损伤的状态下,提供安全补偿。

蜂窝结构是最广泛使用的夹层结构,玻璃钢或塑料材料层压制品在近期也已经得研制和使用。夹层结构的基本材料选择时,必须考虑在遭受单个或多件弹头击中和过载时,保证受载部件的强度。复合材料,如石墨纤维或硼丝和环氧树脂结合而成的夹层和层状制品,提供能满足高性能要求的高强度—质量比,并有良好的损伤承受能力。

结构抗坠毁性设计在现代直升机设计中已被人们关注。如适坠座舱的设计,通常采用能吸收坠毁能量的复合材料结构和吸能座椅机构设计。这需要根据坠毁脉冲力、飞行器重量、乘员的有效重量、结构毁损形式和特性等,来设计结构和吸能机构。

现在正在研制中的自动吸能系统(AEAS)在技术要求上有两个提高,一是使变载吸能器的载荷设置实现了自动控制,座椅系统自动地感应确定乘员的有效重量,并以此设置吸能器的可变载荷;二是高效率的载荷行程曲线,该曲线的载荷随座椅的冲程而变化,以这种方式补偿乘员的动态响应,达到更有效地利用座椅有限的冲程位移。一个理想的吸能器还应满足:对特定的坠毁能量,吸收率最高;成本较低,经济性好;尽可能重量轻,体积小;在使用中,单个或组合状态,都能承受拉伸或压缩载荷;不管多重方向加载,都可完成吸能工作;能防止冲击后的座椅系统回弹。

11.4　飞行器设计仿真技术

仿真技术已成为继理论分析和实物实验之后认识客观世界强有力的手段。它不仅可以把航空系统研制的某些过程放在实验室中进行,而且具有良好的可控制性、时间比例尺、模型实验条件无破环性、安全、不受气候环境限制、可多次重复和经济性等特点。近年来它不仅广泛应用于概念研究、方案论证、分析、设计、制造、试飞、诊断、训练、维护等各个阶段,还应用于制定规划和作战预演以及管理等方面。仿真技术早已成为一种重要的研究工具,并且广泛应用于高层次决策的设计过程中。近年来在多媒体和虚拟现实(vR)技术的支持下,仿真又有了新的发展。它创建了在虚拟环境中对设想的系统或预测的事态进行演示验证方法,事先验证新技术的成熟性、实现的可行性以及军用飞机作战的有效性。在科学理论和知识经验交互验证下,从最佳的整体优势出发制定方案,确定技术途径。它体现了推进试验思考的方法论,利用它可以探索和揭示高技术复杂系统深层次的运动机理的规律,寻求最合理和经济的实现途径和办法,具有科学先验性。国际上一致认为仿真技术是"迄今为止最为有效且经济的综合集成方法"。

现代飞行器(包括飞机、直升机、导弹、宇宙飞船等)是一个高新技术密集的大系统,必须借助先进的飞行模拟手段才能成功地设计、研究、试验和使用。时至今天,现代飞行模拟技术已经成为航空、航天工业和科学发展的重要支柱和关键技术之一。

11.4.1 飞行器仿真技术的基本概念

飞行器仿真技术是以控制论、系统论、相似原理和信息技术为基础,以计算机和专用物理效应设备(模拟再现真实世界环境)为工具,借助系统模型对实际或设想的系统进行动态试验研究的一种综合性技术。

模型和运行工具是系统仿真的核心部分。根据采用的模型形式不同,系统仿真被分为物理仿真、数字仿真和半物理仿真。飞行器仿真技术通常可分三大类。

1. 数学仿真

建立数学模型在计算机上反复进行的试验,这种仿真试验无需昂贵的系统和各种物理效应设备(如转台等),而是用计算机来再现和评价飞机系统或分系统的特性。它可在实时、欠实时或超实时条件下运行,尤其适用于研究开发、方案论证和设计阶段。

2. 含实物仿真(又称半实物仿真)

系统的部分实物(如各种传感器、机载计算机、舵面伺服机构,接入回路进行的试验。除计算机外要求有相应的物理效应设备,飞行器动力学等被控对象的动态特性仍通过建立的数学模型在计算机上运行,这种仿真必须实时运行。

3. 人在回路中的仿真

操作人员和驾驶员在系统回路中进行操纵的仿真试验,它要求有相应的形成人感觉环境的多种物理效应设备,飞行器动力学等被控对象的动态特性仍通过建立的数学模型在计算机上进行。这种仿真试验能对飞行器性能、回路中的操作人员的技能和素质,或整个人—机系统作出评价,它必须实时进行。

按照所采用的运行工具和仿真计算机的各异,系统仿真又被分为模拟仿真、数字仿真和数/模混合仿真。数字仿真的模型为纯数字模型,所使用的运行工具可以是各种仿真计算机及支持软件。因此,数字仿真又叫做计算机仿真。

图 11.4.1 为某导弹制导系统仿真结构系统图。

11.4.2 飞机工程模拟器技术

对于常规布局的飞机设计是根据任务的要求,在总体布局时考虑气动力、结构强度和发动机三大因素并在它们之间进行折中以满足任务要求。折中方法确定飞机构形之后,对飞机的备份系统提出要求。然而主动控制技术打破了这一格局,它被提到与上述三大因素并驾齐驱的地位,成为选型必须考虑的四大因素之一,而且在选型过程中起积极主导作用,因为它可以通过放宽静安定度等技术来解决在总体布局时的一些矛盾。与此同时,现代飞机设计采用了大量新标准、新规范,广泛地采用了 CAD/CAM 技术、先进的气动布

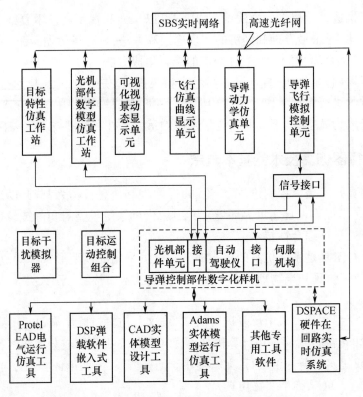

图 11.4.1　某导弹制导系统仿真结构示意图

局技术、高度综合的航空电子技术，引进了可靠性和可测试性设计。如果用常规设计方法来设计现代飞机无法保证不会出现严重的并且难以挽回的设计错误，甚至可能使设计归于失败。为此，把工程模拟器作为现代飞机设计必不可少的工具，可以从方案论证到验证试飞各阶段，在工程模拟器上评定未来飞机的稳定性和操纵性，设计开发并综合飞机的有关系统，解决系统之间的动态匹配连接关系，让大量复杂的技术问题在工程模拟器上加以解决。很多发达国家把它广泛地用于飞机布局设计研究、战术开发、品质评定、系统开发、人的因素和验证试飞研究等方面。

1. 工程模拟器的主要功能

工程模拟器是人在回路中进行操作的仿真试验设施。它是利用模型对实际的或设想的飞机与系统进行动态试验研究的一种多学科综合技术。它具有如下主要功能：

1）布局设计研究

能够对飞机参数、外形布局，如机其的面积、方向舵与垂尾的面积、减速板位置等进行优化布局；对起落架的参数进行优化设计；对驾驶员—飞机接口、照明、反射、音响、告警、座舱布局进行优化设计，可在新机研制的每个阶段发挥重大作用。新机研制通常经历战术—技术指标提出，概念设计、详细设计、试制、验证试验和试飞等阶段。飞行模拟将贯穿新机研制的全过程：在战术—技术指标提出阶段，进行指标论证；在概念设计阶段，通过工程飞行模拟器从诸设计方案中选择出最佳的初步设计方案；在详细设计阶段，通过工程飞行模拟器评定飞机的稳定性和操纵性，评定座舱布局，评定飞行控制系统和航空电子系统，进行人机工效学测定等，从而完善气动力设计、座舱设计、系统最优化设计。

2）战术研究开发

在一种新型号的方案确定阶段能加入实际的战术/威胁环境对飞机和武器进行分析，评定作战方式、选择作战剖面和对武器提出指标要求；在设计阶段对各种武器投放模式、导航状态、目标标志、显示和控制方式、作战飞行软件的编排进行系统仿真和详细评定，在各种飞行状态下进行战术设计的综合评定。

它使得新技术新构思从研究人员向作战人员的"前馈"和作战新概念新技术从作战人员向研究人员的"后馈"成为可能。它体现了一种"推进试验思考"的方法论。

3）飞行品质研究

飞行品质评价：根据飞机研制的各个阶段所选定的系统和确定的参数，通过驾驶员在工程模拟器上的飞行得出对各种试验测试结果的客观评价和由驾驶员形成的主观评价，用以评定飞行品质的等级。

现代飞行模拟技术是进行航空科学研究的强有力手段和重要工具，其研究领域是十分广泛的，飞行模拟与飞行试验相结合研究飞机操纵性、稳定性和机动性，制定飞行品质规范；研究飞机载荷谱，制定飞机强度规范；研制武器配置和效率，制定火控指南；预测和研究新型高效控制方案和系统；研究驾驶员传递函数和人机特性并进行工效学测定；研究飞机及其系统间的匹配及参数最优化；研究新的战术技术方案；研究飞行系统的余度技术等。

还可用于飞机飞行大迎角、失速、过失速等特性研究。大迎角特性的好坏（包括机动性、抗偏离/尾旋特性等）已成为评价现代战斗机作战效能的一个重要内容。美 F/A‐18A 在研制过程中，动用了常规风洞、尾旋风洞、风洞自由飞和遥控自由飞等多种手段，对该机的大迎角特性进行了反复试验。尽管通过这些试验使研制人员对该机具有优异的抗偏离/尾旋特性深信不疑，但最后在飞行试验中，还是因为飞机进入一个意料之外的偏离模态而失事，最终还是利用模拟器才找到了大迎角的飞行边界。在模拟器上可以研究飞机空战机动中的尾旋敏感性，确定数字飞控系统对大迎角特性的作用，判别各种尾旋模态，找出大迎角特性边界，确定最佳改出技术。

利用飞机工程模拟器可以进行驾驶员诱发振荡研究。如 1992 年，美国的 YF‐22 原型机坠毁的原因之一是飞机当时处于易发生驾驶员诱发振荡（PIO）的状态。驾驶员诱发振荡的主要原因是非线性因素及复杂的高阶系统造成的时延所致，通过在模拟器上反复进行驾驶员在环试验以解决这一问题。

4）系统设计开发

无论是先进的战斗机还是现代大型民用客机，在它们的飞行控制系统及航空电子系统的研制过程中均需使用工程模拟器技术。在工程模拟器上可以进行飞行控制系统的顶层设计，进行飞行控制系统复杂的、多模态变增益的控制律的设计，还可确定驾驶杆的安装方式与游动间隙，确定驾驶杆的操纵力和操纵位移；确定液压系统的功率要求或流量要求；进行飞行控制系统综合；驾驶员操作程序（POP）的开发与验证，航空电子网络与通信的开发与验证，航空电子作战飞行软件（OFP）的开发与验证，航空电子实时动态仿真与综合；进行飞机—武器系统的综合设计与分析；以及飞机与其他子系统的综合仿真与评定。

5）验证和优化试飞

具有复杂控制系统的现代飞机研制，如果不进行地面仿真试验，就直接进行空中试飞是很危险的。试飞前，可以在工程模拟器上，按复杂试飞大纲完成试飞前的驾驶员训练；

确定其飞行包线,找出安全走廊;确定操纵飞机时驾驶员的活动准则(如进行退出尾旋的动作和新试验的输入动作)。

在试飞过程中,还能够进行空中/地面飞行对比试验,复现飞行试验中发生的问题及遇到的异常现象,识别问题的原因和研究解决的方法,进行人的因素的试验与评定,复现试飞中暴露出来的问题,查找原因并提出解决方法。

2. 工程模拟器的关键技术

现代飞机因其系统的复杂性,属于大系统概念,具有高维数、多目标、关联性、分散性和不确定性。因此需在进行系统分层与聚合、系统分解与协调的基础上建立飞机系统模型。图11.4.2为飞行工程模拟系统。

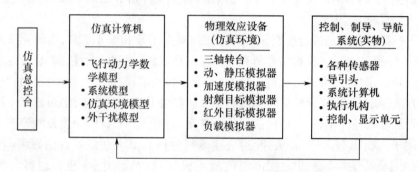

图11.4.2　飞行工程模拟系统(半实物仿真系统)

为了针对各种问题进行有效的仿真分析,还必须建立与大系统等效的各种相应的简化模型。

1)飞机飞行的主要数学模型

(1)飞行动力学系统模型。

(2)空气动力(包括各坐标方向的气动力和气动力矩)系数模型。

(3)飞行控制系统数学模型。

(4)飞机运动的微分方程组或运动状态方程。

(5)飞行模拟的数学仿真技术。

数学仿真就是指计算机仿真,通常有模拟仿真和数字仿真两种。

模拟仿真具有高速实时、技术简单、便于联接设备等特点,但是没有思维判断能力和存储能力,相对计算精度不高。

随着数字计算机的飞速发展,数字仿真技术逐渐成为计算机仿真的主流。

2)对于系统仿真的数学方程常用的数值积分法

(1)逐次降阶积分法。

(2)欧拉法。

(3)龙格—库塔法。

(4)Adams法等。

3)对于系统的离散化仿真常用的数学方法

(1)替换法。

196

（2）根匹配法。

（3）离散相似法。

（4）增广矩阵法。

（5）状态转移矩阵法等。

11.4.3　飞行模拟器技术

所谓飞行模拟,就是在试验条件下利用飞行模拟装置或飞行数学模型代替被研究的飞行器及其系统,所进行的模仿式地面"飞行"或空中实际飞行。前者称为地面飞行模拟,后者叫做空中飞行模拟。

飞行模拟器通常指的是在地面训练驾驶员以及对飞机性能进行评估、仿真的装置,是一个典型、复杂的人机回路仿真系统。

飞行模拟就是以飞行器及其系统为试验研究对象的系统仿真过程。

飞机作为一种空中飞行载体,它显然比地面及水上运动的载体(或武器)既复杂又具有更大的危险性。为了保证新机试飞一举成功,为了能使驾驶员充分安全地完成飞行训练,为了能够在实验室条件下有效地探索飞行战术、技术和完成既定的研究任务,人们就采用了系统仿真技术,致力于飞行模拟研究及应用。

模拟飞行训练已成为飞行模拟最活跃的部分。因为它具有经济、节能、不受气象条件限制、效率高、绝对安全等独特的优点,从而得到了广泛应用,发展十分迅速。20 世纪 80 年代以来在国际上飞行训练模拟器已进入商品化时代,形成了十分繁荣的市场,许多国家竞相研制、使用各种飞行训练模拟器。民用飞机的飞行模拟器已随着飞机的销售而作为一种重要的配套产品,它对培训民用飞机的驾驶员起到极其重要的作用。

军用机驾驶员的训练主要包括使机组进入作战状态的恢复性训练、机组的飞机改型训练、战术连续训练三大类。训练的目标就是要在短时间内使机组以最低的成本保持最理想的技术状态。

随着军用机航空电子和武器系统的日趋复杂,对训练内容的要求发生了很大变化。无论从安全角度还是从减少飞机噪声,保护环境出发,低空飞行和空战训练都在寻求新的替代方式,尽量减少实际飞行训练时间。

靠什么来弥补不能实飞带来的训练不足呢? 目前,在一些国家空军中,驾驶员可利用各种类型的模拟器进行不同的功能训练,一般说来这已成为仅次于飞行训练的训练方式。飞行模拟器将会在以下几个方面大大发挥作用:

（1）改善驾驶员的技术熟练程度,有效利用综合训练设施辅助,机组的操作水平会大大改善。

（2）减少训练时间,利用模拟器训练会使整个训练时间大大缩短。

（3）减少人员配置,特别是支援人员。

（4）降低训练成本,对先进飞机而言,每架飞机飞行小时成本和每台模拟器训练小时成本的比为(10:1)~(5:1)。如果采用高等级模拟器(高分辨力视景系统、复杂的情况处理能力),该比例会有所下降。

（5）减少危及生命的飞行,避免对人口稠密地区和民航造成威胁。

（6）减少对环境的危害。

传统的飞机飞行模拟是在地面实验室条件下完成的,被称为地面飞行模拟;地面飞行模拟应用范围很广,可以简单到飞机部分系统的模拟或某项小专题模拟研究,也可能复杂到通过完善的飞行模拟器完成整架飞机的全任务(起飞、战斗前飞行、空战、退出战斗、返航、着陆等)"地面飞行",或进行某项大的科研任务(如新型电传控制系统的手动—自动状态转换模拟试验)。

飞行训练模拟器是一个以飞行训练为主要目的的地面模拟装置,也是一个复杂的人—机实时仿真系统。它集成了计算机科学、自动化技术、光电技术、机电液压技术及软件工程的最新成果。

一台完善的飞行模拟器相当于一架"地面飞行"的飞机。在"地面飞行"中,它能够把驾驶员在空中真实飞机时所看到的、听到的、嗅到的、触觉到的飞机姿态、飞机运动、仪表指示、环境变化、周围音响以及本身生理反应等逼真地反映给模拟驾驶员,从而构成模拟飞行中的人—机系统特性,获得研究飞行或训练飞行的实际效果。

要使驾驶员产生空中飞行身临其境感觉,还必须建立一套动感模拟系统(简称运动系统)。运动系统用于对飞行加速度(或过载)的效应模拟。为模拟飞机的机动性必须提供在多自由度运动平台支撑下的模拟活动座舱。如果模拟临界飞行状态或俯仰、倾斜和航向稳定系统故障状态,除利用上述活动座舱外,还必须采用抗荷服或 G 座椅来提供飞行中的低频持续过载模拟信息。除此,在飞机模拟中还会遇到高 G 负荷效应、飞机抖振以及飞机受强烈湍流扰动等现象的模拟,为此必须采用一些相应的模拟装置,如抖动座椅及大气扰动发生器等。在所有动感装置中,六自由度平台运动系统是最为复杂的。它是一个由数字计算机实时控制、可提供被模拟飞机俯仰、滚转、偏航、升降和前后、左右平移运动过载的模拟装置。在瞬时过载信息模拟中,这种装置主要采用了如下两种技术措施:① 将飞机运动计算参数变换为考虑驾驶员对瞬时过载(加速度作用)感觉门限下的座舱运动参数,即飞机运动参数的滤波、校正处理;② 仅模拟过载的开始段,随之减速并使座舱(与平台固联)迅速恢复到原始中立位置(以相当大的速度)以便利用驾驶员的加速度幻觉获得有限行程下地面模拟的空中飞行效果。图 11.4.3 给出了六自由度运动系统的主要组成和工作原理。

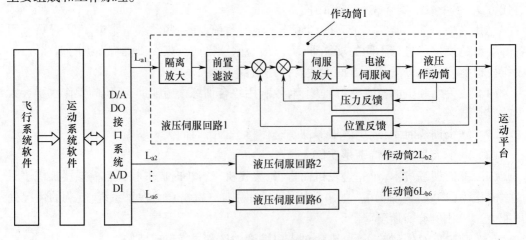

图 11.4.3　六自由度平台运动系统组成及原理图

作为训练驾驶员的飞行模拟器与工程飞行模拟器在飞行模拟的数学仿真原理上是一样的。飞行训练模拟器的支持软件担负着模型实时解算、系统检测、监控、显示、通信和协调管理的重要任务,对保证整个模拟器的实时性和逼真度起着关键的作用。飞行训练模拟器的支持软件包括两种类型,即仿真计算机支持软件和飞行模拟应用软件。前者与通用计算机支持软件基本类似,后者则是研制的专用软件。通常,应用软件由许多部分组成。典型的应用软件包括实时运行程序、模拟器支持程序和维护诊断程序。

飞行训练模拟器对驾驶员的视觉效果要求更高,必须具有逼真度高的场景(全彩色高分辨力、亮度好的三维视景)。驾驶员的70%的信息来自于视觉,因此视景系统是飞行模拟器人机回路的一个重要环节,它能为驾驶员提供全飞行过程所能看到舱外景象,如树林、地形、地貌、海洋等自然景象、建筑物、跑道、机场等人造景象,以及能见度、雨雪等气象效果。对于空战模拟器还应提供靶机、坦克等活动目标和爆炸、起火等军事效果。在国外的飞行模拟器中,视景系统的价格往往占整个模拟器的1/2~1/3。地面飞行模拟器及其结构框图分别如图11.4.4和图11.4.5所示。

(a)   (b)

图 11.4.4　地面飞行模拟器

(a)外部结构;(b)内部驾驶舱及视景。

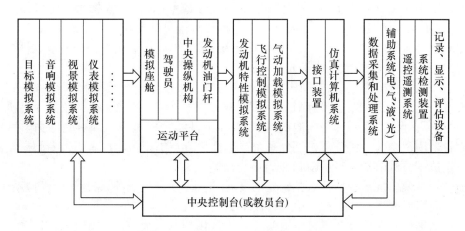

图 11.4.5　地面飞行模拟器结构框图

有的还可以提供四维可视化效果,如红外图像生成及高性能传感器仿真技术。

此外,还可以通过机内机外三维的听觉指示增强了三维显示的效果。例如,左发动机发生故障,其告警声就源于驾驶舱左侧。

11.4.4 工程模拟器与飞行模拟器的区别

工程模拟器与飞行训练模拟器的主要区别在于它是一个研究、设计开发、试验一体化的工具。它的主要特点是:

1. 可以没有原型机

研究的对象没有现成的数学模型和数据,模型是"方案"飞机或系统的"方案"模型,使用的数据主要来源于风洞吹风的数据和以往飞机设计过程中形成的经验数据。它的参数和结构是不冻结的,从方案设计、初步设计、详细设计直至首飞定型,要进行多次迭代来研究系统的结构、参数对系统和飞机的影响,并最终冻结系统的结构、参数。

2. 不要求模拟所有系统

主要进行飞行控制系统、航空电子系统、飞行动力学等相关的研究,对液压系统、环控系统、燃油系统等只作简单模拟,必要时也可以不模拟。

3. 数据量大、模型阶数高

在工程研究中,在不十分清楚参数对系统的影响程度时,需要使用较多的数据,工程模拟器使用的数据可多达数 10 个;模型也不能将高阶系统轻易地降为低阶系统的等效模型,因模型在不断地改变,等效模型和等效参数的求解显得十分不方便。

4. 试验与新机的试飞方法相似。

由驾驶员形成的主观评价和各种测试程序得到的测量值和处理结果形成的客观评价得出 Cooper – Harper 等级。

5. 硬件(或系统)具有通用性

计算机系统具有较大的计算存储量,视景系统具有较宽的水平视场角和垂直视场角,运动系统能适用军机和民机的仿真要求,座舱中的控制面板,指示器面板能方便地拆卸,操纵负荷系统的力、位移、速度及各种参数能进行灵活的调整。

6. 软件的通用性

能适应不同飞机对象或同一类型飞机的不同参数范围,可以根据每一阶段模型的不同要求,方便地剪裁和扩充软件。向下可以根据设计人员的要求对系统进行适当的剪裁,构成适应具体对象的、精巧的和很少冗余的系统;对上可以根据用户的需要或软件技术的发展,对原有的系统进行更新或扩充。

为了扩大飞行模拟领域、提高模拟有效性和增强模拟逼真度及飞行动感;在上述地面模拟技术的基础上,20 世纪 60 年代初出现了空中飞行模拟,这种模拟是在实际飞机上实行的。空中飞行模拟有两种不同的机理类型,即部件实物模型模拟和可变动力学特性模拟。前者采用实物模型代替飞机部分系统或部件进行空中模拟。后者借助专门研制的空中飞行模拟试验机(或称变稳飞机)进行飞行研究。

随着飞行模拟技术和飞行试验研究的发展,近年来出现了空地综合飞行模拟系统,从而直接沟通了地面飞行模拟与空中飞行模拟两大领域。

近年来出现的空地综合飞行模拟系统是飞行模拟的新发展。它借助遥测、遥控及自适应技术等,将地面飞行模拟与空中飞行模拟有机地结合为一体,实现了现代飞行模拟技术的新突破。

11.4.5　飞机作战效能的模拟

　　飞行模拟技术的迅速发展,使模拟逼真度不断提高,模拟范围日趋扩大。于是在上述各类系统飞行模拟器的基础上,随之出现了以研究空战规律以及与空战有关飞行性能和操纵品质为主要目标的空战模拟技术和空战飞行模拟器。前者主要利用计算机分析与显示;后者需研制专门的模拟器设施。两者都必须具备以空战研究为主的多种模拟功能。其中包括战斗机战术、动力控制、武器瞄准发射技术,以及战术程序的研究、评定。

　　空战模拟技术是以处于地面坐标系的"第三者"身份观察两架(或多架)飞机在空中的格斗的模拟情况。

　　空战飞行模拟器的典型工程型式是一对一空战模拟器。在这种型式下,两个模拟座舱分别安置在各自的视景显示圆顶内。代表战斗机的座舱装有与空战规律要求有关的操纵机构、飞行仪表及武器瞄准装置。该模拟器具有先进的计算系统、环境显示系统及优良的测试记录和数据处理分析系统,可以在模拟器上对飞机的操纵和格斗战术进行研究和评定。

　　图 11.4.6 为 F – 16 与米格 – 29 战斗机格斗模拟。图 11.4.7 为 X – 31 战斗机作战效能模拟。

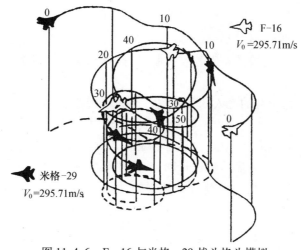

图 11.4.6　F – 16 与米格 – 29 战斗格斗模拟

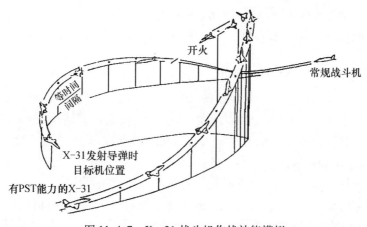

图 11.4.7　X – 31 战斗机作战效能模拟

第 12 章　无人机技术

20 世纪初期出现、后期广泛使用的无人机,具有体积小、机动性强、造价低、使用方便、对作战环境适应性广、无人员伤亡等特点。尤其是 21 世纪以来,无人机系统的功能和使用范围正在不断扩大,无人机系统的发展正在改变着作战模式,引来军事上一场深刻的革命。

12.1　无人机概念

12.1.1　无人机定义

无人机是无人驾驶飞行器(Unmanned Aerial Vehicle,UAV)的简称。无人机是一种机上无人驾驶、通过无线电遥控或自动程序控制飞行、具有执行一定的任务能力、可重复使用的飞行器。

无人机通常不是指所有的无人驾驶的航空器和航天器,如卫星、气球尽管无人操纵,但并不是无人机,导弹、制导炮弹也不属于无人机。这里特别要提到无人机与巡航导弹的区别。巡航导弹与无人机形状相似,也具有自主无人驾驶导航飞行的功能。二者关键的区别是:①无人机在飞行结束后可以进行回收,而巡航导弹则不能回收;②无人作战飞机虽然可携带弹药,但与无人机机体是分开独立的,而巡航导弹的作战弹头则被整合在弹体内。

12.1.2　无人机特点

无人机由于不需机载操纵人员,因此具有一系列优点。

(1)无机载人员损失。无人机在作战时或飞行器失事时不会危及飞行员和机组人员。

(2)减少设备和质量。由于机上没有驾驶人员,因此可省去驾驶舱和人工操纵机构,也省去有关的人机环境控及安全救生设备,因而大大减轻了飞机的质量。

(3)降低成本,研制周期短。无人机内部系统设备比较简洁,减少了大量设备的研制,因此研制费用低,也减少了机上驾驶人员的长时期训练,只需训练在地面操作的有关人员,大大缩短了研制周期。

(4)更适于执行危险性高、续航时间长的任务。对于执行深入敌境的突防军用飞机,很容易受到敌方的导弹炮火的攻击,无人机更适于执行这类高危险性任务。由于无人机的质量轻、体积小而大大减少了摩擦阻力和升致阻力,能源的消耗也大为减少,因此增加了留空飞行时间。

（5）更高的机动性，不受人员高速过载和环境的限制。由于机上没有驾驶员，战斗机高机动过载引起的驾驶员身体所能承受的生理限制或者引起晕眩误操作的可能性，都将不复存在；也不存在缺氧、低温、低气压对机载人员造成的影响。

（6）隐蔽性好，相对体积小。由于无人机减少了机载人员、大量设备，其体积会明显减小，也便于设计各种非常规布局、表面积小的飞行器，因此更适于隐身设计，从而也增强了突防能力。

（7）使用维护方便。无人机机载系统组成相对比较简单，因此使用维护的程序也大大减少，无人机上机载设备和部件一旦出现故障，还可以进行模块式更换，迅速修好再使用。

（8）起飞、着陆容易。中小型无人机无需机场，可采用弹射起飞或手抛起飞；大型无人机也可大大缩短起飞与着陆滑跑距离；无人机还可以采用伞降和气囊着陆手段。

美国国防部无人机系统路线图中提到无人机在三个方面比有人飞机更具优势：更加适合执行枯燥无味的任务；更有利于执行有放射性侵害的任务（如核武器爆炸后采集放射样本）；更便于执行危险的任务，如避免有人侦察机、有人对敌攻击机所造成的机组人员损失，以及其他飞机机载人员可能当做人质等，如果空中任务失败，采用无人机的政治和人员风险更低。无人机执行任务有更低的负面风险和更高的任务成功率。

12.1.3 无人机分类

世界上第一架无人机是英国人于 1917 年研制的，是一架无线电操纵的小型单翼机，由于当时的许多技术问题，所以试验失败。20 世纪 30 年代初研制成功无线电操纵的无人靶机。20 世纪 40—50 年代，无人机主要作为靶机逐渐得到了较广泛使用。20 世纪 60 年代后，美国出于冷战需要，将无人机研究重点发展于侦察用途方面（图 12.1.1）。20 世纪 80 年代后，以侦察为主的无人机得到迅速发展。2001 年 10 月 17 日这一天在阿富汗战场上，美军首次使用捕食者无人机发射"海尔法"导弹，成功摧毁了一辆塔利班的坦克，于是开启了无人机直接作战的时代。图 12.1.2 是国内最早使用的喷气发动机无人靶机。

图 12.1.1　美国早期"火蜂"无人侦察机

图 12.1.2　南京航空航天大学"长空"
号无人靶机和核爆炸取样机

由于无人机研制周期短、尺度方位广，已经研制出形形色色的类型，并正在以令人难以预测的速度迅猛发展，其种类的发展已经超过了有人飞机。目前，国内外对无人机尚没有一个标准的分类。我们现在根据现有无人机的用途、性能和构形作以下初步分类：

1. 按用途分

（1）无人靶。

（2）无人侦察机。包括战术无人侦察机、区域监视无人机、目标定位无人机（包括目标侦察、火炮校射）和战略无人侦察机（无人预警机）。

（3）电子通信无人机。包括电子侦察无人机、电子干扰无人机和通信中继无人机。

（4）无人作战机。包括反辐射无人机、无人察—打一体机和无人战斗机。

2. 按速度、空间位置分

（1）超近程无人机。

（2）高空长航时无人机。

（3）中空长航时无人机。

（4）低速无人机。

（5）超声速无人机。

（6）高超声速无人机。

（7）临近空间无人机。

（8）太空无人机。

（9）舰载无人机。

（10）潜射无人机。

3. 按飞行器构型分

（1）无人飞机。

（2）无人直升机。

（3）无人飞艇。

（4）无人旋翼机。

（5）微型无人机（又称微型飞行器 MAV）。

图 12.1.3 给出国内外部分典型的无人机照片。

图 12.1.3　部分典型的无人机

(a) 美国"大乌鸦"无人侦察机；(b) 美国"影子"无人侦察机；(c) 德国 KZO 无人侦察机；
(d) 以色列"苍鹭"综合电子无人机；(e) 美国"火力侦察兵"无人直升机；(f) "鹰眼"倾转旋翼无人机；
(g) 以色列反辐射无人机；(h) 南京航空航天大学六旋翼微型无人机；(i) 美国 WASP – I 微型无人机。

12.2　无人机用途

12.2.1　无人机在军事上的作用

无人机以其特有的优势，在军事上正在和将会发挥许多特殊的作用。

1. 无人空中靶机

无人机作为靶机，是用于地面防空和空中格斗武器的试验与训练的重要手段，也是无人机军事上的最初用途。无人机还可以安装目标反射信号增强器（如红外曳光管和雷达信号发射器），更便于试验所要测试的攻击装备（如火炮、空空导弹和地空导弹）的雷达或红外探测跟踪。

无人机还可携带拖靶，作为火炮和导弹的靶标，这样更节省，无需无人机本身作靶机。

无人靶机也在不断扩大高低空飞行范围和提高飞行速度（如超声速靶机），可用于模拟敌方战斗机。用于防空导弹、舰载反导系统的试验和评估。

2. 侦察与监视

侦察仍然是目前无人机使用最广的用途之一。不同的无人侦察机类型，可以分别执行预警、深入敌后侦察和阵地前沿侦察等任务。一架无人机可携带一种或几种侦察设备，如数码相机、可见光摄像机、微光摄像机、红外热成像仪、常规雷达、成像雷达和电子侦察设备等。通常，所获得的信息和图像可随时传送回地面站；也可以将获得的所有信息记录下来，待无人机回收时取用。无人机侦察，还需要对目标的定位功能，对动目标的跟踪功能，有的还需要对目标的识别功能。

作为监视为主要任务的无人机，需要留空时间长，有一定的高度、足够的信息存储和传输能力。目前航空监视与侦察，不同层次的无人机还需与侦察卫星、有人侦察机以及地面情报系统配合执行，形成高、中、低空，多层次、多方位的立体空中侦察监视网，以便获得更加准确、及时的情报信息，便于军事指挥部门决策。图 12.2.1 给出了美国无人机系统路线图中的美国无人机侦察与卫星机地面设备组成的情报网。

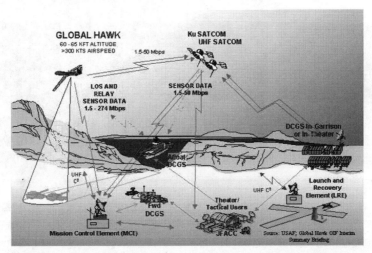

图 12.2.1　美国无人机侦察与卫星机地面设备组成的情报网

3. 通信中继

由于无人机研制费用低和机动性强，用于通信中继要比通信卫星的成本大大降低。高空长航时的无人机，可用于实现信息的远程传输，满足战场指挥控制信息和监视侦察情报的超视距传输及向不同作战单元的分发。

作通信中继的无人机通常装有抗干扰扩频通信设备、大功率固态放大器、全向甚高频和超高频无线电台中继等设备，可以进行数据、信号、图像和话音传输。

4. 电子干扰和其他电子战

无人机是特别适于作为空中电子干扰装备平台，这是因为无人机可以先侦察到明确的目标后，在进行电子干扰；同时无人机能够进行低空突防，可以近距离实施准确的干扰。

无人机电子干扰的发展趋势是同时干扰敌方的雷达装置和干扰敌方的通信系统，使敌方飞机和导弹阵地无法得到所需要的情报信息。目前，一架无人机可同时装备两种或多种干扰设备，也可由多种不同装备的无人机协同作战。

假目标欺骗也是目前无人机实施电子战另一个重要用途。无人机安装上适当的有源电子设备或无源角反射器,可使其具有与欲模拟的目标相仿的信号特征,具有很强的欺骗性。当敌方的雷达截获到这些假目标,很难识别,导致把这些错误的情报传递到敌火控雷达系统和防空武器,使敌方进行误攻击。而己方无人机或其他空中装备完成侦察和攻击目标任务。无人机假目标欺骗除了雷达欺骗外,还有红外诱饵假目标,使敌方的红外制导武器实施误攻击。

从战役角度,使用多个无人机假目标吸引敌方的火力或整个防空系统,进而让己方其他有人或无人战斗机、导弹对敌方防空系统实施压制、破坏或摧毁。

5. 无人战斗机

无人战斗机是从"捕食者察—打一体机"发展起来的新概念无人机。一开始,"捕食者"无人机是作为中空长航时无人侦察机研制和使用的,该机装有光电/红外侦察设备和合成孔径雷达。随后"捕食者"从侦察无人机发展为具有攻击能力的多任务型飞无人机。改进的"捕食者"无人机装载有多频谱瞄准系统,采用一个增强型热成像器、高分辨率彩色电视摄像机、激光照射器和激光测距器。此外还可能装有超频谱成像器,可穿透树叶探测隐蔽的地面目标。同时装有信号情报装置,此外还解决了整体油箱机翼与"地狱火"导弹兼容的问题。此后"捕食者"无人机多次在实战中成功地攻击了目标(图12.2.2)。

无人战斗机(UCAV)已经是一种全新的空中武器系统,无人作战飞机从过去主要是执行空中侦察、监视和战斗毁伤评估等作战支援装备,发展成为能直接攻击目标、执行压制敌防空系统的新型装备,可以攻击地面目标,也可以攻击空中目标。例如,对地面军事目标进行打击,用空对地导弹或炸弹对敌防空武器实施压制,用反坦克导弹等对坦克进行攻击;用集束炸弹等武器对地面部队等进行轰炸。

反辐射攻击无人机是一种特殊的无人作战飞机。这种无人机利用敌方雷达辐射的电磁波信号,发现和跟踪敌方雷达,最后摧毁敌方雷达系统。反辐射攻击无人机有自杀型的,也有发射导弹攻击敌方雷达型的。

 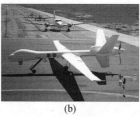 

(a) (b) (c)

图 12.2.2
(a)"捕食者"无人机 B 型;(b)"捕食者"无人机 C 型;(c)发射导弹情形。

6. 其他用途无人机

(1) 生化探测:如核爆炸、化学气体采样分析。

(2) 炮兵较射:用于火力引导和对射击效果进行评估。

(3) 毁伤效果评估:用于对炸弹或导弹毁伤目标现场效果的评估。

(4) 战场测绘、反潜探测等。

12.2.2　无人机在民用方面的用途

1. 灾情的监测与防范

"水火无情""地震难测",自然灾害的凶猛性往往造成交通和通信中断。如果不能及时了解灾难现场和发展情况,就无法救援人命和财产。森林中的星星之火就有可能毁掉整个山林和附件的村镇。从空中快速监察是最有效的信息获得手段,然而如果远离机场,大型飞行器很难及时赶到。无人机无疑是了解灾情最便捷的工具。运用无人机所携带摄像机可以准确地拍摄到灾区范围内震后的情景,如倒塌的房屋、滑坡的土石、埋没的道路、堵塞的河流等,为地面指挥救援人员提供了清晰可靠的情报,及时开通途径,救出灾民。

2. 公安监控与反恐

利用无人机对提高各级公安部门的应急管理能力是大有帮助的。对于突发事件,无人机迅可以实现快速响应,到达现场;便于及时采取果断措施,实施正确指挥;进行紧急救援,防止事态发展;妥善安排善后,尽力减少损失。

对于驾驶车辆的罪犯,公安人员往往因交通堵塞,不能跟踪犯罪分子。如果使用小型无人机从空中追踪罪犯车辆,或者由无人机地面指挥车记录下无线电传回的视频犯罪证据,就可以大大提高处理突发案件的能力。

进院或入室作案的犯罪分子,往往依靠院墙、房屋和挟持人质,使公安人员难以了解现场状况和接近犯罪分子。利用小型灵活可悬停的无人机,就可以进入院内上空,飞近犯罪房屋的窗口,实时掌握内部情况,指挥人员处理现场。利用装有特殊攻击性设备无人机,还可以直接执行辅助手段协助公安人员抓获罪犯。对于持枪的恐怖犯罪分子,利用无人机准确掌握罪犯现场,避免公安人员受到伤害,或直接攻击犯罪分子,是公安部门对付暴力犯罪分子的十分有效的新型手段。

3. 交通管理与安检

汽车行驶堵塞,交通事故频繁,已成为目前各国十分头疼的问题。而由于事故现场往往路堵,事故现场情况的了解和处理很难及时进行。小型无人机就能够及时从空中飞临事故现场,使公安、安全监督部门人员通过无人机发回的现场图像,直观了解现场实况,作出及时调动交通车辆和处理现场的决定。

城市交通管理越来越复杂,交通频繁,掌握堵塞路口和事故易发地区的车流状况,无疑对优化城市交通管理是十分有益的。无人机从空中垂直路面的角度,可以获得更大范围的交通动态状况,以及车辆种类、速度和不同路口流量的准确统计资料。

4. 电力巡检

我国的电力日益突飞地发展,尤其是高压线路遍布城乡山区,检修的工作量和难度越来越大。高压线路受到大风、积雪或人为损害的情况时常发生,对工农业生产和人民生活造成极大的影响。起伏山谷等区域的高压线路,单靠人员检测的困难性和危险性不言而喻。利用有人驾驶的直升机,代价昂贵,条件也有限。所以,利用无人机来检测高压线路较早受到电力管理部门的关注,可以第一时间让无人机飞临电力事故区域进行监测,赢取抢修时间;无人机电力巡线系统的工作效率高,可大大降低电力巡线的成本。此外,无人机还可以用于电力现场勘测和电力线路规划。

5. 气象探测与人工降雨

由于人类对自然环境的污染和干扰,气象变得越来越出现反常情况。干旱和暴雨的灾害在不同地区每年都有发生。以前利用火箭的气象探测方法只能在一个地点作用,而且是一次性使用。随着无人机的发展,在气象探测技术得到应用,如战场气象测量、恶劣天气监测、大气臭氧监测、龙卷风近距环境探测监视、人工降雨等。

6. 空中航测

无人机可以在低空进行高精度的航拍及监测,而且具有效率高、成本低(比有人驾驶直升机使用成本低得多)的特点。无人机作为空中作业平台,搭载高分辨率数码相机、光学摄像机等设备,根据需要对整个区域行扫描,或对重点目标进行拍摄、监测。无人机近距离拍摄图像分辨率可达厘米级,对建筑物等形状复杂的目标可进行近距离、多角度三维测绘。从无人机航拍影像中可以精确地分出每一个建筑、道路、河流,甚至车辆,也可以通过图像拼接得到整个城市区域详细实景地图。

无人机还可以用于野外地质与矿产勘探、农业资源探测、地理测绘等。

12.3　无人机系统组成

12.3.1　无人机系统

目前,人们普遍接受美国在无人机系统线路图提出的概念,用无人机系统(Unmanned Aircraft System,UAS)代替原来的无人机(UAV)。换句话说,通常说"无人机",应是对"无人机系统"的简称。

无人机系统是指无人机空中平台及与其配套的任务设备、数据链、地面测控站、起飞(发射)回收装置以及地面保障设备等的统称。无人机系统的组成通常可由如图12.3.1所示的框图表示。

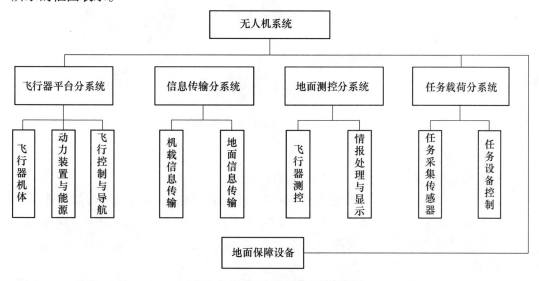

图 12.3.1　无人机系统组成框图

209

12.3.2 无人机系统的组成部分

1. 无人机平台分系统

无人机平台分系统通常有以下几部分：

（1）无人飞行器机体，包括机身，机翼（或翼身融合体）或旋翼，尾翼。

（2）动力装置，包括喷气发动机或燃油活塞发动机或无刷电动机，螺旋桨。

（3）能源装置，包括油箱、电池、电源分配器。

（4）飞行控制与导航控制系统，包括集多种传感器与微处理器的控制、卫星导航接收机，执行飞行器姿态控制和规划路线导航控制。

（5）伺服机构，包括伺服舵机、连杆、摇臂，或其他驱动机构（如旋翼操纵机构）。

（6）降落伞或其他着陆气囊等辅助着陆装置。

2. 信息传输分系统

信息传输分系统通常又称为数据链，实际功能比数据传输更广，包括机载信息和地面信息的数据处理（图12.3.2）。

（1）机载信息传输，包括机载天线、机载无线信号接收机和信号发射机，接收地面遥控指令，向地面发送飞行器信息和任务载荷信息（如视频图像信息及其压缩、编码处理）。

（3）地面信息传输，包括天线、地面无线信号接收机和信号发射机，发送地面遥控指令，接收飞行器传回的飞行器信息和任务载荷信息（如视频图像信息及其解压、解码处理）。

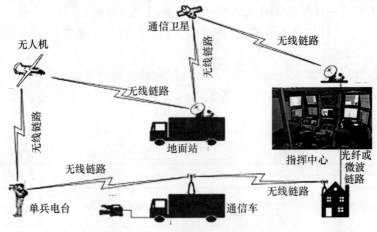

图 12.3.2　无人机信息传输链路

3. 地面测控分系统

地面测控分系统通常由以下部分组成（图12.3.3）：

（1）监控平台，包括显示器、遥控操纵杆和按钮，用于飞行器信息与情报信息显示。

（2）数据处理系统，包括微型计算处理系统，用于上传与下传信息处理，情报处理与存储。

（3）地面能源装置，包括电池、电源分配器、电缆。

4. 任务载荷分系统

任务载荷是根据不同任务使命的微型飞行器而设计的不同机载任务设备，如侦察设备、电子干扰器、气体采集器、声音传感器和其他任务传感器。通常视觉传感器是无人机最基本的任务传感器。此外,还包括对任务设备的控制,如任务设备转动平台、跟踪目标控制模块等。

图 12.3.3　无人机信息地面站与保障设备

无人作战机还包括机载发射导弹和武器瞄准系统。

5. 地面保障设备

非滑跑起飞的无人机(除无人旋翼机和微小无人机之外)还需有地面弹射起飞装置(图 12.3.4)。

图 12.3.4　无人机弹射装置

地面保障设备还需要无人机的储存、运输和检测装置等(图 12.3.5)。

图 12.3.5　无人作战机系统地面人员操纵

还要强调的是,无人机上虽然没有机载人员,但是无人机系统还离不开人。地面测控站的操作,无人机的起飞与回收都必须有关人员执行。即使是自主能力很高的无人机,飞行航线和任务的规划,还需要技术人员操作。遥控发射武器的无人作战飞机,更需要地面操纵人员及时、准确的人工控制。

12.4 无人机关键技术

12.4.1 无人机主要关键设计技术

12.1 节中谈到了无人机的优点,但是无人机没有机载驾驶人员根据现场环境判断所作的机动操纵,因而目前无人机的失事率比较高。

1. 无人机的主要缺点

(1) 对通信系统的依赖性。要实时知道无人机的飞行状态或临时改变无人机的航线,必须由地面人员通过无线数据链路了解和测控无人机。全动态视频信号或高光谱成像传感器搜集的大量图像情报的实时传输,是无人机的基本功能要求。这些数据链传输都依赖于通信系统。但是,无人机载功率有限,从而限制了通信距离。而且,无线通信信号易受干扰,包括主动干扰和环境噪声干扰。此外,无人机的行动还存在通信滞后性。通过数据链的人类地面指挥仍会存在信号延迟,尤其是空战过程中反应时间滞后会影响作战效果。

(2) 对卫星定位导航的依赖性。目前无人机,都要依靠 GPS 或其他卫星导航信号定位、导航和定时信息来执行各种任务。GPS 或其他卫星导航信号和卫星信号接收用户设备很容易受到多种形式的威胁,这是未来战争中无人机能否正确导航和执行任务不可避免的问题。

(3) 无人机独立作战能力不足。目前无人机的智能化程度还远未达到人类的水平。无人机大部分还是依赖计算机预设规则办事,遇到程序设定外特殊情况就不能正确执行任务,更难于对付意外事件。

(4) 无人机飞行和执行任务时损毁率较高。无人机存在单点失效性,相对飞行速度低易突防时易受攻击,生存力低。因此,战时无人机的损失会很大。

此外,质量与承载能力、续航时间、自主控制能力还离期望的能力有较大差距。

2. 现代无人机设计必须要突破的关键技术

1) 飞行器平台总体设计优化技术

无人机空中平台外形布局、气动、结构、性能(如续航时间),质量的最优化综合设计技术。

2) 复合材料机体结构设计与制造技术

为了减轻无人机结构质量,复合材料结构是最佳选择。主要技术问题有:选择什么样的纤维树脂材料做机体结构,尤其是复合材料柔性机翼的非线性的结构变形和气动弹性问题,以及抗紫外线、耐高温和着陆抗冲击等问题。此外,复合材料整体结构的成形和制造技术,包括连接技术。

3）传感器技术

这里主要指任务设备的传感器,除了无人机提供情报收集、侦察、监视和目标截获等的光电传感器外,还包括完成武器投放任务传感器,如探测并识别目标、精确瞄准、成像技术(可见光、红外和雷达)、信号捕获、化学传感器、生物传感器、放射性传感器、气象传感器、磁性反潜传感器和反水雷传感器等。图12.4.1给出了典型的外挂光电传感器。

图12.4.1　无人机侦察装置

4）动力与能源技术

适于无人机的动力推进装置,既要质量轻、体积小,又要提供长航时飞行。要从传统的有人飞机使用的燃气涡轮和活塞式发动机,研制出适于无人机的发动机,以及新型动力装置。与有人飞机相比,续航时间被确认是无人机的基本属性,而续航时间的增加主要在于动力装置的效率的提高。耗油率和功率质量比是推进技术的两个重要衡量标准。无人作战飞机目前大都选用涡扇发动机。小型涡轮发动机的推重比提高了40%,耗油率降低了20%。适于无人机的新概念动力系统也在发展中,如脉冲爆震发动机和电推进系统。

5）通信与数据链技术

机载数据链和处理器的发展,力求把所有的机载数据转发到地面,然后处理这些数据,并把处理结果用于分析和决策。尤其是在进行图像收集与传输时,要求数据链有足够的带宽。只依靠压缩算法是无法解决近期对先进传感器容量的需求的。有意舍弃信息的技术不是理想的技术。在射频(RF)数据链方面,限制频谱和最小化机载系统的尺寸、质量和功率是限制数据传输率的重要的途径。

6）自主飞行控制与导航技术

不断提高无人机的自主控制和执行任务能力是无人机发展的始终追求。美国关于无人机自主水平等级的定义有多种提法,美国空军研究实验室(AFRL)技术领域领导Clough提出的11级自主控制水平等级分级方法如表12.4.1所列。

表12.4.1　Clough提出的11级自主控制水平等级

级别	名称
0	遥控飞行器
1	执行已预先规划好的任务
2	可变任务
3	对实时故障/事件具有鲁棒反应
4	故障/时间适应飞行器
5	实时多飞行器协调

级别	名称
6	实时多飞行器协同
7	作战空间知识
8	作战空间群体认知
9	作战空间群体认知
10	完全自主

从表12.4.1可以来看出,提高无人机自主控制能力、对飞行环境自适应能力、实时故障诊断和故障自修复能力是无人机控制的发展方向,进一步发展多机协同、群体作战,发挥无人机群体作战的效能。

7）先进的发射与回收技术

无人机的起飞（发射）装置有多种类型,主要的起飞（发射）方式有地面滑跑起飞、沿导轨发射、空中投放等,无人机发射装置主要有火箭助推发射,液/气压能、弹性势能、电磁能发射等形式。无人机的回收方式有自动着陆、降落伞回收、气囊缓冲、拦截网回收等形式。不同类型和不同使用环境下的无人机,可选择不同的系统构成,例如,小型无人机通常采用弹射或火箭发射;而大型无人机则采用起落架或发射车进行发射。

8）隐身技术

无人机的发展引起各国的重视,同时针对无人机的防范和攻击技术也在发展,不具备隐身能力的无人机无疑面临巨大的风险。针对高技术防空武器的不断涌现,隐身技术的应用对提高无人机的战场生存能力具有至关重要的作用。

由于无人机可以比有人飞机设计得体积更小,形状更灵活,材料选择更广,因此更适于隐身设计。无人机隐身技术主要包括雷达隐身和红外隐身。通常,无人机更有利于除去雷达强反射尾翼的无尾布局设计;无人机机体表面可采用降低雷达反射信号波能量的复合材料结构,并可使用雷达吸波材料。由于,无人机可以采用复合材料曲面整体成形和光滑处理,避免凹口角度强反射和减少机体表面缝隙散射。在红外隐身设计方面,可采用喷气发动机的进气道和尾喷口在机体上部的设计,使突防的无人机减少敌方对红外源的探测。

美军试验的"暗星"无人机、X-45C、X-47B和欧洲的"神经元"无人机就具有良好的隐身能力（图12.4.2、图12.5.7）。

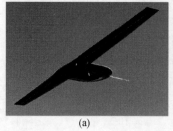 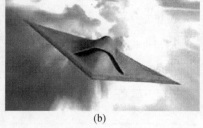 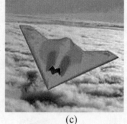

(a)　　　　　　　　　　　(b)　　　　　　　　　　　(c)

图12.4.2　几种隐身无人机

(a)"暗星";(b) X-45C;(c)"神经元"。

12.4.2　无人机主要作战技术

无人作战机刚刚发展,还不成熟。即便如此,无人作战机面临着未来战场的一系列挑战问题,例如:

(1)数量有限的无人机系统的低密度/高要求特性使无人机系统承担两项关键任务(即感知和攻击)时的优先顺序产生冲突。承载的武器数量有限以及获准使用这些武器所需的协调时间都会降低无人机攻击活动目标的能力。

(2)气象条件尤其是大风是无人机作战的主要障碍,因为与有人驾驶飞机相比,其质量更轻,机翼的展弦比更大。

(3)必须具有全面综合的分布式构型以优化带宽应用,同时要最大程度地满足需求。

(4)无人机系统时的联合作战环境的动态属性表明,必须实行统一指挥和控制,把无人机作战支援置于优先地位来强化功能综合(情报、作战和通信)。

(5)尽管每个系统可同时控制多架无人机,但有限的可用频率通常限制了其数量,目前多数利用无人机作战,每次尚只能有一架无人机开空作战,多机协同作战面临许多需解决的问题。

(6)对高带宽无线数据通信来说,城区作战存在的问题最大,即便是在近距,也可导致链接中断。城区作战的地形变化非常快,除非持续更新,否则战场态势预先感知信息将会毫无用处。

(7)频率干扰(使无人机链接中断),不但来自敌方,更多可能来自于非敌方。

(8)适用于无人机的武器及其小型化问题。

为提高无人机作战能力,最优先考虑的关键技术是:

(1)采用通用的、联合使用的、将战术级和现场级的需求和能力整合起来的情报、监视与侦察(ISR)系统,提高任务制订与综合管理能力。

(2)采用通用、安全、低拥塞频段的战术数据链来提高数据传递能力和平台获取数据能力,为无人机系统作战提供更大的带宽和频率捷变能力。

(3)装备更多的具有多任务能力(ISR 和攻击)的无人机,每架无人机应能携带更多数量和种类的武器。通过改进分布以及组网能力来改善无人机使用,并获得更好的状态感知。

(4)采用改进的双向通信设备以及相关的作战方案,将关键时间敏感的可操作数据交付给战术作战部队。

(5)采用跨军种综合的无人机和有人作战方案,以提供更好的总体综合能力。

(6)武器的小型化及集成化,对武器的遥控,武器投放技术。

12.5　无人机的发展趋势

无人机技术方兴未艾,21 世纪将是无人机发展最快的时机。无人机是充分利用信息技术成果而发展的高性能武器装备,未来无人机的发展应在提高能力方面有新的突破:

(1)战场空间感知能力。

(2)高风险目标突防能力。

（3）通信导航支援能力。

（4）电子战能力。

（5）压制敌防空系统能力。

（6）固定和移动目标攻击能力。

（7）高过载机动能力。

（8）作战生存能力。

（9）联合作战能力。

（10）主宰战场空间能力。

为了提高上述能力，重点需发展以下相关技术。

12.5.1　先进的传感器技术

下一代任务载荷传感器是提高无人机功能的发展重点，如以下几种高性能传感器的技术要求：

1. 多光谱/高光谱成像

多光谱（几十个频带）和高光谱（几百个频带）成像融合了全色传感器的属性，形成目标的更精细的信息，有望产生探测和识别化学或生物战剂微粒的能力。高光谱成像还能有效对抗敌方普通的伪装、隐蔽和欺骗战术。

2. 先进的合成孔径雷达

改进合成孔径雷达，使得由简单成像发展能得到如飞行器快速运动目标或战场的更详细信息。

3. 超高频/甚高频探察传感器

如采用双频带甚高频/超高频雷达，探察宽区域全地形变化，发展层析（包括三维）成像，探测车辆以及叶丛下、伪装的和城市杂乱建筑里的较小目标。

4. 激光探测与测距雷达

使用光探测与测距雷达是透过森林覆盖形成可能图像的另一种方法。传感器在飞行过程中将已知目标区域分割成几个纵向切面，使得传感器可以随时综合图像。一种集激光、全球定位系统（GPS）和惯性导航系统（INS）技术于一身的系统，可生成精确的数字高程模型（DEM）。

5. 光探测与测距雷达成像

光探测与测距雷达也可能用于昏暗状态下成像，包括有中度云层覆盖、粉尘或薄雾。

6. 光探测与测距雷达气溶胶目标照射装置

在光探测与测距雷达对目标区域主动照射辅助下，能够完成探测并识别化学或生物药剂的任务。通过激光刺激微粒或毒气云，识别特殊物质。

12.5.2　智能控制技术

实现智能控制能力，无疑是未来先进无人机执行各种任务的基础，其中自主飞行控制又是无人机控制的核心。自主飞行控制水平的高低依赖于智能控制技术的发展以及可获得信息的完整和准确程度。要使无人机在线感知环境和形势，并按确定的使命原则在飞行中进行决策并自主执行任务,为此在根本上需要建立不确定性前提下处理复杂问题的自主决策能力。利用人工智能技术(如神经网络技术)结合传感器技术,感知形势,解释环境,得到无人机的及时反应并作出正确的决定。

目前所研究的无人机智能化控制技术主要有容错飞行控制系统、可重构飞行控制系统、在线神经网络自适应飞行控制技术、环境感知自组织飞行控制技术等。

无人机控制技术还应借鉴现代有人飞机先进的飞行器管理系统和先进的任务管理系统的综合技术。无人机飞行控制技术包括无人机先进管理运行控制技术,例如,将遥控、人在回路和自主的控制模式相结合,对无人机任务管理系统进行更为明确和有针对性的分层定义和规划,采用层阶分解的控制结构,并综合利用鲁棒、自适应和智能控制的概念和控制技术,降低问题的复杂性,提高求解的效率。

12.5.3 先进的无线通信技术

1. 提高传输能力和抗干扰能力

传输能力的改进主要在大数据量的数字视频图像的传输和远距离信息传输。对于无人机受干扰而运行失败,已经是现实中存在的重要问题(如一架美国 RQ – 170 无人机被伊朗干扰捕获)。抗干扰包括非有意的环境电磁干扰和敌方有意干扰,要研制低截获概率的信号传输系统,或采用多种加密技术以保证无人机的飞行安全。同时通信系统还应具有信号识别能力,以抗敌方欺骗或抗抗反辐射武器。

2. 采用多种通信技术

无人机除采用无线电通信系统之外,还可采用红外通信系统,能够在各种气象条件下工作。光学通信系统是很有发展前途的通信方式。光学通信系统以激光为基础,它所提供的数据率要比红外通信系统的最大值还要大 2 ~ 3 倍,而且不易受干扰。

3. 建立以网络为中心的通信技术

目前与卫星通信链路相结合已经能实现,使其可在全球任何地方实时传送和接收传感器收集的数字信号和飞机控制信号。无人机通信系统将从一个专用线路发展成一个基于网络中心的无人机通信系统(图 12.5.1)。地面控制站作为全球信息网络上的边缘设备,无人机作为全球信息网络的一部分,实现全球信息网络控制的能力。

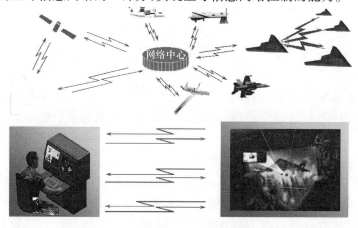

图 12.5.1　基于网络中心的无人机通信系统

4. 通用数据链

目前只有通用数据链才能满足正在进行的宽带通信需求。数据链的互操作性必须符合通用数据链的技术要求，涉及到波形、联合协议以及包括平台、传感器和网络在内的外部接口。尽管不对称，通用数据链是一种双向的宽带数据链，将无人机直接或通过卫星通信系统连到地面控制站。传感器的概念实际上扩展到每一个设备(具有传感和传递信息的能力)，大到沿轨道运行的卫星，小到士兵个人使用的手持测控装置。

12.5.4 无人作战技术的发展

无人机直接用于攻击作战的初步成功，极大地刺激了新型航空武器的发展。美国计划若干年后，将用无人战斗机替代目前使用的先进有人驾驶战斗机。

目前，"捕食者"作战系统由无人机平台、一个地面发射站和一个远程基地的地面控制站组成。基地地面控制站的操纵员通过 Ku 波段与卫星通信，对"捕食者"实施远程控制，并通过接收传感器图像信息，操纵发出指令实施对目标的打击。实际经验表示，天气影响、超高频通信系统不佳以及空中支援作战中心的控制人员水平有限，使"捕食者"实时攻击的能力削弱。是否有可能使无人作战机在一定程度上自主识别目标，发现和瞄准目标，从而自动发射导弹攻击？此外，单个无人机作战能力有限，多个无人机协同作战将会有什么效果？为此，无人机作战技术除了发展通信、瞄准和武器技术外，将要在如下几方面作研究：

1. 无人战斗机自主攻击技术

要实现无人机自主攻击，首先要做到无人机机载武器系统对目标的识别，确定目标后能锁定跟踪目标。其次，机载火控系统根据无人机的运动参数、武器跟踪系统运动参数和传感器对目标的相对位置测试，完成目标动态参数的计算。然后，通过火控计算机估算导弹攻击轨迹，再有火力/飞行控制系统综合控制，调整无人机姿态和速度，最后确定无人机发射导弹的时刻，发出攻击指令，导弹脱离无人机机体执行攻击任务。

2. 无人机多机协同作战技术

要实现无人机多机集群作战，首先需具有多机自主编队能力，包括编队保持、遇到特殊环境时的编队重构和编队控制。每一架无人机应能够对集群内周围无人机的位置估计与跟踪，从而实现集群内无人机与它机之间的规避防碰撞，由无线自组网信息共享，或者跟踪"长机"轨迹飞行，或者独立规划航迹飞行，保持几何形态基本不变条件下的编队变形和旋转控制。

无人机还应具备一定的环境感知能力。集群无人机应能够突破敌方的严密防空圈，到达任务区域(图 12.5.2)，然后对目标发起协同攻击，确保摧毁敌方目标(电子干扰或发射导弹攻击)。

3. 无人机与有人机协同多机作战技术

一架(或数架)有人机与集群无人机协同作战更有特点。有人驾驶飞机可以准确知道战场的环境态势，并且可以给协同的无人机群发出指令，使无人机群更好地执行攻击任务。无人机可以通过攻击敌方防空系统(电子干扰或弹击)，来保护或协同有人机作战。

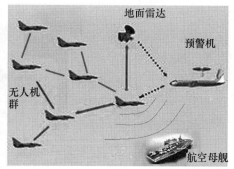

图 12.5.2　无人机多机、集群作战概念图

12.5.5　长航时无人机技术

对目标区域进行长时间监视,是战略或战役无人侦察机所需的功能。然而,由于无人机携带能源有限(如燃油),留空续航时间不可能太长。通常长航时无人机采用大展弦比机翼设计以便获得最大的升阻比,减少耗油率。美国"全球鹰"高空长航时无人机,利用多种高效率设计(如展弦比高达 25,高性能涡扇发动机),续航时间能达到 36h,这已经很不容易了(图 12.5.3)。要想使无人机飞行更长时间,必须在能源和动力上寻找新途径。

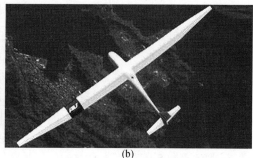

图 12.5.3　高空长航时无人机
(a)"全球鹰"无人侦察机;(b)"全球观察者"无人机。

1. 新型燃料发动机

如美国航空环境公司研制的"全球观察者"长航时无人机,采用液氢燃料发动机,进行了首飞试验,设计续航时间为 5 ~ 7 天。

2. 太阳能无人机

与燃料发动机不同的是,太阳能电动机的能源不是无人机自带的,而是可以从空中太阳光获取和补充能量。因而太阳能无人机是一种理想的长航时无人机。目前,已有美国、英国等研制出多种太阳能无人机试验机。如美国的"太阳神"无人机,是一个大展弦比矩形翼,利用太阳能带动多个电动机与螺旋桨,夜晚利用白天吸收太阳能储存电能,晚上维持电机运行继续飞行。这样,试验最长续航时间达一个星期。计划未来发展可以连续飞行 5 年的太阳能无人机。图 12.5.4 分别给出了"太阳神"无人机和 Z 字形"奥德修斯"太阳能无人机。

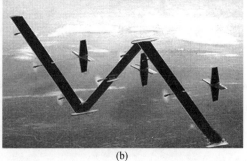

(a)　　　　　　　　　　　　　　(b)

图 12.5.4　太阳能无人机

(a)"太阳神";(b)"奥德修斯"。

12.5.6　临近空间无人机技术

临近空间无人机是指可在离地 20~100km 的临近空间运行的飞行器。临近空间无人机的特点是:安全性高,不易被攻击;持续工作时间长,便于于长期、不间断地获得情报;覆盖范围广。目前研制的临近空间无人机主要有两类:

1. 平流层无人飞艇(包括无人气球)

充装氦气的飞艇需要的额外能源少,具有留空时间长(如果用太阳能作为控制补充能源则长期运行)、载荷能力大、生存能力强等特点。尽管飞艇体积大,由于采用非金属材料,雷达难以探查。飞艇能够携带可见光、红外、多光谱和超光谱、雷达等任务载荷,具有良好的战场信息感知能力;因为高度在数万米高空以上,探察面积广,可作为区域信息监视;还可以携带各种电子对抗载荷,实现战场电磁压制和电子打击,破坏敌方信息系统;此外可用于野战应急通信、通信中继及能源中继服务等,以支援作战行动。图 12.5.5 分别给出了日本"太阳能"飞艇和美国"人"字形"攀登者"临近空间飞艇,后者曾在 30.5km的高空执行为期 5 天的军事任务。

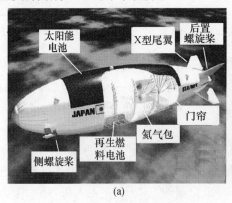

(a)　　　　　　　　　　　　　　(b)

图 12.5.5　临近空间无人飞艇

(a)"太阳能"飞艇;(b)"人"字形飞艇。

2. 高超声速无人机

这类无人机又叫"亚轨道飞行器",通常具有 $Ma>5.0$ 的高超声速飞行速度,如美国

X－37B"太空无人战机",体积小(只有航天飞机的 1/4),$Ma=25$,可以在 2 小时内攻击地球上任何一个地方,还可以用来攻击卫星。这种亚轨道无人战机具有航速快、航程远、机动能力高、生存能力强、可重复使用等特点。太空无人机可携带信息传感器,作为战略快速侦察手段,对全球重要目标实施快速侦察;还可携载普通弹药或核弹头弹药,实施精确打击,具有很强的战略威慑作用。图 12.5.6 给出了乘波形超燃冲压发动机推进的 X－51 高超声速无人机.

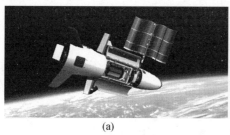 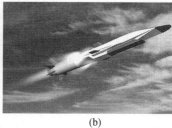

(a)　　　　　　　　　　　　　　　(b)

图 12.5.6　临近空间高超声速无人机

(a) X－37B 太空战机;(b) X－51 高超声速无人机。

12.5.7　舰载无人机技术

由于无人机相对体积小和机动灵活,不但可以作为航空母舰的舰载航空武器,也可以装载在普通的驱逐舰、护卫舰等军舰上。作为侦察和反潜的无人直升机早已在军舰上装备,如美国的"火力侦察兵"无人直升机,"鹰眼"倾转旋翼无人机由于具有垂直起降功能也被美国海军所重视(图 12.1.3)。但无人直升机航程短、速度低,作为作战武器性能有限。

固定翼无人作战飞机作为舰载航空装备试验,还是近些年的事。美军重点发展X－47B无人战斗机作为海军舰队的新型"撒手锏"。X－47B自主飞行性能较高,作战半径长,并有空中加油能力,具备高度的空战系统,可以为美军执行全天候的作战任务。X－47B载弹量大,远远超过现有的无人作战飞机,因此,又称为"无人轰炸机"。X－47B无人战斗机另一特点是具有应该具备的良好隐身性能和战场生存能力,采用无尾翼身融合体外形设计,雷达隐身和红外隐身能力都很强。该机将携带各种传感设备和通信装备,可以满足联合网络作战的要求。2013 年 5 和 7 月。X－47B 分别首次实现在航空母舰上成功起飞和降落(图 12.5.7)。

图 12.5.7　X－47B 无人机及其起降试验

这里还要介绍一种研究中的特种舰载无人机——潜射无人机。潜射无人机是装载在潜艇上,并能从潜艇起降的无人机。毫无疑问,潜射无人机的隐蔽性更好,但最主要的是,作为潜艇本身的一种新型辅助装备。潜射无人机出水后,与其他无人机一样,可以实施侦察、监视、通信中继、目标定位、战果评估、电子对抗、诱饵、攻击等作战任务。潜艇装载这种无人机,可以有效克服潜艇在水下侦察能力弱和水下通信困难等不足,从而延伸潜艇的侦察和通信能力,提升潜艇的综合作战性能。

目前潜射无人机多数还处于探索和试验阶段。潜射无人机的难点就在从潜艇起飞何回收。潜射无人机的起飞方式,一是直接从潜艇发射筒直接用火箭推进飞出水面;二是先潜射无人机上浮到水面,调整好垂直发射位置,然后无人机由固体火箭助推器的推进起飞。无人机完成任务后,可根据潜艇指令飞回降落点,再由降落伞协助降落水面。回收方式一种是由缆绳勾住无人机拉回潜艇;另一种先由潜艇发射的一个遥控水下潜航器将无人机回收至潜艇导弹发射管里。图 12.5.8 给出设计和试验中的两种潜射无人机。

图 12.5.8　潜射无人机及其起飞试验
(a) 美国 XFC 无人机及其从潜艇发射试验;(b)"鸬鹚"潜射无人机构想图。

12.5.8　微型无人机技术

微型无人机的尺寸尚没有一个严格的界定,通常美军把质量在 1 磅(约 0.45kg)以下的无人机归为微型无人机。微型无人机又叫微型飞行器(Micro Air Vehicle,MAV)。1995年,美国 DARPA 对微型飞行器的最初定义为尺寸 15cm 以下,后来从美军实用出发,微型飞行器 WASP – II 的尺寸已增加到 41cm,但质量仅有 0.27kg。

微型飞行器并不是无人机的单纯缩小,由于其尺寸微小,引起了无人机一系列性能的重要变化,如低雷诺数、非定常气动特性(常规飞行器的气流雷诺数通常在 107 以上,而微型飞行器的雷诺数小到 103 ~ 104),低雷诺数飞行器表面极易发生气流分离,而产生不稳定性。微型飞行器的构形、控制等大的变化,其结构可以吸收鸟与昆虫的机理,其控制系统和信息传输系统需要超微型化和集成化。微型飞行器从一开始发展就呈现出丰富多彩的形式,目前可分为固定翼微型飞行器、扑翼微型飞行器和旋翼微型飞行器三类。图 12.5.9 和图 12.5.10 分别给出了美国和国内三种类型的微型飞行器。

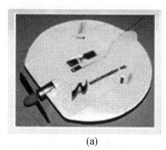
(a)

(b)

(c)

图 12.5.9　美国研究中的微型飞行器

（a）固定翼；（b）扑翼；（c）旋翼。

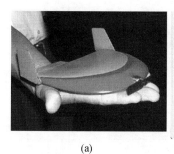
(a)
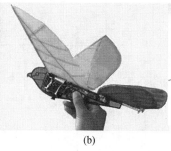
(b)

(c)

图 12.5.10　南京航空航天大学研究中的微型飞行器

（a）固定翼；（b）扑翼；（c）旋翼。

由于微型飞行器具有体积小、质量轻、隐蔽性好、灵活性强等特点,在军事上和民用上有其特殊用途:①战场前沿地带的近距离侦察和监视;②目标准确定位,对于卫星和侦察机难以发现的、或隐蔽在树林中的军事目标,可通过微型飞行器接近目标发回准确的目标特征和定位信息;③便于单兵携带通信联络或执行特殊任务;④由于微型飞行器的隐蔽性好,可用于敌后侦察和贴近目标侦察;⑤城市战是未来战争中一个特殊类型区域,微型飞行器可用于城市复杂楼群环境侦察察到人眼、一般侦察机和地面侦察设备的无法看到的角落;⑥生化环境探测;⑦作为一种特殊的攻击武器,可安装微型攻击装置,由视觉导引直接飞临目标准确攻击,并且更适于作"蜂群"式干扰攻击,如用于反恐或攻击敌方目标。进一步发展能穿越城市楼间飞行和室内执行任务的微小飞行器。微型飞行器在仿生飞行器和新型无人机创新研究方面提供了广阔的试验园地。图 12.5.11 给出了微型飞行器部分用途的示意图。

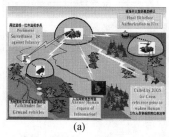
(a)

(b)
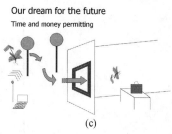
(c)

图 12.5.11　微型飞行器的用途

（a）战场细节侦察；（b）城市作战；（c）进入室内。

附　录

附录 1　军用飞机几何参数、飞行性能比较

机翼参数 飞机	平面形状	机翼面积 S/m^2	展弦比 λ	$\chi_{\frac{1}{4}}/\chi_{前缘}$	顺气流相对厚度 $\bar{c}/\%$	最大起飞质量 /kg	最大 平飞速度 Ma	最大 爬升率	升限/m	航程/km
米格-21	三角形	23.2	2.2	/57°	4.44	8453	2.10	150	18000	1300
米格-23	变后掠	$\frac{34.16}{37.27}$	$\frac{1.77}{5.26}$	$\frac{74°40'}{18°40'}$	~3	18810	2.35	160	17800	2900
米格-25	双后掠	56.2	3.3	/40°、42°	4	37500	3.0	210	24000	3000
F-4	后掠	50.01	2.74	45°/	5.1					
F-5	梯形	17.3	3.82	24°/	4.8	11210	1.64	175	15790	2860
F-111	变后掠	$\frac{58.8}{48.7}$	$\frac{1.6}{7.57}$	$\frac{72°30'}{16°}$	4	45359	2.2		15500	10000
F-14	变后掠	$\frac{65.2}{52.5}$	$\frac{2.15}{7.32}$	$\frac{68°}{20°}$		33724	2.34	150	15240	3220
F-15	切尖三角形	56.44	2.98	/45°	3~6	30845	2.5	150	18300	5745
F-16	后掠	29.73	3.0	/40°	4	16100	2.4	128	15240	3890
F-22	梯形	78.0	2.4	42°		36280	2.25		19800	2960
F-35	梯形	42.7	2.68	34°		27215	1.6		18200	2222

机翼参数 飞机	平面形状	机翼面积 S/m^2	展弦比 λ	$\chi_{\frac{1}{4}}/\chi_{前缘}$	顺气流相对厚度 $\bar{c}/\%$	最大起飞质量 /kg	最大 平飞速度 Ma	最大 爬升率	升限/m	航程/km
A – 10	梯形	47.1	6.52	0°	16	22680	0.68		11000	4850
SR – 71	三角形	167.2	1.72	/60°	3.2~3.5	33500	3.2		26600	4800
U – 2	梯形	57.3	10.56	0°	9		0.57		27430	4830
Saab – 37	三角形	46.3	2.54	/45°~60°		15000	1.2		18500	2000
"幻影"2000	三角形	41	1.97	/58°		17000	2.0	284	18000	3335
狂风	变后掠	$\overline{30}$	$\frac{8.6}{13.9}$	$\frac{68°}{25°}$		21500	2.0			2180
图 – 16	后掠	164.65	6.6	35°	9.85~12.9	75800	0.81		12800	6000
火神	三角形	368.3	3.1	/50°	10					
B – 52	后掠	371.6	8.56	35°	12	221350	0.83	17	16700	16090
B – 1	变后掠	~181	$\frac{3.14}{9.62}$	$\frac{67.5°}{15°}$		216365	1.25			12000
C – 5A	后掠	576	7.75	25°	11~12	379660	0.74	8.75	10300	10410

附录 2 四代战斗机的主要特征及其典型机种

序	开始服役年代	主要特征	典型机种	备注
第一代	50年代初	·大多采用后掠翼布局; ·最大飞行速度为低超声速($Ma=1.3\sim1.5$)	美国的 F-100 苏联的米格-19	·50—60年代各国空军的主力机型; ·现已基本退役
第二代	50年代末—70年代初	·大多采用三角翼布局; ·最大飞行速度为 $Ma=2.0$ 一级	美国的 F-104 F-4 苏联/俄罗斯的 米格-21 米格-23 "幻影"Ⅱ 法国的"幻影"F.1 瑞典的 Saab-37 中国 F-7 F-8	·在美国,第二代战斗机已退出现役; ·在俄罗斯,西欧,第二代战斗机可能在2000年左右方能退出现役; ·在发展中国家,第二代战斗机仍为空军的主力机型,可能其服役年限一直延至2005—2010年
第三代	70年代中—80年代中	·大多采用边条翼,前缘襟翼和翼身融合体气动布局; ·采用电传操纵和主动控制技术; ·装有高推重比(≈8.0)航空发动机; ·配备具有下视/下射能力并可用于对地攻击的多功能雷达(探测距离$\geq100km$); ·空战武器大多是一门机炮,8枚中距/近距空对空导弹; ·最大飞行速度 $Ma_{max}=2.0\sim2.5$ ·最大飞行高度 $H_{max}=18000m$ ·具有高机动作战能力——与第二代战斗机相比,爬升率、盘旋半径、盘旋角速度和加速性均有大幅度的提高	美国的 F-15 F-16 苏联/俄罗斯的 米格-29 苏-27 法国的"幻影"2000 法国的"阵风" 瑞典的 JAS-39	·在美国,俄罗斯,西欧,日本等国,第三代战斗机已是其空军,海军的主要机型; ·有些发展中国家配备了一定数量的第三代战斗机

序	开始服役年代	主 要 特 征	典 型 机 种	备 注
第四代	90 年代末～2010 年	·采用翼身融合体具有（或部分具有）隐身能力的气动布局； ·配置更先进的航空发动机——推重比高（10～12），耗油率低（比第三代战斗机下降 8%～10%）； ·30%～50% 的机体结构采用先进的复合材料； ·机载火控系统采用可同时跟踪/攻击多个（8～10 个）空中目标的多功能火控雷达； ·主要的机载武器是可以大离轴角发射而且发射后不管的对空导弹； ·通常认为应有以下特征： 　隐身技术＋先进气动布局； 　超声速巡航能力； 　高机动性和敏捷性（具有高推重比发动机或矢量推进技术）； 　短矩起降能力（或全环境作战能力）	美国的 F-22 欧洲（英国，德国，意大利，西班牙联合研制）的 EF2000 俄罗斯的苏-37（后两表又称"三代半"战斗机）	·美国的 F-22 是名副其实的第四代战斗机——它完全具备第四代战斗机的主要特征； ·"阵风"，EF2000，JAS.39，苏-37 只能部分地具备第四代战斗机的主要特征 称之为"第三代半"战斗机——它们只能部分地具备第四代战斗机的主要特征

注：2007 年美国对喷气式战斗机提出"新五代划分法"，即将 F-22 战斗机和 F-35 战斗机新分出为"第五代"，以区别于欧洲的"三代半战斗机"，并将其与原来的第三代战斗机归入"第四代"。于是"新五代划分法"为：第一代喷气战斗机，大约为 1944—1953 年首批喷气战斗机，指 20 世纪 50—60 年代研制的战斗机，典型机型如后掠翼，三角翼、变后掠翼等；第二代战斗机，指 20 世纪 60—70 年代研制的战斗机，配备性能良好的导弹、雷达和航电系统；第三代战斗机，指 20 世纪 70—90 年代研制的战斗机，其特点是多用途能力，超视距作战和近距格斗并重，采用电传操纵和放宽静稳定性，典型机型包括苏联的米格-29，米格-31，苏-27，法国的"幻影"2000，美国的 F-14，F-15，F-16 和 F/A-18 等。美国还提出了第六代战斗机设计概念，全翼身融合和大升阻比设计，矢量推力发动机和智能化飞行控制系统，具有防空导弹和反导弹能力，空中电子攻击能力，保持高隐身性的同时，将突出超高速、超远程打击能力

附录3 五代干线客机典型机型的主要技术参数与飞行性能比较

"代"序(投入使用的年代)	客机机型	翼展/m	机长/m	最大起飞质量/kg	载客量/人	最大商载/kg	最大巡航速度/(km/h)	经济巡航速度/(km/h)	最大载重航程/km	起飞距离/m	着陆距离/m
第一代(50)	波音707 远程客机	44.42	46.61	150590	219	30720	966	886	6300	3250	1900
	DC-8 远程客机	45.23	57.12	158760	176~259	30720	965	891	7240	3505	1800
	图-104 中程客机	34.54	38.85	76000	100	9000	990	800	4000	2200	2000
第二代(60)	波音727 中短程客机	32.92	46.69	83820	131	18144	953	917	2970	2938	1430
	波音737 中短程客机	28.88	33.40	56472	108~146	16148	856	791	4220	2072	1372
	DC-9 中短程客机	28.47	40.72	54885	90~139	13123	903	821	3326	1685	1485
	三叉戟中短程客机	29.87	39.98	68040	103~180	15296	972	967	1760	2290	1760
	图-154 中程客机	37.55	47.90	100000	158~180	18000	950	900	3740	2300	2060
第三代(70)	波音747 远程宽机身客机	64.44	70.66	362875	421~548	74727	939	900	11397	3352	2072
	DC-10 中远程宽机身客机	50.40	55.50	263085	255~380	48330	908	839	7413	3170	1630
	L-1011 中远程宽机身客机	47.34	54.17	195045	260~300	41150	973	899	9653	2975	1957
	A300B 中远程宽机身客机	44.84	54.08	165000	267~345	40603	890	875	6820	2332	1536
	伊尔-86 中短程宽机身客机	48.06	59.54	208000	350	42000	950	878	3600	2600	2300
第四代(80)	波音757 中远程客机	38.05	47.32	104325	178~239	25200	917	850	5226	2134	1411
	波音767 中远程客机	47.57	54.94	156489	216~255	23677	898	850	7413	2560	1675
	A310 中程宽机身客机	43.89	46.66	150000	210~280	33780	851	667	8191	2408	1479
	图-204 中程客机	42.00	46.22	93500	190~214	21000	850	810	3850	2500	2130
第五代(90)	波音777 远程宽机身客机	60.93	63.73	263085	305~400	54660	956	883	12415		
	A330 远程宽机身客机	60.30	63.65	212000	288~440	45489	917	847	8785		
	A340 远程宽机身客机	60.30	63.65	253500	295~440	47939	917	847	12510		
	伊尔-96 远程宽机身客机	60.11	55.35	216000	235~300	40000	900	840	9000	2600	1980

附录 4 典型武装直升机的几何特征参数、质量参数、发动机参数和飞行性能比较

直升机名称	旋翼直径 /m	旋翼桨盘面积 /m²	机身长 /m	短翼展长 /m	尾桨直径 /m	最大起飞质量 /kg	涡轮轴发动机		最大平飞速度 /(km/h)	最大爬升率 /(m/s)	升限 /m	航程 /km
							台数	单台功率 /$\frac{km}{935W}$				
AH-1W	14.63	168.11	13.87	3.23	2.97	6690	2	1212/1648	282	4.1(单发)	4270	587
米-24	17.10	235.00	17.50	6.65	3.90	11500	2	1640/2230	330	12.5	4500	500～1000（带副油箱）
AH-64A	14.63	168.11	15.11	5.23	2.79	9525	2	1265/1719	293	12.7	6400	482
AH-IS	13.41	141.26	14.33	3.28	2.59	4535	1	1342/1825	227	8.2	3720	507
卡-50	14.50	165.10	13.50	7.30	（无尾桨）	10800	2	1618/2200	350	10.0	4000	
米-28	17.20	232.30	14.30	6.40	3.84	11200	2	1640/2230	300	18.0	5800	475
A129"猫鼬"	11.90	111.20	12.28	3.20	2.24	4100	2	615/836	259	10.9	3750	
406CS	10.67	89.41	10.31		1.65	2268	1	485/659	232	7.8	3660	404
"虎"	13.00	132.70	14.00	4.32	2.70	6000	2	958/1303		>10	>2000	
（平均值）	14.12	160.34	13.91	4.95	2.84	7402	1.8	1197/1628	284	11.3	4233	493

附录5 典型无人驾驶飞行器几何参数、质量参数、发动机参数和飞行性能汇总

飞行器类型	发动机类型	飞行器名称	机长/m	翼展/m	飞机长展比	最大起飞发射质量/kg	起飞翼载 $\dfrac{Pa}{(9.8\text{N/m}^2)}$	发动机功率(推力) $\dfrac{\text{kW}/735\text{W}}{/(\text{kN}/9.8\text{N})}$	起飞功率推(推力)重量比 $\dfrac{\frac{\text{kW}/735\text{W}}{\text{kN}}}{\left(\frac{\text{kN}}{\text{kN}}\Big/\frac{9.8\text{N}}{9.8\text{N}}\right)}$	最大平飞速度/(km/h)	最大使用高度/m	最大活动范围(航程)/km
飞机	活塞式	"天眼"R4E-40	3.72	5.36	0.69	236	638/65	28.3/38.5	12.2/16.6	213	6100	148
		"猛犬"	3.30	4.25	0.78	138	596/61	16.4/22.3	12.1/16.5	185	4480	200
		"侦察兵"	3.68	4.96	0.74	159		16.4/22.3	10.5/14.3	176	4575	200
		RT900"巨嘴鸟"	2.06	3.30	0.62	140	576/59			250	3000	70
		D-4	3.30	4.30	0.78	140	742/76	22.1/30.0	16.1/21.9	170	3200	(300)
		"沙锥鸟"	2.50	3.14	0.80	32	250/26	18.6/25.3	59.3/80.6	300		50
		"先锋"	4.96	5.12	0.97	195		19.4/26.4	10.1/13.8	185	4575	185
		"小鹰"(M200)	3.05	3.45	0.88	45	248/25	5.8/7.9	13.1/17.9	180	4574	250
		(活塞式平均)	3.32	4.24	0.78	136	510/52	18.1/24.7	19.1/25.9	207	4358	158

飞行器类型	发动机类型	飞行器名称	机长/m	翼展/m	飞机长展比	最大起飞发射质量/kg	起飞翼载 $\dfrac{Pa}{(9.8N/m^2)}$	发动机功率(推力) $\dfrac{kW/735W}{(kN/9.8N)}$	起飞功率推(推力)重量比 $\dfrac{kW/735W}{kN}·\dfrac{kN/9.8N}{9.8N}$	最大平飞速度/(km/h)	最大使用高度/m	最大活动范围(航程)/km
飞机	涡轮喷气	"火蜂"Ⅰ(MQM-34A)	6.98	3.92	1.78	1134	3330/340	$\left(\dfrac{7.56\sim10.90}{770\sim1104}\right)$	(0.68~0.97)	1112 (H=1980m)	18000	(1282)
		MQM-107(A)	5.13	3.00	1.71	460	1790/183	(2.85/290)	(0.58)	925	12200	
		DR-5	8.97	9.76	0.92	1700	1570-160	(8.34/850)	(0.50)	820	18000	
		"捕食者"B(MQ-9)	11	20		4760		712kw		482	15000	3700
		"捕食者"C	12.5	20.12				18.3kN		740	18288	
		"全球鹰"(RQ-4)	13.5	35.4		11622		31.4kN		650	19800	25945
		X-47B	11.63	18.92		20215		72kN		0.9M	12190	3889
	火箭	AQM-37	4.14	1.01	4.10	295	1688/172	(2.81/287)	(0.97)	M3.0 (H=24385m)	>24385	(>185)
旋翼航空器	涡轮轴	CL-227"哨兵"	1.64 (高度)	2.54 (旋翼直径)		175	166/17 (桨盘载荷)	37.3/50.7	21.7/29.5	130	3000	50

附录6 四代直升机的主要特征

要素	直升机出现的年代	第一代 40年代—50年代	第二代 50年代中期—60年代末期	第三代 70年代—80年代	第四代 90年代
动力装置	发动机类型	活塞式发动机	第一代涡轴发动机	第二代涡轴发动机	第三代涡轴发动机
	比功率/(kW/kg)	1.97	3.62	4.27	5.92
	比容积/(kW/m³)	247.5	294.9	344.9	437.10
	耗油率/(kW/kw·h)	0.33	0.40	0.36	0.28
升力装置	桨叶材料	木质或钢木混合结构	全金属结构	复合材料	先进复合材料
	桨叶寿命/h	<600	1200	>3600	无限寿命
	桨叶翼型	对称翼型	非对称翼型	二维曲线变化专用翼型	三维曲线变化专用翼型
	桨叶形状	矩形	简单尖削、后掠、直线变化	尖削、抛物线后掠	尖削、后掠、下反
	桨毂材料与结构	金属全铰接式	金属全铰接式	弹性轴承、无铰式	复合材料、无轴承
	旋翼升阻比*	6.8	7.3	8.5	10.5
	旋翼效率*	0.5	0.6	0.6~0.75	0.8
	尾桨	钢木结构暴露尾桨	金属结构暴露尾桨	复合材料暴露尾桨、涵道尾桨	复合材料高效尾桨、涵道尾桨、无尾桨
机体结构	结构形式与材料	全金属构架式结构	全金属薄壁结构	复合材料次结构	复合材料主结构
	复合材料占空重比*			10%	30%~50%
	空重/总重比*	0.65	0.46(民用型)	0.43(民用型)	0.37(民用型)
	适坠性		普通吸能起落架、座椅	适坠起落架、座椅、燃油系统	全结构适坠技术、隐身技术
	隐身性		流线型窄机身	流线型窄机身,发动机红外抑制	目视、声学、红外及雷达综合隐身措施
电子设备	通信	电子管通信	军标通信	大规模集成电路	超大规模集成电路
	导航	功能单…的目视飞行仪表	商业导航、初始集成微电子电路仪表	综合自主导航,综合仪表	捷联惯导、卫星导航、组合导航,综合显示
	操纵	机械操纵	机械操纵	机械与电子混合式操纵	电传、光传操纵、计算机综合控制
	综合化程度	功能单 非综合	单向数字式数据总线,非综合	双向数字数据总线,半综合	数据融合、总线交联、综合控制与管理,高度综合
	电子设备价格比			5%~10%(民用型) 30%~50%(军用型)	10%~20%(民用型) ~60%(军用型)
总体评价	全机升阻比	4.1	4.8	5.4	6.6
	振动水平/g	0.25	0.15	0.1	0.05
	噪声水平/dB	110	100	<95	<90
	最大飞行速度/(km/h)	<200	200~250	250~300	300~350
	操纵品质/级	4.5	3.5	3	近于2

附录 7　国外典型大飞机布局基本特征

飞机	翼展/m	机长/m	机翼后掠角	机翼位置与上反角	翼梢小翼	尾翼形式	主起落架位置	航程/km	发动机个数
B－767	47.51	48.5	(1/4)31°31′	下单翼上反角	无	常规	机翼	5963	2
B－777	60.93	63.73	(1/4)31°36′	下单翼上反角	无	常规	机翼	7352	2
B－747	64.44	70.66	(1/4)37°30′	下单翼上反角	有	常规	机翼	12369	4
MD－11	51.77	61.24	(1/4)35°	下单翼上反角	有	高垂尾	机翼	12569	3
C－17	50.29	53.04	25°	下单翼上反角	有	高平尾	机身	5000	4
图－154	37.55	47.90	35°	上单翼0	无	高平尾	机身	6600	3
安－124	73.30	69.10	32°	上单翼下反角	无	低平尾	机身	16500	4
安－225	88.40	84.0	32°	上单翼下反角	无	双斜垂尾	机身	15400	6
伊尔－76	50.5	46.59	(1/4)25°	上单翼下反角	无	T形尾	机身	6700	4
A－340	60.3	59.39	30°	下单翼上反角	有	常规	机翼	13806	2
A－380	77.11	69.70		下单翼上反角	有	常规	机翼机身	13890	4
"协和"号	25.56	62.10	S形前76°后57°	下单翼0	无	无平尾	机翼	6580	4
B－52	56.35	49.05	35°	上单翼0	无	常规	机身	16090	8
B－1	41.67	44.8	变后掠15°,59.5°	下单翼0	无	常规	翼身过渡段	12000	2
B－2	52.43	21.03	33°	飞翼式	无	无尾	机翼	18520	4
图－22M（逆火）	34.28	42.46	变后掠20°,65°	下单翼0	无	常规	翼身过渡外	7000	2
图－160	55.70	54.10	变后掠20°,65°	下单翼0	无	中高平尾	翼身过渡外	12300	4
波音787－8	58.8	55.5	31°	下单翼上反角	有	常规	机翼	15400	2
A400M	42.2	45.1	20°	上单翼下反角	无	高平尾	机身	3500	4

注：尾翼"常规式"指对称水平尾翼＋单垂尾和安装在机身上

附录8 飞行器先进设计技术常见的英文名词

AAC
    advanced adaptive control   先进自适应控制
    air approach control   飞机进场控制
    Army air corps   陆军航空队

AADS
    advanced air defense system   先进的防空系统
    automatic aircraft diagnostic system   飞机自动诊断系统

AAGW
    air – to – air guided weapon   空—空制导武器

AAM
    air – to – air missile   空—空导弹

A&R
    automation and robotics   自动化和机器人

AAV
    advanced aerospace vehicle   先进航空航天器

AAVCS
    automatic aircraft vectoring control system 飞机自动引导控制系统

ABMD
    advanced ballistic missile defense   先进弹道导弹防御系统

a. c.
    aerodynamic center   气动中心,焦点

ACA
    advanced combat aircraft   先进作战飞机
    advanced composite aircraft   先进复合材料飞机

ACAVS
    advanced cab and visual system   先进座舱和可视化系统

ACD
    active control devices   主动控制装置

Aceval
    air combat evaluation   空战效果评估

ACPS
    attitude control propulsion system   姿态控制推进系统
    aerobatics;aerobat   特技飞行

ACS
    adaptive control system   自适应控制系统
    air – conditioning system   空调系统
    automatic control system   自动控制系统

automatic checkout system	自动检测系统
autonomous control	自主控制

ACT

active – control technology	主动控制技术
advanced composite technology	先进复合材料技术
air traffic control	空中交通管制
active flutter depression	主动颤振抑制
active flutter suppression	主动颤振抑制

AD

Armed services technical information agency document	美国军事技术情报局文献
advanced stall	侧面控制失速
aerodynamic stalling	气动失速
aeroelasticity	气动弹性
aeropulse	脉冲式喷气发动机

AFCS

adaptive flight control system	自适应飞行控制系统
aircraft fire – control system	飞机火(力)控(制)系统

AIAA

aerospace industries association of American	美国航空航天工业协会
american institute of aeronautics and astronautics	美国航空航天学会

AINS

advanced inertial navigation system	先进惯性导航系统
aileron	副翼
airworthiness	适航性
aircraft configuration	飞机构形,飞机总体布局
all – wing aircraft	飞翼式飞机
analog	模拟
analog flight control system	模拟式飞行控制系统
antimissile	反导弹
anti – stealth technology	反隐身技术

AIPPI

international association for the protection of intellectual property rights (association international pour la protection de la propriété intellectuelle)	国际知识产权保护协会

APT

advanced propulsion test	先进推进技术试验

APU

auxiliary power unit	辅助动力装置;辅助电源设备
artificial intelligence	人工智能
artificial neural network	人工神经网络方法

ASE

advanced system engineering	先进系统工程
automatic terrain avoidance system	自动地形回避系统
automatic terrain following system	自动地形跟随系统
AST	
anti-satellite technology	反卫星技术
barometer	气压计
biomimetic	仿生的
bomber	轰炸机
BWB	
bended wing body	翼身融合体
composite material	复合材料
C^3I	
command,control,communications	指挥、控制和通信系统
C^4I	
command,control,communications,	
computer and intelligence	指挥、控制、通信系统、
	计算机和情报系统
CAAC	
civil aviation administration of China	中国民航管理局
CAD	
computer aided design	计算机辅助技术
canard aircraft	鸭式飞机
CAPP	
computer aided process planning	计算机辅助工艺过程设计
CCV	
control – configured vehicle	随控布局飞机
CFC	
carbon fiber composite	碳纤维复合材料
CFD	
computational fluid dynamics	计算流体动力学
cruise missile	巡航导弹
CSA	
Chinese society of astronautics	中国宇航学会
CSAA	
Chinese society of aeronautics & astronautics	中国航空学会
DARPA	
defence advanced research projects agency	美国国防研究计划局
damage tolerance	损伤容限(设计)
digital flight control system	数字式飞行控制系统
direct force control	直接力控制

236

DCN

    distributed computer network   分布式计算机网络

DFM

    design for maintenance   维修性设计

DNS

    doppler navigation system   多普勒导航系统

    expert control   专家控制

    elevator   升降舵

    elevon   升降副翼

FAA

    federal aviation administration   (美国)联邦航空局

    fan jet   涡轮风扇发动机

    failure diagnosis   故障诊断

    fail – safe automatic control system   故障 – 安全自动控制系统

    fatigue crack   疲劳裂纹

    fault tree   故障树

    finite difference method   有限差分法

    finite element method   有限元素法

    finite volume method   有限体积法

    fire – control system   火控系统

    flight simulation bed   飞行模拟转台

    flight simulator   飞行模拟器

FCDC

    flight control digital computer   飞行控制数字计算机

    feedback   反馈

    flap   襟翼

    flapping   扑动,(直升机旋翼)挥舞

    flapping wing   扑翼,扑动翼

    fly – by – light control system   光传控制系统

    fly – by – wire control system   电传控制系统

    flutter   颤振

FMS

    flexible manufacturing system   柔性制造系统

    flight management system   飞行管理系统

    fuel management system   燃油控制系统

FP

    flight path   飞行轨迹

    fuzzy inference   模糊推理

    fuzzy controller   模糊控制器

    genetic algorithms   遗传算法

GPS   GPS 导航系统

global positioning system	全球定位系统
GPS navigation system	GPS 导航系统
gust alleviation	突风减缓
gyro	陀螺
gyroscope	陀螺,陀螺仪
gyrocompass	陀螺罗盘
gyrocopter	自转旋翼机

HAI

helicopter association international	国际直升机协会
heading	航向
helicopter	直升机
high by – pass engine	高涵道比发动机
high lift device	高升力装置,增升装置
hypersonic	高超声速
hydrokinetics	流体运动学
hydrostatics	流体静力学
hydrodynamics(fluid dynamics)	流体动力学

IMU

inertial measurement unit	惯性测量单元
inertial platform	惯性平台

INS

inertial navigation system	惯性导航系统
integrated navigation system	组合导航系统
inertial – Doppler integrated navigation system	惯性 – 多普勒组合导航系统
intelligent control system	智能控制系统
infrared	红外
inference engine	推理机
internal combustion engine	内燃机

ISAR

inverse synthetic – aperture radar	逆合成孔径雷达

JPL

jet propulsion laboratory	(美国加州理工学院)喷气推进实验室
jet – vane	喷气舵
knowledge base	知识库
Kalman filtering	卡尔曼滤波
laminar flow boundary control	层流附面层控制
landing gear	起落架
launcher boom	发射架
lift – drag ratio	升阻比
lift improvement device	增升装置

Loran – C navigation system	罗兰 – C 导航系统
longitudinal stability	纵向稳定性
lunar landing module	登月舱
Mach number	马赫数
magnatic compass	磁罗盘
maneuver load control	机动载荷控制

MEMS
| micro electro mechanical systems | 微机电系统 |

MAV
| micro air vehicle | 微型飞行器 |

MDO
| multidisciplinary design optimization | 多学科设计优化 |
| missile | 导弹 |

NAV
| nano air vehicle | 纳米飞行器 |
| Naval aircraft | 海军飞机 |

NASA
national aeronautics and space administration	(美国)国家航空航天局
neural network	神经网络
opical fiber transmission system	光纤传输系统
orbital vehicle	轨道飞行器
ornithopter	扑翼机
parawing	伞翼
parachute	降落伞

PCM
piezoelectric ceramic material	压电陶瓷材料
PD controller	
proportion differentiation controller	比例微分控制器
PID controller	
proportion integration differentiation controller	比例 – 积分 – 微分控制器
pitch	俯仰
propeller	螺旋桨

QC
| quality control | 质量控制 |

RAM
| radar absorbing material | 雷达吸波材料 |
| random access memory | 随机存取存储器 |

RCS
| radar cross section | 雷达散射截面积 |
| redundant flight control system | 余度飞行控制系统 |

reliability	可靠性
rib	翼肋
rotor	旋翼,转子
rudder	方向舵
sensor	传感器
servo	伺服装置

SMA

shape memory alloy	形状记忆合金
stellar navigation system	天文导航系统
celestial navigation system	天文导航系统
shock wave	激波
sideslip angle	侧滑角
shuttle	航天飞机
simulation	模拟,仿真
stall angle of attack	失速迎角
static stability compensation control	放宽静稳定度控制
stealth technology	隐身技术
strapdown inertial navigation system	捷联式惯性导航系统
survivability	生存力
survivable	高生存力的
system identification	系统识别
terrain aided navigation	地形辅助导航
terrain reference navigation	地形参考导航
terrain contour matching	地形轮廓匹配
thrust vector	推力矢量
trim	配平
turbulent flow	湍流,紊流

UAV

unmanned air vehicle	无人驾驶飞行器

UAS

unmanned aircraft system	无人机系统

UCA

unmanned combat aircraft	无人作战飞机

UFO

unidentified flying object	不明飞行物
variable stability control system	变稳定度控制系统
vortex dynamics	涡动力学

参 考 文 献

［1］ Lee V A, Ball H G, Wadsworth E A, et al. Computerized aircraft synthesis ［J］. Journal of Aircraft, 1967, 4(4): 402 – 408.

［2］ Coen P G, Foss Jr W E. Computer sizing of aircraft ［J］. Journal of Aircraft, 1988, 23(5): 353 – 354.

［3］ McCuller L A. Aircraft configuration optimization including optimized flight profiles［R］. NASA CP – 2327, 1984: 395 – 412.

［4］ AIAA Technical Committee for MDO. Current state of the art: Multidisciplinary design optimization ［R］. AIAA White Paper, Washington D C, Sept. 1991.

［5］ Giunta A A. Use of data sampling, surrogate models, and numerical optimization in engineering design ［R］. AIAA 2002 – 0538.

［6］ Jin R, Chen W, Simpson T W. Comparative studies of metamodeling techniques under multiple modeling criteria ［J］. Journal of Structural Optimization, 2001, 23(1): 1 – 13.

［7］ Sobieszczanski-Sobieski J. Sensitivity of complex, internally coupled systems ［J］. AIAA Journal, 1990, 28(1): 153 – 160.

［8］ 余雄庆, 丁运亮. 多学科设计优化算法及其在飞行器设计中应用[J]. 航空学报, 2000, 21(1): 1 – 6.

［9］ Sobieszczanski-Sobieski J, Agte J S, Sandusky Jr R R. Bi-level integrated system synthesis (BLISS) ［R］. AIAA 98 – 4916.

［10］ Sobieski I P, Kroo I M. Collaborative optimization using response surface estimation ［J］. AIAA Journal, 2000, 38(10): 1931 – 1938.

［11］ Padula S L, Gillian R E. Multidisciplinary environment: a history of engineering framework development ［R］. AIAA 2006 – 7083.

［12］ 雍明培, 余雄庆. 基于模块化产品平台的飞机族设计技术探讨[J]. 飞机设计, 2006, 26(4): 30 – 37.

［13］ 昂海松. 微型飞行器与无人机不同的概念与特点. 无人机, 2006(N.6).

［14］ 昂海松. 浅析国外大飞机总体布局设计特点, 大型飞机关键技术高层论坛暨中国航空学会 2007 学术年会文集, 2007 年.

［15］ 计秀敏. 简明世界飞机手册. 北京: 航空工业出版社, 2000.

［16］ Wittenberg H. Synthesis of Subsonic Airplane Design, Delft University Press, 1986.

［17］ Roskam J. Airplane Design. Roskam Aviation and Engineering Corporation, 1985.

［18］ Raymer D. Aircraft Design: A Conceptual Approach, AIAA Inc, Third edition, 1992.

［19］ Xiao, T H, Ang, H S. A Preconditioned Dual Time-stepping Procedure coupled with Matrix-free LU-SGS Scheme for Unsteady Low Speed Viscous Flows with Moving Objects, International Journal of Computational Fluid Dynamics, 2007 (21): 165 – 173.

［20］ 郑祥明, 昂海松, 黄达. 飞翼式微型飞行器飞行动力学特性研究. 航空学报, 2006, 27(3): 374 – 379.

［21］ 郑祥明, 昂海松. 基于多传感器技术的微型飞行器智能组合导航技术研究. 宇航学报, 2007, 28(5): 1185 – 1189.

［22］ 昂海松, 舒永泽, 周建江. 复杂目标 RCS 计算的新方法——曲面像素法. 电子与信息学报 2001, 23(10), 962 – 969.

［23］ Xiao Tianhang, Ang Haisong. A Preconditioned Dual Time-stepping Procedure coupled with Matrix-free LU-SGS Scheme for Unsteady Low Speed Viscous Flows with Moving Objects, International Journal of Computational Fluid Dynamics, Vol. 21, pp165 – 173, 2007.

［24］ 肖天航, 昂海松. 预处理法求解定常/非定常混合网格的全速流场. 空气动力学学报, 2007, 4(25): 425 – 430.

［25］肖天航,昂海松,全超.大幅运动复杂构形扑翼动态网格生成的一种新方法.航空学报,2008,1(29):41－48.

［26］王道荫.迈向21世纪的航空科学技术.北京:航空工业出版社,1995.

［27］ICAS,18th Congress of the International Coucil of the Aeronautical Sciences,1992.

［28］ICAS,19th Congress of the International Coucil of the Aeronautical Sciences,1995.

［29］ICAS,23th Congress of the International Coucil of the Aeronautical Sciences,2001.

［30］ICAS,24th Congress of the International Coucil of the Aeronautical Sciences,2004.

［31］许光明.航空飞行器发展概论.长沙:国防科技大学出版社,1998.

［32］H·索别次基.高速运输机设计的新概念.钱翼稷,译.北京:国防工业出版社,2001.

［33］方宝瑞.飞机气动布局设计.北京:航空工业出版社,1997.

［34］R·C·比施更斯.干线飞机空气动力学与飞行力学.孙荣科,顾诵芬,译.北京:航空工业出版社,1996.

［35］陶宝祺,等.智能材料结构.北京:国防工业出版社,1997.

［36］顾仲权,等.振动主动控制.北京:国防工业出版社,1997.

［37］姚卫星.结构疲劳寿命分析.北京:国防工业出版社,2003.

［38］郭锁凤,申功璋,吴成富.先进飞行控制系统.北京:国防工业出版社,2003.

［39］霍曼,张永红,李体然.飞速发展的航空电子.北京:航空工业出版社,2007.

［40］吴文海.飞行综合控制系统.北京:航空工业出版社,2007.

［41］姜长生.智能控制与应用.北京:航空工业出版,2004.

［42］国际航空杂志,2001－2008.

［43］民用飞机设计与研究(期刊),2002－2007.

［44］昂海松.无人机在民用安全领域的应用.无人机,2012,No.5:34－38.

［45］(美)Office of the Secretary of Defense,Unmanned Aircraft Systems Roadmap 2005－2030.

［46］杜厦,昂海松.改变飞机变体机翼优化方法与气动特性仿真.计算机仿真,2013,30(3).

［47］Sha Du,Haisong Ang,Long Liu.Feasibility and principle Analyses of Morphing Airfoil Used to Control Flight Attitude.Journal of Vibroengineering,March 2012.Vol14,Issue 1,ISSN 1392－8716,388－394.

［48］Sha Du,Haisong Ang.Design and Verification of a Smart Wing for an Unmanned Aero Vehicle.UAVs 25th International-al Conference.2012.

［49］吴健,昂海松.可折叠翼变形飞行器气动特性研究.航空科学技术,2010,2:25－28.

［50］蔡红明,昂海松.基于自适应逆的微型飞行器飞行控制系统.南京航空航天大学学报,2011,43(2),137－142.

［51］李琦,昂海松.智能结构在微型飞行器中的应用与研究.无人机,2010,1:25－27.

［52］昂海松,肖天航,郑祥明,等.微型飞行器设计导论.西安:西北工业大学出版社,2012.

［53］昂海松,周建江,曹云峰,等.微型飞行器系统技术.北京:科学出版社,2014.

［54］昂海松,曾建江,童明波.现代航空工程.北京:国防工业出版社,2012.

［55］季健,昂海松.利用CCD摄像机求解飞行器运动参数传感器技术,2005,24(5):43－46.

［56］季健,昂海松.航空序列图像的特征模型提取及追踪.中国图象图形学报,2004,6:109－114.

［57］姜浩,昂海松.F－35战斗机气动及隐身特性分析.飞机设计,2010,6:3－12.